图形图像处理项目教程

第 2 版

主　编　刘　华　谢姝东
副主编　张亚昕

重庆大学出版社

内容提要

本书从应用的角度出发，以房地产开发宣传项目的整个工作过程为示范，由浅入深，阶梯式展开，详细地介绍了使用Photoshop CS6处理图像的方法和技巧。本书根据房地产开发宣传项目推广部署的4个阶段："工作准备期、引导试销期、公开强销期、持续销售期"中涉及的广告业务，特将内容设置为Logo标志设计、名片设计、工作证设计、信纸便笺纸设计、文件袋设计、纸杯设计、小礼品设计、房地产公司指示牌设计、道旗设计、户外看板设计、工地围墙设计、车身广告设计、灯箱广告设计、房产宣传海报设计、楼书封面设计、手提袋设计、DM宣传页设计、房产首页效果图设计等18个设计任务。

本书涉及的知识点包括：图形图像处理基础知识，图层、文字、路径、滤镜、动画等知识要点。主要技术知识范围包括：选区、工具箱中工具应用、图像合成、滤镜效果等。本书既适合用作中职、高职计算机应用、平面设计等专业教材，也适合用作从事平面设计人员的参考书。

图书在版编目(CIP)数据

图形图像处理项目教程/刘华，谢妹东主编.--2版.--重庆：重庆大学出版社，2019.3

ISBN 978-7-5624-9969-5

Ⅰ.①图… Ⅱ.①刘…②谢… Ⅲ.①图像处理软件—教材
Ⅳ.①TP391.413

中国版本图书馆CIP数据核字(2019)第050606号

图形图像处理项目教程

(第2版)

主　编　刘　华　谢妹东

副主编　张亚昕

策划编辑：周　立

责任编辑：文　鹏　　版式设计：周　立

责任校对：关德强　　责任印制：张　策

*

重庆大学出版社出版发行

出版人：易树平

社址：重庆市沙坪坝区大学城西路21号

邮编：401331

电话：(023) 88617190　88617185(中小学)

传真：(023) 88617186　88617166

网址：http://www.cqup.com.cn

邮箱：fxk@cqup.com.cn (营销中心)

全国新华书店经销

重庆华林天美印务有限公司印刷

*

开本：787mm×1092mm　1/16　印张：21.5　字数：512千

2019年3月第2版　　2019年3月第2次印刷

ISBN 978-7-5624-9969-5　定价：45.00元

前言

本书主要介绍平面设计基础知识以及图像处理软件Photoshop CS6的基本操作与灵活应用。图形图像处理是高职计算机各专业的一门技术平台课，是融专业性、技术性、基础性为一体的重要课程，同时也是从事其他艺术设计类职业（如数码照片处理、广告设计、产品包装设计、名片制作等）必须掌握的计算机操作技能之一，涵盖了平面设计类职业工作岗位所必须掌握的电脑操作技能。

本书在行业专家的指导下，对平面设计涉及的岗位进行任务与职业能力分析，以实际工作任务为引导，以岗位职业能力为依据，采用递进结构展现知识内容，使读者在项目活动中学会平面设计的基本概念与技能，初步具备专业平面设计过程中需要的基本职业能力。

本书第一单元由谢妹东编写，第二单元1.1至1.2由白宏图编写，第二单元2.4至2.5由林岚编写，第2单元2.6至2.7以及第四单元由张亚昕编写，第三单元和第五单元由刘华编写。全书由刘华统稿，魏红主审。

由于编写水平有限，书中缺点与错误在所难免，希望同行及读者批评指正。

编　者

2019年1月

2019年1月

目录

第一单元　平面设计基础 …… 1
1.1　平面设计基础 …… 1
1.1.1　平面设计的概念 …… 1
1.1.2　平面设计的本质 …… 2
1.1.3　平面设计的相关知识体系 …… 2
1.2　图像的基础知识 …… 3
1.2.1　图像尺寸 …… 3
1.2.2　色彩的概念 …… 4
1.2.3　图像格式 …… 5
1.2.4　图像格式的选择 …… 6
1.3　Photoshop CS6 工作界面 …… 7
1.3.1　Photoshop CS6 的工作界面 …… 7
1.3.2　工具箱 …… 7
1.3.3　工具属性栏 …… 9
1.3.4　菜单栏 …… 9
1.3.5　状态栏 …… 9
1.3.6　面板组 …… 10
1.3.7　工作区 …… 11
1.4　Photoshop CS6 的基本操作 …… 11
1.4.1　新建空白图像文件 …… 11
1.4.2　打开图像与图像的关闭、保存 …… 12

第二单元　基础形象运用 …… 14
2.1　Logo 设计 …… 14
2.1.1　知识准备 …… 14
2.1.2　实战演练——Logo 设计 …… 19
2.2　名片设计 …… 34
2.2.1　知识准备 …… 34
2.2.2　实战演练——名片设计 …… 38
2.3　工作证设计 …… 47
2.3.1　知识准备 …… 47
2.3.2　实战演练——工作证设计 …… 52
2.4　信纸、便笺纸设计 …… 59

2.4.1 知识准备 ………………………………………… 59
2.4.2 实战演练——信纸、便笺纸设计 …………………… 61
2.5 资料袋设计 ………………………………………… 72
2.5.1 知识准备 ………………………………………… 72
2.5.2 实战演练——资料袋设计 ………………………… 77
2.6 纸杯设计 ………………………………………… 85
2.6.1 知识准备 ………………………………………… 85
2.6.2 实战演练——纸杯设计 …………………………… 89
2.7 小礼品设计 ………………………………………… 98
2.7.1 知识准备 ………………………………………… 98
2.7.2 实战演练——开瓶器的设计 ……………………… 100

第三单元 深化形象冲击 ……………………………… 109
3.1 房地产指示牌设计 ………………………………… 109
3.1.1 知识准备 ………………………………………… 109
3.1.2 实战演练——指示牌设计 ………………………… 121
3.2 道旗设计 ………………………………………… 131
3.2.1 知识准备 ………………………………………… 131
3.2.2 实战演练——道旗设计 …………………………… 132
3.3 户外看板设计 ……………………………………… 142
3.3.1 知识准备 ………………………………………… 142
3.3.2 实战演练——户外看板设计 ……………………… 148
3.4 工地围墙设计 ……………………………………… 158
3.4.1 知识准备 ………………………………………… 158
3.4.2 实战演练——工地围墙看板设计 ………………… 160
3.5 车身广告设计 ……………………………………… 173
3.5.1 知识准备 ………………………………………… 173
3.5.2 实战演练——车身广告设计 ……………………… 178
3.6 灯箱设计 ………………………………………… 189
3.6.1 知识准备 ………………………………………… 189
3.6.2 实战演练——灯箱广告设计 ……………………… 194

第四单元 直观形象表达 ……………………………… 212
4.1 房地产海报宣传 …………………………………… 212
4.1.1 知识准备 ………………………………………… 212
4.1.2 实战演练——宣传海报设计 ……………………… 216
4.2 楼书封面设计 ……………………………………… 226
4.2.1 知识准备 ………………………………………… 226
4.2.2 实战演练——楼书封面设计 ……………………… 229

4.3　手提袋设计 …………………………………………………… 242
4.3.1　知识准备 …………………………………………………… 242
4.3.2　实战演练——手提袋设计 ………………………………… 288

第五单元　演绎形象内涵 ………………………………………… 302
5.1　房地产 DM 宣传页设计 ……………………………………… 302
5.1.1　房地产 DM 宣传页设计要点 ……………………………… 302
5.1.2　房地产 DM 宣传页设计案例 ……………………………… 302
5.2　房地产网站首页效果图设计 ………………………………… 319
5.2.1　网页设计版面要点 ………………………………………… 319
5.2.2　房地产网站首页效果图设计 ……………………………… 320

参考文献 …………………………………………………………… 334

第一单元
平面设计基础

课前导读：

本单元主要介绍平面设计的基础知识，数字图像处理的基本概念，Photoshop CS6 的工作界面，图像文件，Photoshop CS6 以及图像的基本操作。通过本单元的学习，学员能够了解平面设计的一些基础知识，对 Photoshop CS6 有一个整体性认识，能完成一些基本的简单操作，为后续学习打下坚实的基础。

知识目标：

- 了解平面设计概念等基础知识；
- 了解有关数字图像的基础知识；
- 熟悉 Photoshop CS6 的工作界面；
- 掌握 Photoshop CS6 的基本操作。

能力目标：

- 能熟练完成图像文件的基本操作；
- 能完成 Photoshop CS6 工作环境、颜色的设置等。

1.1 平面设计基础

1.1.1 平面设计的概念

平面设计，指的是在平面空间上的设计活动，其设计内容主要是指二维空间中各个元素的设计和这些元素组合的布局设计，包括字体设计、版面设计、插图、摄影的采用。所有这些内容的核心在于传达信息、指导、劝说等，而它的表现方式则是以现代印刷技术为基础。

平面设计虽然是在二维空间中进行的图形语言的构思与表现活动，但其侧重点交互式不在于所谓的二维空间，因为其概念的重点在于造型性活动。简单地说，“平面设计是一种以视觉媒介为载体，经由印刷制作完成，向大众传播信息和情感的造型性活动”。

平面设计虽然是在二维空间中进行的图形语言的构思与表面活动，但因其概念重点突出的是造型性活动，因此它所表达的综合效果却是立体的，是无限延伸的。其特定的意念与形式使平面设计不但具有鲜明的信息传达功能,而且还包括深层次的社会意义和文化价值。

1.1.2 平面设计的本质

平面设计是为传达某种信息而设计。平面设计既是一种创造性的艺术形式,也是经济性的价值体现,同时,它还具有特定的文化品位。

1) 为传达而设计

平面设计是以人为起点,以把信息通过视觉媒介传达给人为终点的过程。平面设计的本质,就是视觉信息的传达。本着"为传达而设计"的原则、立场进行平面设计,将会使传达更加有效、更加深刻。

2) 创造性的艺术形式

平面设计作为一种创造性的艺术活动,本身就是一个不断寻求突破和创新的创造性过程。在这一过程中,平面设计师需要发挥自己的创造能力,通过改变旧有的不足来更好地使设计对象的综合价值得以发挥,从而使设计的最终成果展现出富于创造性的迷人风采。

3) 经济性的价值体现

在当今这个经济高速发展的时代,商品经济以市场作为中心环节,占有市场就能够占有绝对的优势。好的设计可以满足市场、创造市场;反之,不好的设计则可能丢失市场。设计与市场相互联系、相互影响,平面设计自身的价值体系在参与到经济循环的过程中得以实现,并在具体的参与过程中完成其自身价值的升华。从一定意义上讲,平面设计的本质也体现在经济性的价值方面。设计与市场具有密切的关系:一方面,市场制约着设计;另一方面,设计也创造着市场。

4) 特定的文化品位

设计文化是人类用艺术方式造物的文化。从早期简单的工具和生活用具,到现代的人工制品,人类的造物活动遍及生活的方方面面。艺术设计作为人类文化的一部分,是极其富有代表性的。

1.1.3 平面设计的相关知识体系

1) 平面设计与科学技术

在科学技术的影响下,平面设计的形式和方法随时代的发展而发展,可以说,不同时代,科学技术有不同的发展。而科技进步又直接或间接地催生了不同的艺术思维和艺术样式,科学与技术的交汇发展,极大地推动了平面设计艺术的不断进步和不断完善。

2) 平面设计与美学

(1)平面设计美学观

首先,平面设计作品与其他设计形式都是人们设计观念的物化,也是人所创造的审美价值的载体,因此所有的平面设计内容必须具有目的性、规律性和审美的对象性三个特征。

其次,设计美学重视人的主体地位,美学所追求的最高境界是人与自然的和谐、人与物的和谐。

再次,功能虽然是设计产品的本质特征,但形式与功能同样重要。忽视了形式,也就忽视了人对自然的精神需求。

最后,优秀的产品设计在融入了设计师的审美理想和审美个性后,设计师还应考虑客观对象的功能、材料、技术、成本、目的以及运营管理等多方面的因素。

(2)平面设计的美感体现

平面设计的目标是视觉传达,为传达而设计实际上就是为沟通而设计。要达到为沟通而设计的目标,就必须获得一种确切的视觉语言形态。就平面设计而言,充满智慧的图形创意,画龙点睛的文字效应,和谐、悦目的色彩视觉,灵活多样的形式魔方,这些能动要素在共同为主题概念服务的基础上,不但具有鲜明的符号化信息传播功能,而且还具有特定的文化精神和审美情趣。

①图形。图形是平面设计主要构成要素之一。图形传递信息的速度要比文字快得多,越是富有意境性的图形越能抓住观者的视线并快速传递所携信息。

②文字。文字是人类文化的重要组成部分,也是表达思想、传递信息、交流感情最重要的工具。

③色彩。在长期的生产与实践活动中,色彩被赋予了感情,成为代表某种事物或思想情绪的象征。

④形式。形式就是指平面设计中的画面效果。一个好的平面设计不仅仅在内容上有着优势,在形式上也一定有其独特之处。平面设计作品形式是否美观,在很大程度上影响其价值。

3)平面设计与信息传播

在当今社会中,社会大众的物质与精神生活有着直接的联系,艺术设计作品作为信息的载体,它必将与信息的最终信宿——消费者产生交流。

4)平面设计与其他相关学科

随着社会的进步和商业经济的不断发展,平面设计的领域越来越广泛,涉及的相关学科也越来越多。平面设计除了与科学技术、信息传播、文化学等内容有关外,还与心理学、社会学、管理学以及自然科学等多方面的学科知识有着直接或间接的关系。

1.2 图像的基础知识

1.2.1 图像尺寸

显示器上的图像是由许多点构成的,这些点称为像素,意思就是"构成图像的元素"。像素作为图像的一种尺寸,只存在于电脑中,它是一种虚拟的单位,现实生活中是没有像素这个单位的。

像素大小指的就是图像在电脑中的大小。文档大小,实际上就是打印大小,指的就是这幅图像打印出来的尺寸。电脑中的像素和传统长度不能直接换算,因为一个是虚拟的,另一个是现实的,它们需要一个桥梁才能够互相转换,这个桥梁就是位于文档大小宽度和高度下方的分辨率。注意这里的分辨率是打印分辨率,和"显示器分辨率"是不同的。

对于打印分辨率,印刷行业一般有一个标准:300 dpi。就是指用来印刷的图像分辨率至少要为300 dpi才可以,低于这个数值,印刷出来的图像不够清晰。如果打印或者喷绘,只需要72 dpi就可以了。注意,这里说的是打印而不是印刷。打印分辨率和打印尺寸,顾名思义就是在那些需要打印或印刷的用途上才起作用,比如海报设计、报纸广告等。

像素尺寸,也称显示大小或显示尺寸,它等同于图像的像素值。而打印尺寸,也称打印大小,它需要同时参考像素尺寸和打印分辨率才能确定。在分辨率和打印尺寸的长度单位一致的前提下(如像素、英寸和英寸),像素尺寸÷分辨率=打印尺寸。

1.2.2 色彩的概念

1) 色彩的构成

色彩构成是根据构成原理,将色彩按照一定的关系进行组合,调配出符合需要的颜色。色彩一般分为无彩色和有彩色两大类。无彩色是指黑色、灰色、白色。

有彩色则包括红色、黄色、蓝色、绿色等常见的颜色。从原理上讲,有彩色就是具备光谱上的某种或某些色相,统称为彩调;与此相反,无彩色就没有彩调。

从视觉的角度分析,颜色包含 3 个要素:色调、饱和度和亮度,人眼看到的任一彩色光都是这 3 个特性的综合效果。其中色调与光波的波长有直接关系,亮度和饱和度则与光波的幅度有关。

(1)色相

色相又称为色调,是指色彩的相貌,或是区别色彩的名称或色彩的种类,而色相与色彩明暗无关。苹果是红色的,红色便是一种色相。色相的种类很多,普通色彩专业人士可辨认出 300~400 种,但假如要仔细分析,可有一千万种之多。

(2)彩度

彩度指色彩的强弱,也可以说是色彩的饱和度,也叫纯度。调整图像的饱和度也就是调整图像的彩度。将一个彩色图像的饱和度降低为 0 时,它就会变成一个灰色的图像,增加饱和度就会增加其彩度。例如,调整彩色电视机的饱和度,就可调整其彩度。

(3)明度

明度是指色彩的明暗程度。明度的高低,要根据其接近白色或灰色的程度而定,越接近白色,明度越高,越接近灰色或黑色,其明度越低。如红色有明亮的红和深暗的红,蓝色有浅蓝和深蓝。在彩色中,黄色明度最高,紫色明度最低。

2) 色彩的对比

在同一环境下,人对同一色彩有不同的感受,而在不同的环境下,多色彩给人另一种印象。色彩之间这种相互作用的关系称色彩对比。

3) 色彩的调和

色彩的调和是就色彩的对比而言的,没有对比也就无所谓调和,两者既互相排斥又互相依存,相辅相成。当色彩减弱时,调和逐渐占上风。色彩调和的实质是色彩对比因素的巧妙运用,调和和对比两者互相依存,任何一个两者都无法单独存在。

4) 色彩模式

色彩模式是指图像在显示或打印输出时定义颜色的不同方式。在实际操作中需要根据不同的要求来选择所需的模式或在各个模式之间进行转换。

(1)RGB 模式

RGB 是色光的色彩模式。R 代表红色,G 代表绿色,B 代表蓝色,3 种色彩叠加形成了其他的色彩。因为 3 种颜色都有 256 个亮度水平级,所以 3 种色彩叠加就形成了 1 670 万种颜色。

在 RGB 模式中,由红、绿、蓝相叠加可以产生其他颜色,因此该模式也叫加色模式。所有显示器、投影设备以及电视机等都是依赖这种加色模式来实现的。

(2)CMYK 模式

当阳光照射到一个物体上时,这个物体将吸收一部分光线,并将剩下的光线进行反射,反射的光线就是我们所看见的物体的颜色。这是一种减色色彩模式。CMYK 代表印刷中常用的 4 种颜色,C 代表青色,M 代表洋红色,Y 代表黄色,K 代表黑色。因为在实际应用中,青色、洋红色和黄色很难叠加形成真正的黑色,最多不过是褐色而已,所以才引入了黑色(K)。黑色的作用是强化暗调,加深暗部色彩。

(3)HSB 模式

HSB 模式是基于人的视觉的颜色模式,其中 H 为色相,S 为饱和度,B 为亮度。利用此模式可以轻松自然地选择各种不同明亮度的颜色。Photoshop 不直接支持这种模式,只能在“颜色”面板与“拾色器”对话框中定义一种颜色。

(4)Lab 模式

Lab 模式是由 3 种分量来表示颜色的,即一个亮度分量 L 和两个颜色分量 a 与 b。通常情况下不会用到此模式,但使用 Photoshop CS6 编辑图像时,就已经使用了 Lab 模式,因为 Lab 模式是 Photoshop CS6 内部的颜色模式。

(5)索引颜色模式

索引颜色模式的图像占用磁盘空间较少,在缩减图像文件大小时,很容易保持图像文件的颜色质量。但因为索引颜色图像是单通道图像,即 8 位/像素,所以在此模式下许多图像处理的操作都不能应用。

(6)灰度模式

灰度模式共有 256 级灰度,灰度图像中的每个像素都有一个 0(黑色)~256(白色)之间的亮度值。当把图像转换为灰度模式后,可除去图像中所有的颜色信息,转换后的像素色度(灰阶)表示原有像素的亮度。灰度模式下的图像转换为 RGB 模式后,图像为黑白图像。

1.2.3　图像格式

一般来说,目前的图像格式大致可以分为两大类:一类为位图;另一类称为描绘类、矢量类或面向对象的图像。前者是以点阵形式描述图像的,后者是以数学方法描述的一种由几何元素组成的图像。一般说来,后者对图像的表达细致、真实,缩放后图像的分辨率不变,在专业级的图像处理中运用较多。

在介绍图像格式前,先了解一下图像的一些相关技术指标:分辨率、色彩数、图形灰度。

分辨率:分为屏幕分辨率和输出分辨率两种,前者用每英寸行数表示,数值越大图像质量越好;后者衡量输出设备的精度,以每英寸的像素点数表示。

色彩数和图形灰度:用位(bit)表示,一般写成 2 的 n 次方,n 代表位数。当图像达到 24 位时,可表现 1 677 万种颜色,即真彩。灰度的表示法类似。

常见的图形文件格式:

bmp:PC 机上最常用的位图格式,有压缩和不压缩两种形式,该格式可表现从 2 位到 24 位的色彩,分辨率也可从 480×320 至 1 024×768。该格式在 Windows 环境下相当稳定,在文件大小没有限制的场合中运用极为广泛。

dib:描述图像的能力基本与 bmp 相同,并且能运行于多种硬件平台,只是文件较大。

dif:autocad 中的图形文件,它以 ascii 方式存储图形,表现图形在尺寸大小方面十分精确,可以被 coreldraw,3ds 等大型软件调用编辑。

wmf:Microsoft Windows 图元文件,具有文件短小、图案造型化的特点。该类图形比较粗糙,并只能在 Microsoft Office 中调用编辑。

gif:在各种平台的各种图形处理软件上均可处理的经过压缩的图形格式。缺点是存储色彩最高只能达到 256 种。

jpg:可以大幅度地压缩图形文件的一种图形格式。对于同一幅画面,jpg 格式存储的文件是其他类型图形文件的 1/20 到 1/10,而且色彩数最高可达到 24 位,所以它被广泛应用于 internet 上的 homepage 或 internet 上的图片库。

tif:文件体积庞大,但存储信息量亦巨大,细微层次的信息较多,有利于原稿阶调与色彩的复制。该格式有压缩和非压缩两种形式,最高支持的色彩数可达 16m。

eps:用 postscript 语言描述的 ascii 图形文件,在 postscript 图形打印机上能打印出高品质的图形(图像),最高能表示 32 位图形(图像)。该格式分为 photoshop eps 格式 Adobeillustrator eps 和标准 eps 格式,其中后者又可以分为图形格式和图像格式。

psd:photoshop 中的标准文件格式,专门为 photoshop 而优化的格式。

cdr:coreldraw 的文件格式。另外,cdx 是所有 coreldraw 应用程序均能使用的图形(图像)文件,是发展成熟的 cdr 文件。

iff:用于大型超级图形处理平台,比如 amiga 机,好莱坞的特技大片多采用该图形格式处理。图形(图像)效果,包括色彩纹理等逼真再现原景。当然,该格式耗用的内存外存等的计算机资源也十分巨大。

tga:是 true vision 公司为其显示卡开发的图形文件格式,创建时期较早,最高色彩数可达 32 位。

1.2.4 图像格式的选择

Photoshop CS6 是以点阵图像为主的软件,虽然它针对矢量图像的操作和效果非常有限,但仍然可以为设计者带来极大的便利。在这里要记住一个原则:在今后的制作过程中,应最大可能地保留可修改性。什么叫可修改性呢?比如放大缩小就是。矢量图像的可修改性比点阵图像要优越,所以在今后的制作中(尤其在使用蒙版的时候)应该尽量使用矢量图像。在 Photoshop CS6 和 Illustrator 中,点阵图像和矢量图像可以同时存在。矢量图像可以很容易地转换为点阵图像,而点阵图像要转为矢量图像则要复杂一些。

制作完成后要将图像储存起来,而图像储存时有各种各样的文件格式可以选择,该使用什么文件格式来储存呢?

这里先要明确一个概念:显示器是点阵的,无论设计者在制作时采用点阵图还是矢量图,在显示器上最终还是以点阵方式展现的。而两者的区别,只体现在对图像的处理过程中。

即使输出的是点阵,在制作过程中,矢量图像具有优越的可编辑性。通用的保存图像的文件格式也都是点阵的,比如 bmp、tif、jpg、gif、png 等。但需要注意的是,通用图像格式是不能包含可编辑信息的。在 Photoshop CS6 中,专用格式是 psd,当图像文件保存为 psd 文件格式后,这些图层信息也会同时保留下来,便于再修改。但如果把图像保存为 jpg,那么那些图层信息就丢失了。

1.3　Photoshop CS6 工作界面

1.3.1　Photoshop CS6 的工作界面

Photoshop CS6 的工作界面如图 1.3.1 所示。

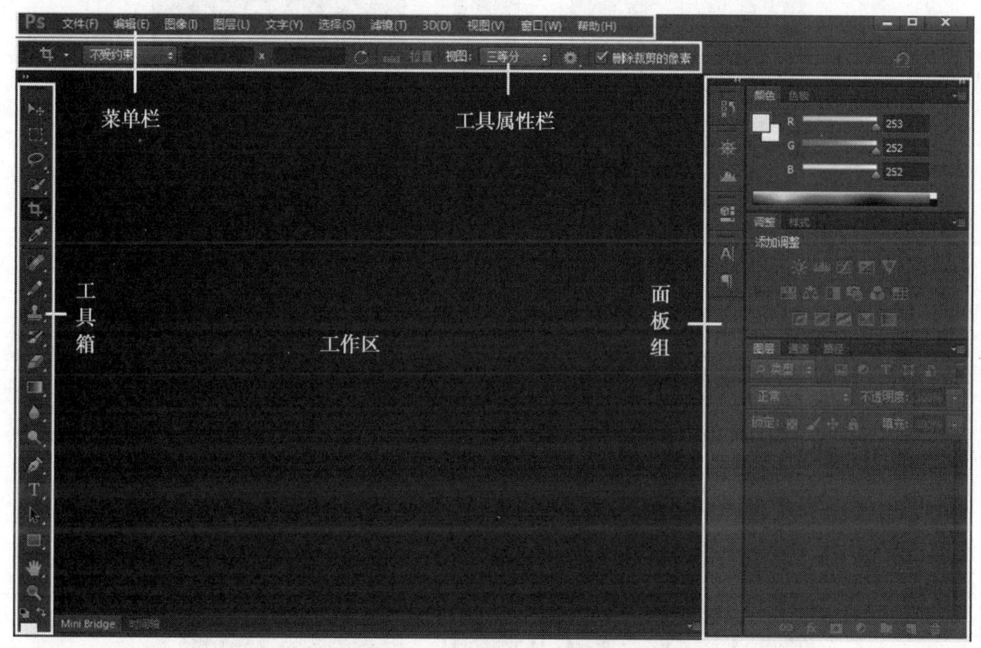

图 1.3.1　Photoshop CS6 的工作界面

1.3.2　工具箱

Photoshop CS6 的工具箱位于工作界面的左边,所有工具共有 50 多个。要使用工具箱中的工具,只要单击该工具图标即可在文件中使用。如果该图标中还有其他工具,单击鼠标左键会弹出隐藏工具栏,单击其中的工具即可使用,如图 1.3.2 所示。

在默认情况下,工具箱位于 Photoshop CS6 窗口的左侧,其中包括常用的各种工具按钮,使用这些工具按钮可以进行选择、绘画、编辑、移动等各种操作。

如果要对工具箱进行显示、隐藏、移动等操作,其具体的操作方法如下:

①选择菜单栏中的“窗口”→“工具”命令,可显示或隐藏工具箱。显示状态下,此命令前有一个“√”符号。

②将鼠标移至工具箱的标题栏上(即顶端的蓝色部分),按住鼠标左键拖动,可在窗口中移动工具箱。

如果要使用一般的工具按钮,可按以下任意一种方法来进行:

①单击所需按钮,例如单击工具箱中的“移动工具”按钮 ,即可移动当前图层中的图像。

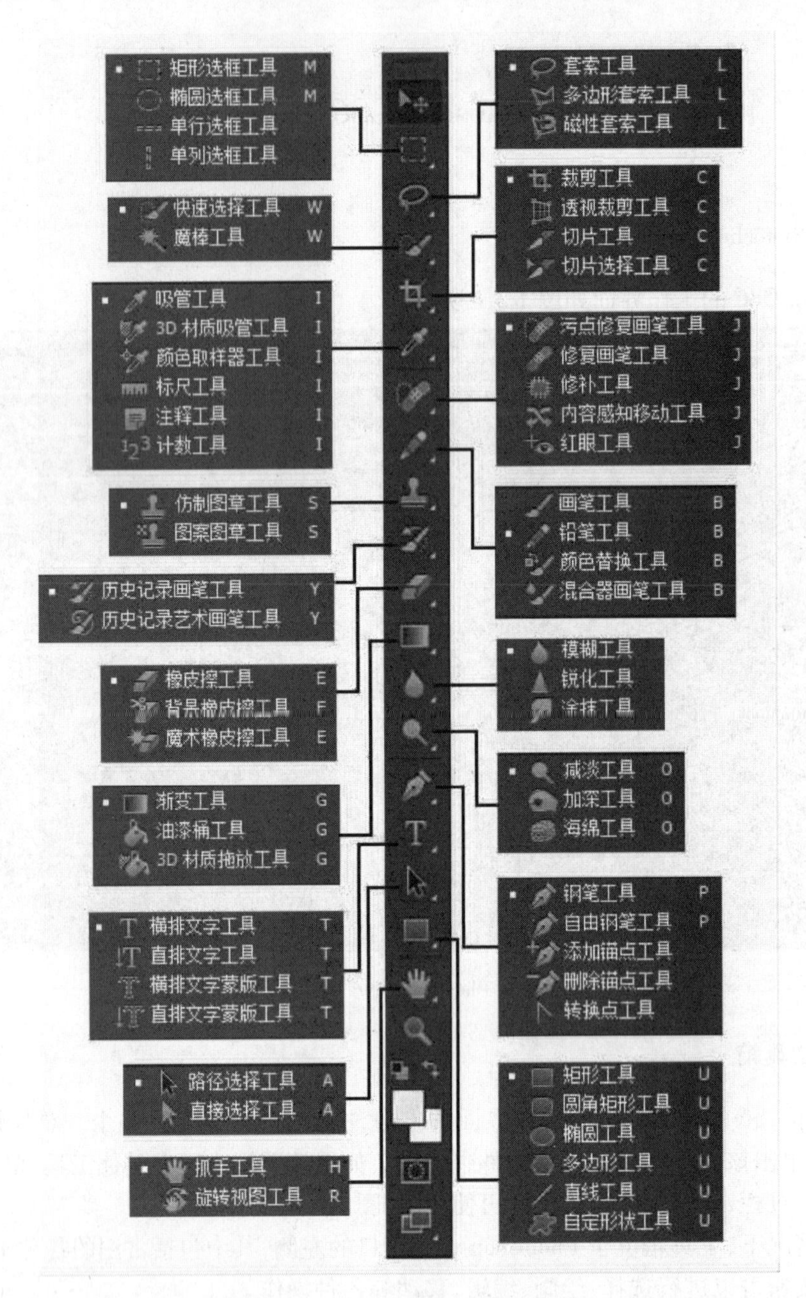

图 1.3.2　Photoshop CS6 的工具箱

②在键盘上按工具按钮对应的快捷键,可以对图像进行相应的操作,例如按“V”键即可切换为移动工具来选择图像。

工具箱中许多工具按钮的右下角都有一个小三角形。这个小三角表示这是一个按钮组,包含多个相似的工具按钮。

如果用户要使用按钮组中的其他按钮,则可按以下几种操作方法来完成:

①将鼠标移至按钮上,按住鼠标左键不放即可出现工具列表,并在列表中选择需要的工具。

②用鼠标右键单击按钮,系统会弹出工具列表,可在列表中选择需要的工具。

③按住“Shift”键不放，然后按按钮对应的快捷键，可在工具列表中的各个工具间切换。

例如，用鼠标右键单击工具箱中的“橡皮擦工具”按钮，可显示该工具列表，在列表中单击背景橡皮擦工具即可使用该工具，而在工具箱中原来显示的按钮会自动切换为按钮，如图 1.3.3 所示。

图 1.3.3　选择工具箱中的工具

1.3.3　工具属性栏

Photoshop CS6 的属性栏提供了控制工具属性的选项，其显示内容根据所选工具的不同而发生变化。选择相应的工具后，Photoshop CS6 的属性栏将显示该工具可使用的功能和可进行的编辑操作等。

例如选择了画笔工具后，其属性栏显示如图 1.3.4 所示，用户可以在其中设置画笔的样式。每一个工具属性栏中的选项都是不定的，它会随用户所选工具的不同而变化。

图 1.3.4　画笔工具属性栏

注意：虽然属性栏中的选项是不定的，但其中的某些选项（如模式与不透明度等）对许多工具都是通用的。

1.3.4　菜单栏

Photoshop CS6 的菜单栏由“文件”“编辑”“图像”“图层”“文字”“选择”“滤镜”“3D”“视图”“窗口”和“帮助”共 11 类菜单组成，包含了操作时要使用的所有命令。要使用菜单中的命令，只需将鼠标光标指向菜单中的某项并单击，此时将显示相应的下拉菜单。在下拉菜单中上下移动鼠标进行选择，然后再单击要使用的菜单选项，即可执行此命令，如图 1.3.5 所示。

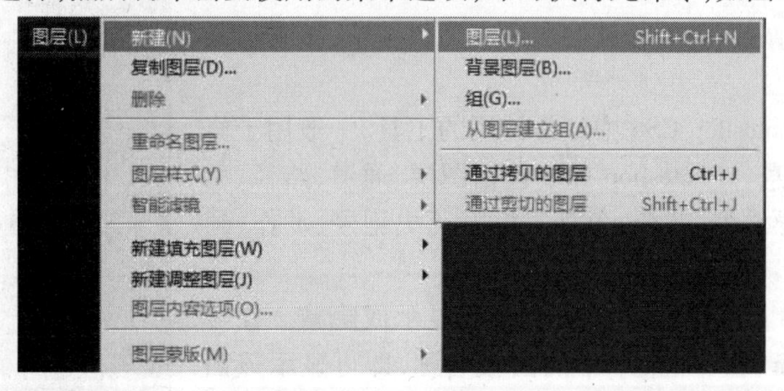

图 1.3.5　下拉菜单

1.3.5　状态栏

状态栏位于图像窗口的底部，用来显示当前打开文件的一些信息，如图 1.3.6 所示。

图 1.3.6 状态栏

1.3.6 面板组

Photoshop CS6 中的面板组可以将不同类型的面板归类到相对应的组中，并将其停靠在右边面板组中。用户处理图像时，需要某面板，只要单击标签就可以快速找到相对应的面板从而不必再到菜单中打开。Photoshop CS6 版本在默认状态下，只要执行“菜单”→“窗口”命令，就可以在下拉菜单中选择相应的面板，之后该面板就会出现在面板组中，如图1.3.7所示。

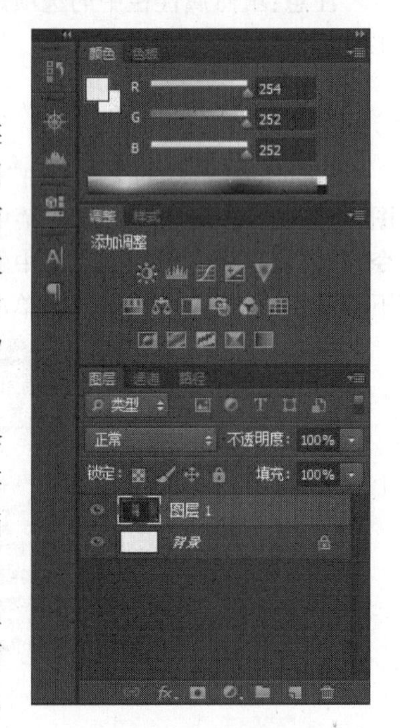

图 1.3.7 面板

面板是在 Photoshop CS6 中经常使用的工具，一般用于修改显示图像的信息。Photoshop CS6 包括图层、通道、路径、字符、段落、信息、导航器、颜色、色板、样式、历史记录、动作、画笔等多种面板。

在 Photoshop CS6 中也可将某个面板显示或隐藏。要显示某个面板，选择“窗口”菜单中的面板名称，即可显示该面板；要隐藏某个面板窗口，单击面板窗口右上角的按钮即可。单击面板右上角的三角形按钮 ，可显示面板菜单，如图1.3.8 所示，从中选择相应的命令即可编辑图像。

此外，按“Shift+Tab”键可同时显示或隐藏所有打开的面板，按“Tab”键可以同时显示或隐

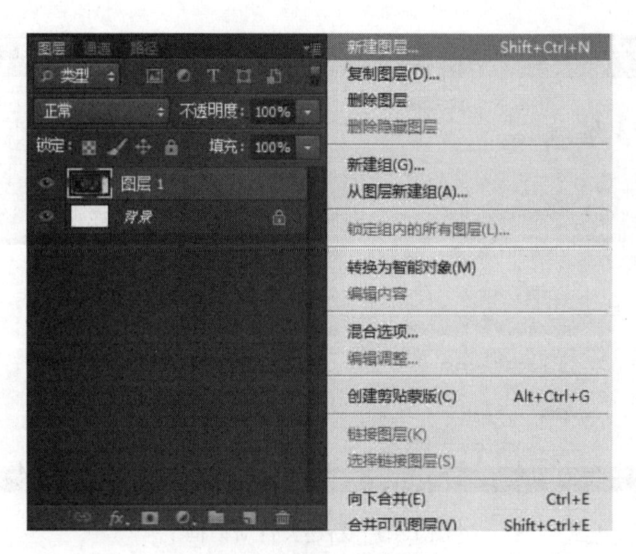

图 1.3.8　显示面板菜单

藏所有打开的面板以及工具箱和属性栏。使用这两种方法可以快速地增大屏幕显示空间。

工具箱与工具面板是可以活动的，用户可以根据自己的需要选择位置，系统会自动保存。不过建议初学者还是使用系统默认的排布，这样有利于日后的实例学习。

如果用户不小心把界面布局弄乱了也没关系，可以执行菜单栏的"窗口"→"工作区"→"基本功能(默认)"命令。这里要注意的是，在"工作区"之下还有一个"基本"，如果执行此命令，系统将会把工具面板折叠起来，这样可以扩大工作区。

1.3.7　工作区

工作区是显示图像的区域，也是编辑或处理图像的区域。在图像窗口中可以实现 Photoshop CS6 中的所有功能，也可以对图像窗口进行多种操作，如改变窗口的位置和大小。

1.4　Photoshop CS6 的基本操作

1.4.1　新建空白图像文件

Photoshop CS6 有两大功能：一是创建新的图像；二是处理现有的图像。

前面已经介绍了 Photoshop CS6 的软件界面，下面就来创建一个空白的图像文件。首先点击菜单栏"文件"选项，然后再点击下拉菜单里的"新建"，会弹出"新建"对话框，如图 1.4.1 所示。

其中，"名称"是为新创作的图片命名，可以在这里修改成需要的名字，也可以在之后存储的时候再改。

"预设"是指图片的尺寸大小，默认是"自定"，即用户输入数值来决定图片尺寸大小。

选择"自定"后就需要自行修改其下的数值了，要注意的包括：宽度、高度、单位、分辨率、

图 1.4.1　新建文件对话框

颜色模式、背景内容,其他可以先不用了解。

需要强调的有以下 3 点:一是单位,一般情况下选像素,这种单位多用于显示设备上,如电脑显示器。二是分辨率,如果是用于显示设备,一般设为 72;如果是要用于打印、印刷,则一般设为 300。三是颜色模式,如果是用于显示器,一般选 RGB 模式;如果用于印刷,则选 CMYK 模式。

设置完成后单击“确定”按钮就新建好一个空白的图像文件了,接下来的工作就是在这个空白的图像上进行操作,最终让其变成一个新的有内容的图像文件,然后保存就可以了!

1.4.2　打开图像与图像的关闭、保存

前面已经介绍了如何新建空白图像文件,然而在使用 Photoshop CS6 的过程中,更多的是要打开现有的图像进行处理,或者是打开一张图像素材将其用于新图像的创作。

1)图像的打开

针对 Photoshop CS6 支持的图像格式文件,比如 jpg、bmp、png 等图片。如果 Photoshop CS6 没有运行,可以右击图片,然后在打开方式中选择使用 Photoshop CS6 打开即可。或者先打开 Photoshop CS6 软件,然后选择“文件”菜单下拉列表里的“打开”命令,单击后会弹出图片选择窗口,找到要打开的图片后单击“打开”按钮即可。更快捷的办法是可以通过双击工作区来快速打开图片选择窗口。在图片窗口中还可以一次性选择多张图片打开。

如果要直接处理图片,那么最好是对原图层进行复制,然后在复制出的图层上进行操作,以保护原图像。对于图层的操作,我们将在后面的内容中讲解。

如果你是要把打开的图像当作素材,将其用于其他图像中,比如新建的空白图像里,那么一般可以同时打开这两个图像,然后使用选择工具,选择素材图片,按住鼠标左键拖拽到另一个图像文件里。或者按“Ctrl+A”快捷键全选素材文件,然后再按“Ctrl+C”快捷键复制,在另一个图像文件里按“Ctrl+V”快捷键粘贴。

2)图像的关闭与保存

可以使用“文件”下拉菜单里的“关闭”命令来关闭图像,但更多的时候是直接点击图像文

件右上角的关闭按钮。

如果没有对打开的图像进行任何操作,则图像文件会直接关闭,否则会出现图像存储对话框,可以按提示对文件进行存储操作。

注意:存储操作同样可以使用“文件”菜单里的命令来完成,在 Photoshop CS6 处理图像的过程中,用户应养成不断保存文件的习惯,以防软件故障或断电而没有及时保存造成损失。用户可以在每完成一个操作后使用“Ctrl+S”快捷键来保存。

第二单元
基础形象运用

课前导读：

本单元以房地产开发项目的“工作准备期”所涉及的广告业务，由浅入深，阶梯式展开，详细地介绍了使用 Photoshop CS6 处理图像的方法和技巧，其中包括文字、路径、形状工具、钢笔工具的使用。通过本单元的学习，学员能够掌握基本工具的使用方法，为后续学习打下坚实的基础。

知识目标：

- 熟悉颜色的填充方法；
- 熟悉变形命令的使用；
- 熟悉路径、形状、文字等工具的使用；
- 熟悉各个工具面板的功能以及设置技巧。

能力目标：

- 能熟练完成图像文件的基本编辑操作；
- 能完成颜色设置，会快速填充；
- 会输入并编辑文字；
- 会运用形状工具、钢笔工具等绘制图形；
- 能够灵活运用各种工具完成小型的设计任务。

2.1 Logo 设计

2.1.1 知识准备

1）移动工具

移动工具用来选择当前图片元素并移动。其移动对象是当前选中的图层内容，如果该图层与其他图层为链接关系，则链接图层也一起移动。

2）选区工具

选区工具的作用是创建选区，其操作目标是当前图层，通过选区工具可对其进行进一步操作，比如删除该选区内的内容或者复制该选区内容等。长点工具图标可展开显示更多不同的选区形状。(注:图标右下角的黑色三角表示可以展开显示更多的工具集。)

(1)规则选区

规则选区是指通过矩形或椭圆等工具在工作图层上创建出规则选区。

(2)套索工具

套索工具的作用也是为了获得选区。与规则选区工具不同的是,它创建出的选区形状不是规则的几何形,而是操作者根据需要通过鼠标创建出比较自由的选区形状。其中,磁性套索工具比较特殊,它要根据图像上的图形元素边缘来自己判定选择区域。

套索工具是对选区工具的加强,常用于快速创建一些复杂而对精度要求又不高的选区任务。

(3)魔棒工具

魔棒工具通过分析当前图层内容所点击位置的颜色值来选取出一定的范围区域。

使用魔棒工具可以对颜色变化不大的图样进行快速创建选区,但魔棒工具创建的选区在边缘上的处理比较粗糙,对需要精细选区的任务里不推荐使用。

3)文字工具

文字工具的作用自然是用来输入文字。

文字工具分横排与直排,选择对应的工具后在要输入的起始位置单击就可以输入文字了,并可以通过参数面板改变字体、大小、颜色等。

另外,还有横排与直排的文字蒙版工具。蒙版的作用也是创建出选区,在后面章节会讲到。

文字其实也是属于矢量图形,但又比较特殊,当用户保存成位图时,它可以直接输出显示,而路径却不行。

4)钢笔工具

钢笔工具与画笔工具不同,画笔工具是直接在图像上产生颜色内容,而钢笔工具则用来创建路径。这里需要了解一下路径的概念。

路径用来产生矢量图形。矢量图形与常见的照片不同。普通的照片在放大的时候会变模糊,而矢量图形则不会。普通照片也称为位图,其上的每个点都已经固定了大小,因此放大就产生锯齿变模糊;矢量图里的点、线、面都是由几何公式来产生,放大缩小只是改变参数大小,所以不会出现锯齿、模糊的情况。

Photoshop CS6 主要是用来处理位图,但经常会借用到矢量图的概念来辅助处理。比如使用钢笔工具创建的路径,可以将路径做描边或填充处理来获得位图。为什么要通过路径转化位图呢?那是因为路径的操作相当灵活,可以创建复杂的区域效果,因此用户经常会把路径转化为选区,从而得到完美的选区。通过钢笔绘制路径,然后转选区是一种比较完美的选区创建方法,其选区边缘光滑、精细,常用于各种抠图操作中。

5)路径选择工具

路径选择工具用于对路径进行全选与部分选择的操作。

6)直线工具

使用直线工具可以绘制出直线、箭头和路径。使用此工具并在图像中拖动,就可以绘制出直线图形,如图 2.1.1 所示。

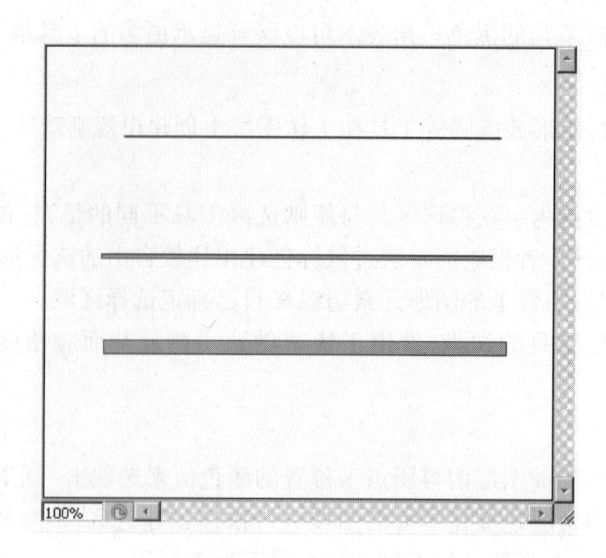

图 2.1.1　绘制直线

单击工具箱中的“直线工具”按钮，属性栏显示如图 2.1.2 所示。

图 2.1.2　直线工具属性栏

形状：单击此命令，在绘制形状时不但可以建立路径，还可以建立形状图层，路径形状内将填充前景色。

路径：单击此命令，绘制形状时会在“路径”面板上产生一个路径，但不会自动建立形状图层。

像素：单击此命令，在绘制形状时可在当前图层中绘制出一个由前景色填充的形状，而不会建立路径，也不会建立形状图层。

在“粗细”输入框中输入数值，可设置线条的宽度，取值范围为 1～1 000。值越大，绘制的线条越粗。

7）自由变换命令

在 Photoshop CS6“编辑”菜单中的“自由变换”命令功能非常强大，其下包含缩放、旋转等多个子命令，如图 2.1.3 所示。

当图像处于自由变换的状态时（快捷键“Ctrl+T”），仅仅拖动鼠标即可改变图像形状。

①按住鼠标左键拖动变形框四角任一角点时，图像为长宽均可变的自由矩形，也可翻转图像；

②按住鼠标左键拖动变形框四边任一中间点时，图像为可等高或等宽的自由矩形；

③按住鼠标左键在变形框外弧形拖动时，图像可自由旋转任意角度。

8）图层简单应用

图层是将一幅图像分为几个独立的部分，每一部分放在相应独立的层上。在合并图层之前，图像中每个图层都是相互独立的，可以对其中某一个图层中的元素进行绘制、编辑以及粘

图 2.1.3　自由变换命令

贴等操作，而不会影响到其他图层。此外，Photoshop CS6 的图层混合模式和不透明度功能可以将两层图像混合在一起，从而得到许多特殊效果。

（1）新建图层

创建新的图层：单击“创建新的图层”按钮 ，可以建立一个新图层。

（2）删除图层

单击“删除图层”按钮 ，可将当前所选图层删除；按住鼠标左键拖动图层到“删除图层”按钮上也可删除该图层。

（3）选择图层

在“图层”面板中单击任意一个图层，即可将其选择，被选择的图层为当前图层，如图 2.1.4 所示。选择一个图层后，按住“Ctrl”键单击其他图层，可同时选择多个图层，如图 2.1.5 所示。

（4）调整图层顺序

在“图层”面板中拖动图层可以调整图层的顺序，例如要将图 2.1.6 中的图层 1 拖至图层 2 的上方，可先选择图层 1，然后按住鼠标左键拖动至图层 2 上方时松开鼠标即可。移动图层顺序的过程如图 2.1.6 所示。

（5）复制图层

复制图层的方法有以下两种：

①在“图层”面板中直接将所选图层拖至下方的“创建新图层”按钮 上，即可创建一个图层副本。

②选中要复制的图层，在“图层”面板右上角单击按钮 ，从弹出的下拉菜单中选择“复制图层”命令，弹出“复制图层”对话框，如图 2.1.7 所示；单击“确定”按钮，就会在“图层”面板中显示复制的图层副本，如图 2.1.8 所示。

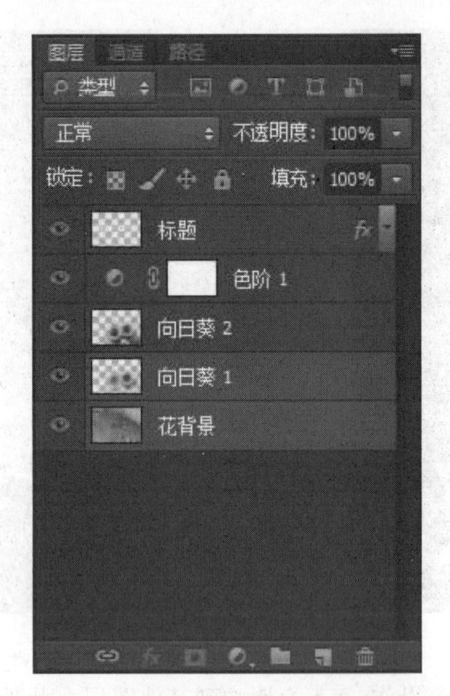

图 2.1.4　选择一个图层　　　　图 2.1.5　选择多个图层

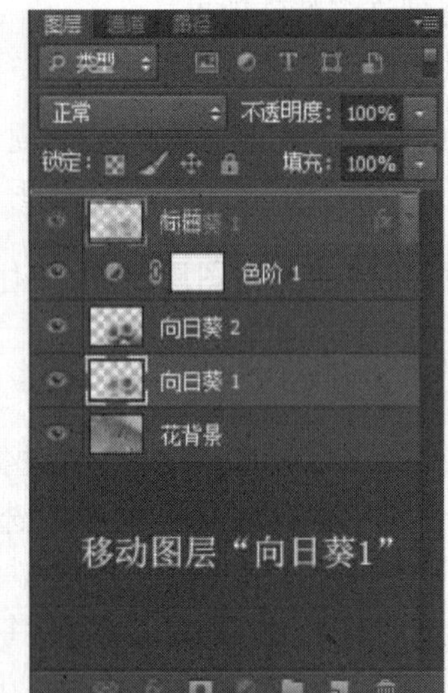

图 2.1.6　移动图层的顺序

图 2.1.7　“复制图层”对话框

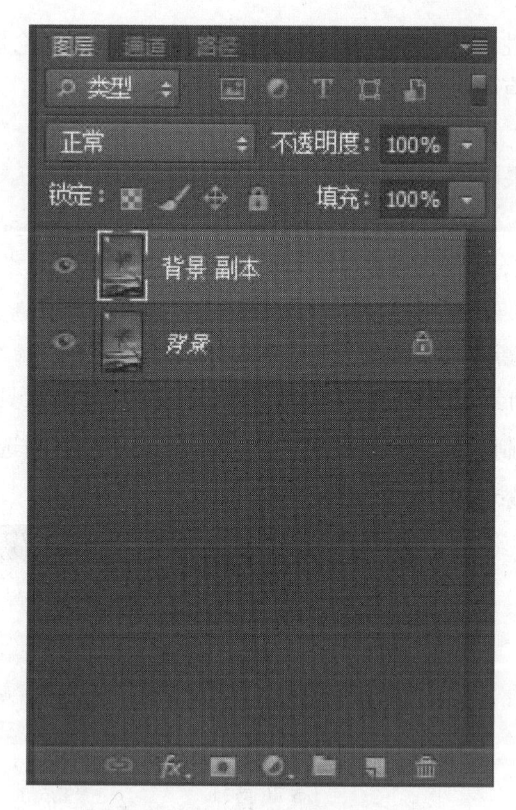

图 2.1.8　复制图层

2.1.2　实战演练——Logo 设计

1) Logo 设计要点

(1)现代视觉传达设计中标志设计的三大要素

①速度:在现代快节奏生活的情况下,标志设计要一目了然、简练明确。

②准确性:反映内容准确,要紧紧地把握住公司、集团、商社、商品的性质特点。

③信息量:反映内容的广度和深度。

(2)设计商标和徽志时的重要原则

①识别性。商标须有独特的个性,以容易使公众认识及记忆,留下良好深刻的印象。

②原创性。设计贵乎具有原创的意念与造形,商标亦如是。原创的商标必能在公众心中留下独特的印象,也能经得起时间的考验。原创可以是无中生有,也可以在传统与日常生活中加入创意,推陈出新。

③时代性。商标不可与时代脱节,使人有陈旧落后的印象。现代企业的商标,当然要具有现代感;富有历史传统的企业,也要注入时代品味,继往开来,启导潮流。

④地域性。每一个机构企业都具有不同的地域性,它可能反映于机构的历史背景,产品或服务背后的文化根源,与市场的范围和对象等。商标可具有明显的地域特征,但相对来说,也可以具有较强的国际形象。

⑤适用性。商标须适用于机构企业所采用的视觉传递媒体。每种媒体都具有不同的特

点,或者具有各自的局限性。商标的应用须适应各媒体的条件,无论形状、大小、色彩和肌理,都要考虑周详,或者进行有弹性的变通,增强商标的适用性。

2)房地产 Logo 设计

房地产 Logo 案例效果图如图 2.1.9 所示。

操作步骤:

①按“Ctrl+N”快捷键,弹出“新建”对话框,设置宽度为 300 像素,高度为 300 像素,如图 2.1.10所示。

②单击“确定”按钮,新建一个图像文件。

③新建图层 1,设置前景色为绿色(R:1,G:132,B:124);单击工具箱中的“椭圆选框工具”按钮,在新建图层上绘制正圆形选区(同时按下 Shift 键可得正圆选区),然后按下“Alt+Delete”快捷键填充选区(前景色填充),如图 2.1.11 所示。

图 2.1.9 房产 Logo 效果图

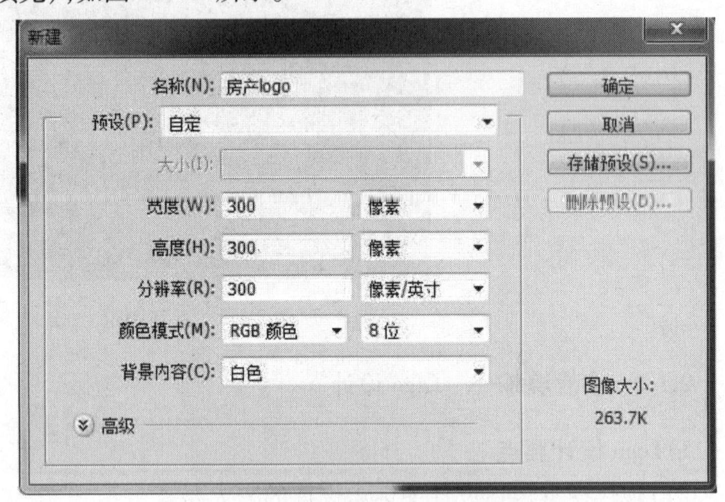

图 2.1.10 新建文件对话框

④保持选区不变,新建图层 2 并选中图层 2,用方向键向右平移选区,按下“Ctrl+Delete”快捷键(背景色填充)填充选区,如图 2.1.12 所示。

⑤保持选区不变,新建图层 3 并选中图层 3,在工具箱选择直线工具并进行属性设置;在图层 3 上同时按下 Shift 键绘制一根直线,如图 2.1.13 所示。

⑥选中图层 3,按下左键将其拖至新建图层按钮 ,复制图层 3,建立图层 3 副本共 4 个;然后选中不同图层副本,用移动工具将各直线移到合适位置处,如图 2.1.14 所示。

⑦单击图层前的图标隐藏图层 2、图层 1、背景层,如图 2.1.15 所示。

⑧单击图层面板右上角的,在展开的菜单中选择“合并可见图层”,如图 2.1.16 所示。

⑨将图层合并后,单击图层左侧显示图层 2、图层 1、背景层,如图 2.1.17 所示。

⑩按下 Ctrl 键,单击图层 2 缩略图,得到选区,如图 2.1.18 所示。

⑪选中图层 3 副本,按下“Ctrl+Shift+I”组合键实现反选,如图 2.1.19 所示。

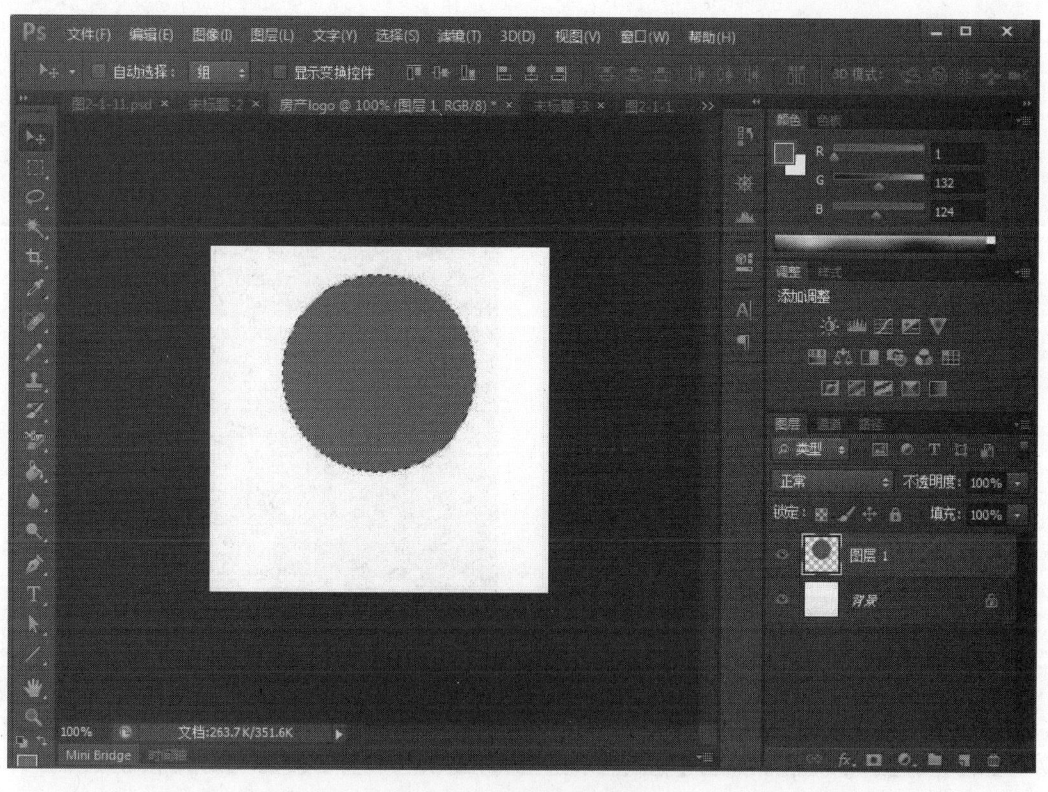

图 2.1.11 绘制圆形图案

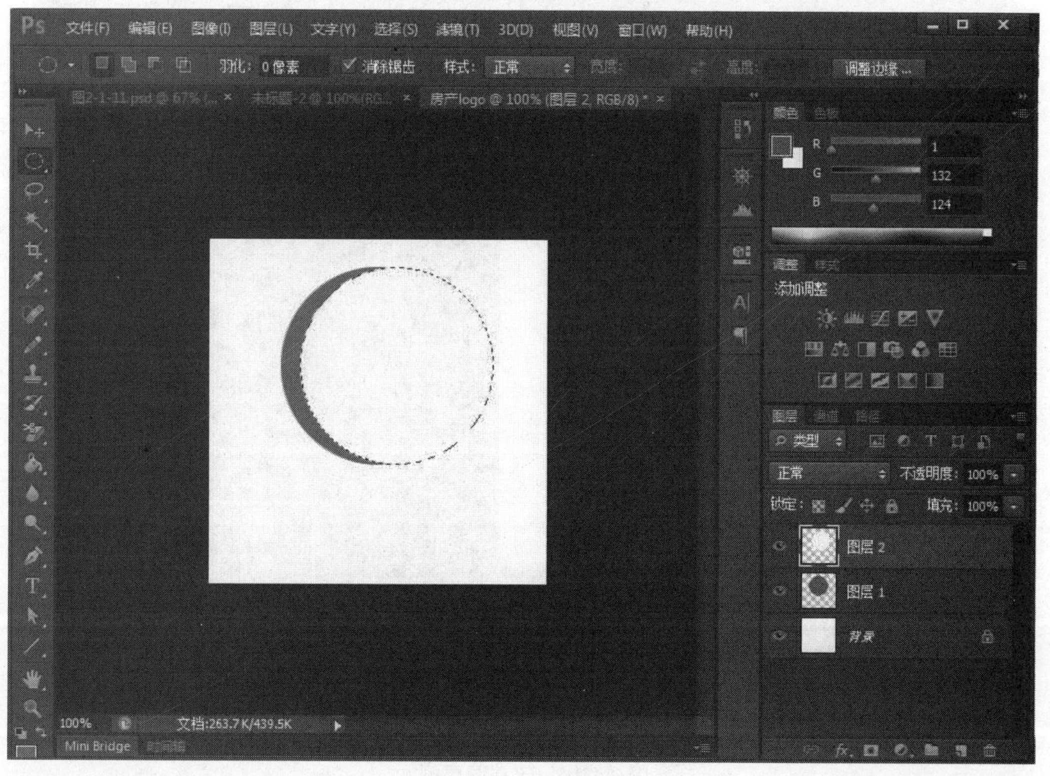

图 2.1.12 填充选区

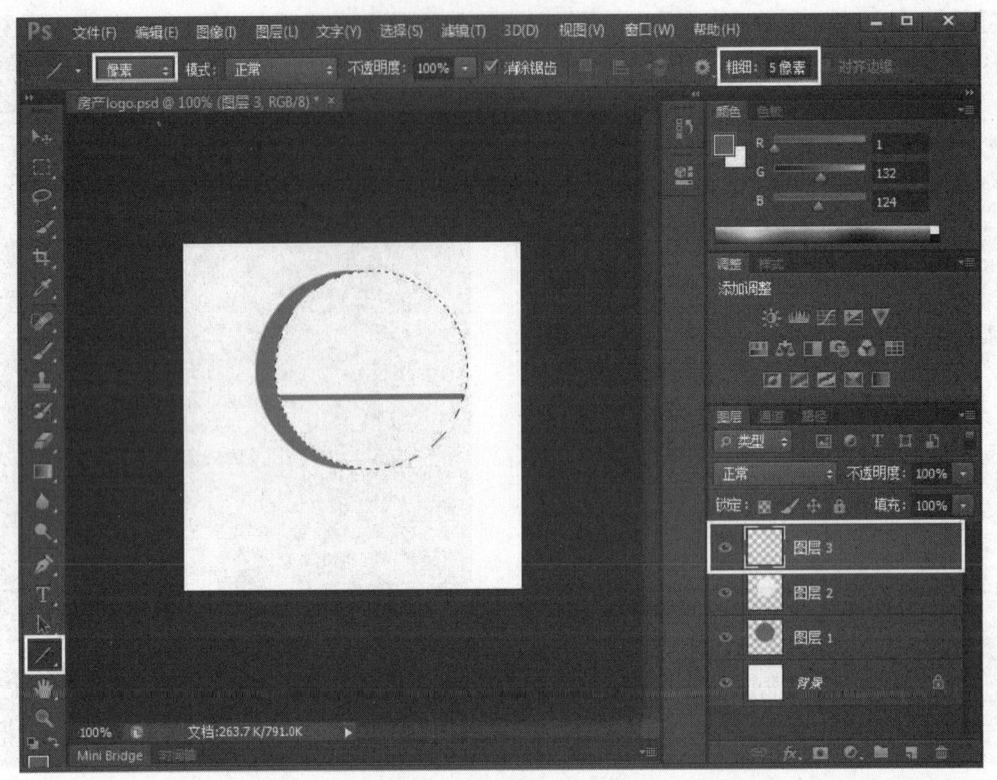

图 2.1.13　绘制直线

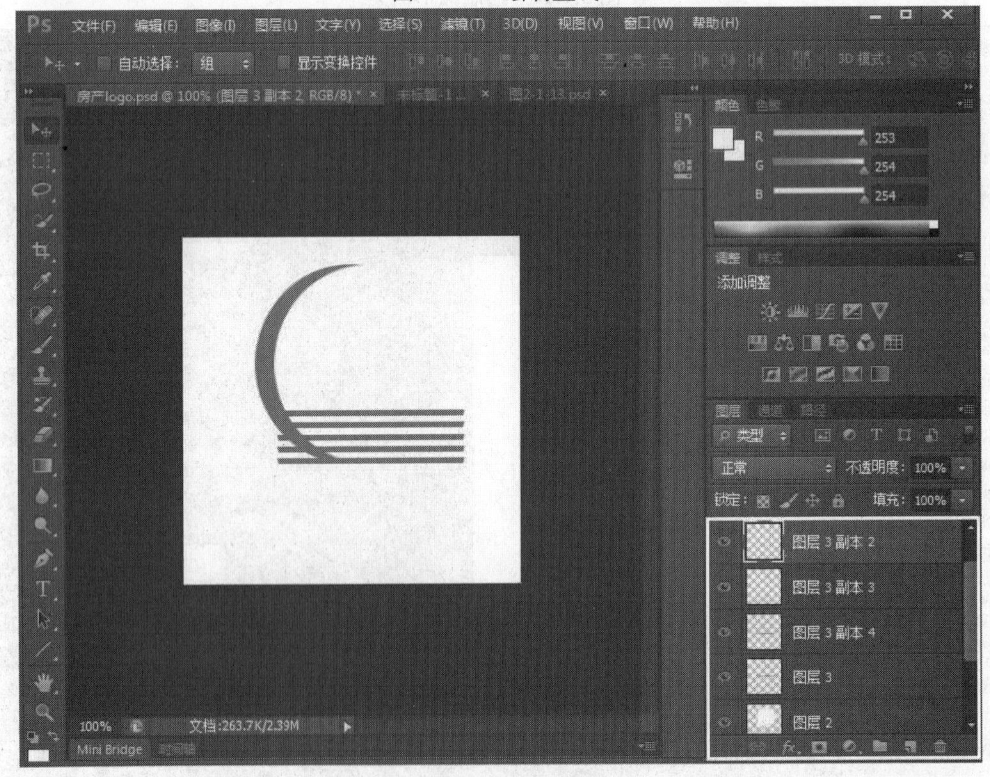

图 2.1.14　建立图层副本

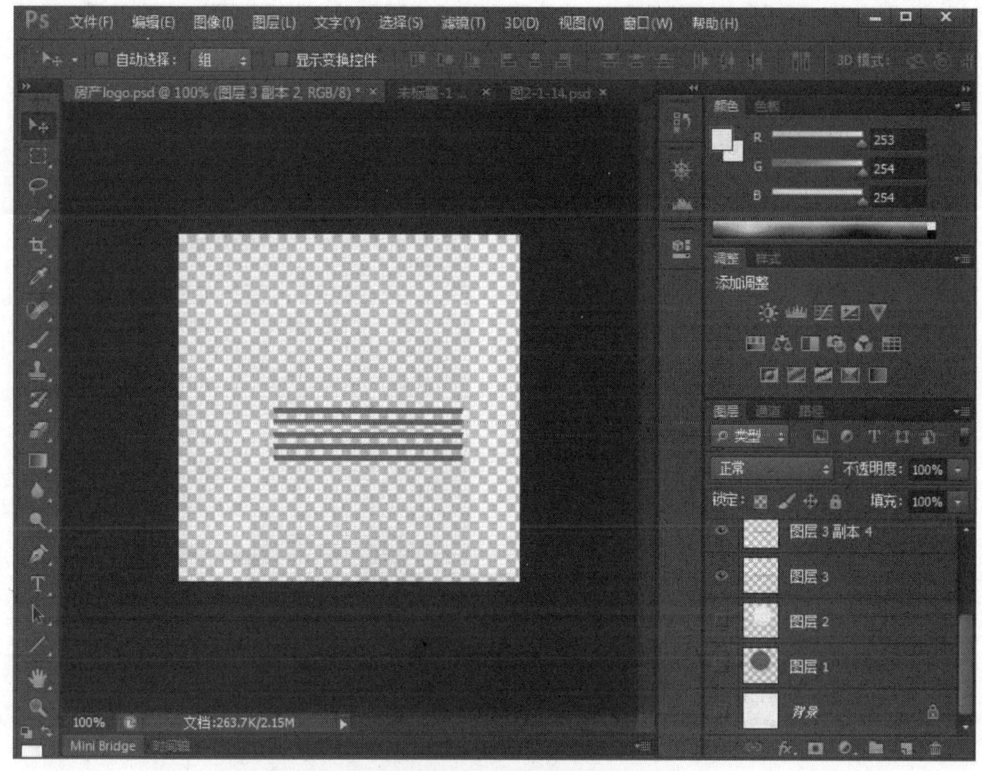

图 2.1.15　隐藏图层

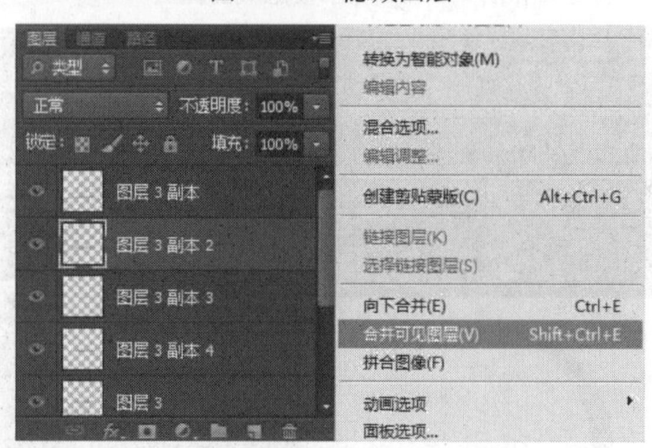

图 2.1.16　合并可见图层

⑫在选中图层 3 副本的情况下按“Delete”键，清除多余线条，如图 2.1.20 所示。

⑬按“Ctrl+D”组合键撤销选区后，新建图层 3，在新建图层上绘制祥云。

a.选择钢笔工具，在新建图层上，单击左键绘制出 7 个锚点，首尾形成闭合，如图 2.1.21 所示。

b.选择“添加锚点工具”，在曲线上的两点之间添加 5 个锚点，如图 2.1.22 所示。

c.选择路径选择工具，移动各锚点，注意移动锚点位置和锚点控制方向线，形成柔滑的曲线，如图 2.1.23 所示。

d.切换至路径面板，选中工作路径，单击路径面板上的将路径转换为选区按钮，建立选区，如图 2.1.24 所示。

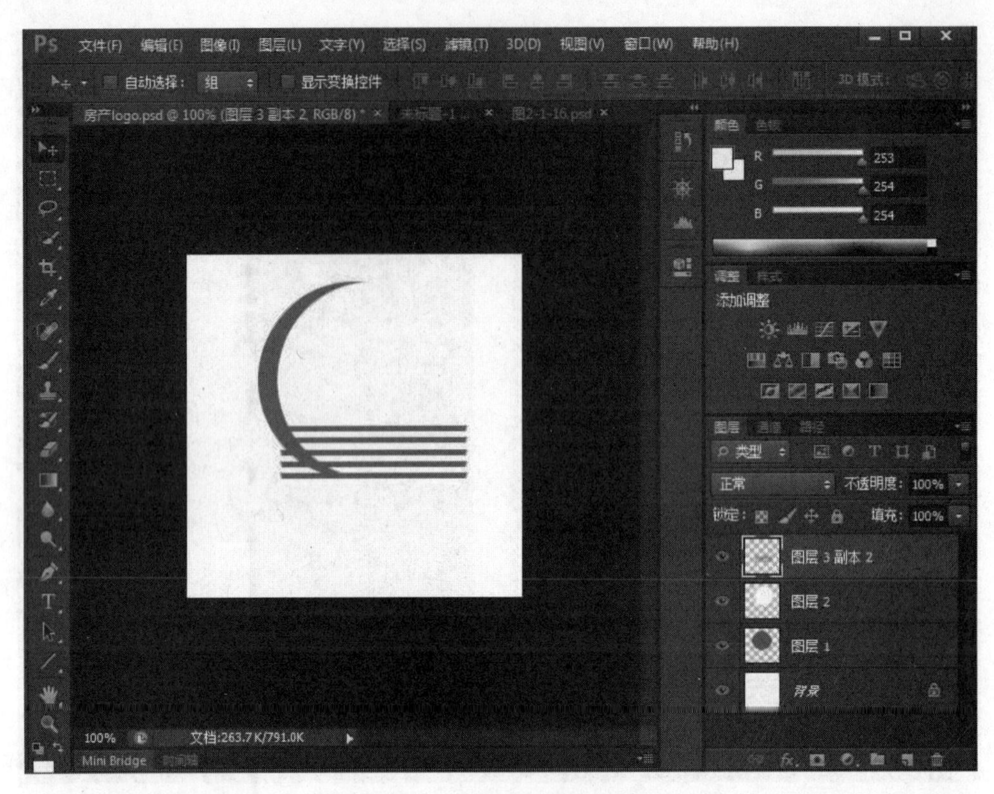

图 2.1.17　显示被隐藏的图层

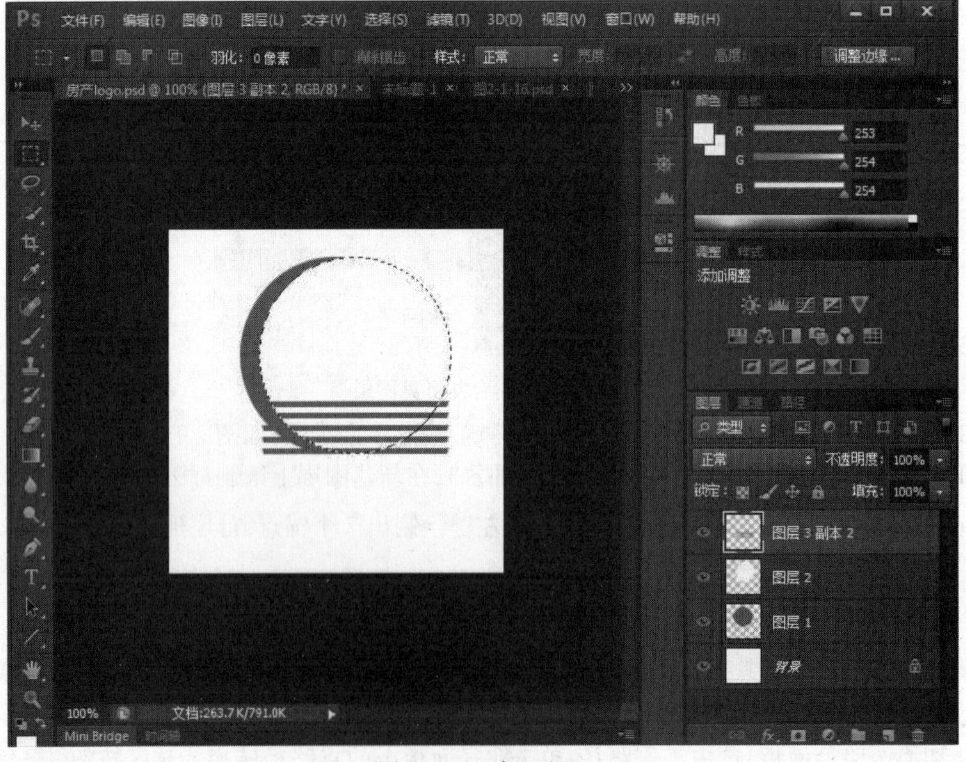

图 2.1.18　建立选区

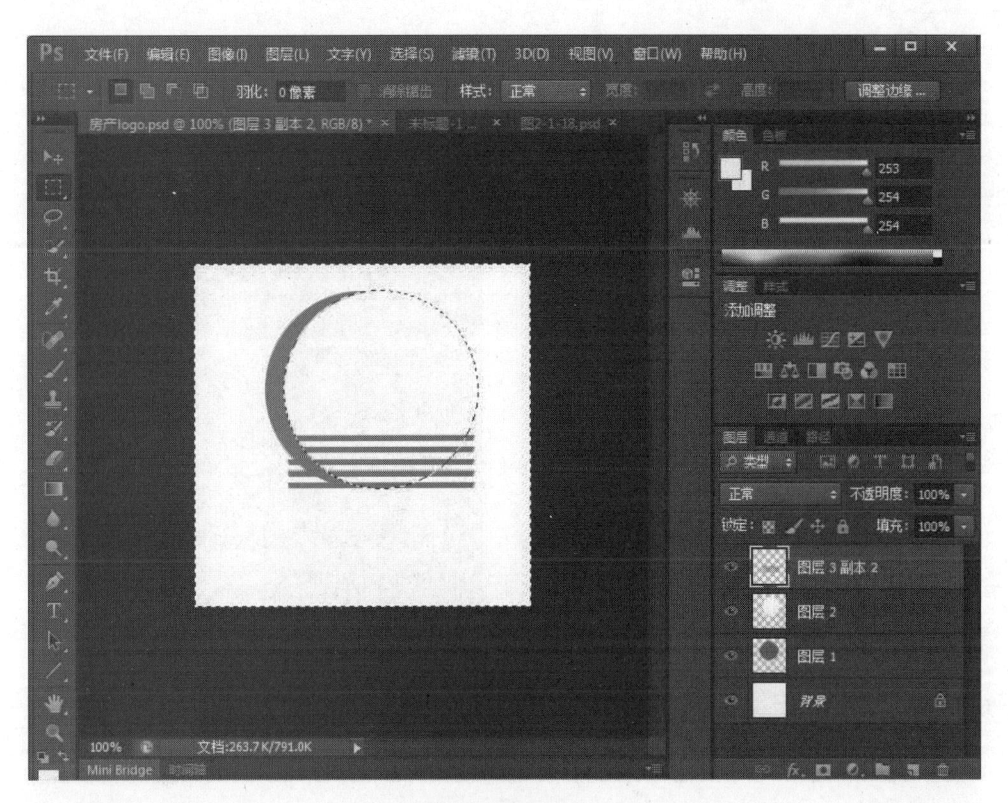

图 2.1.19　反选

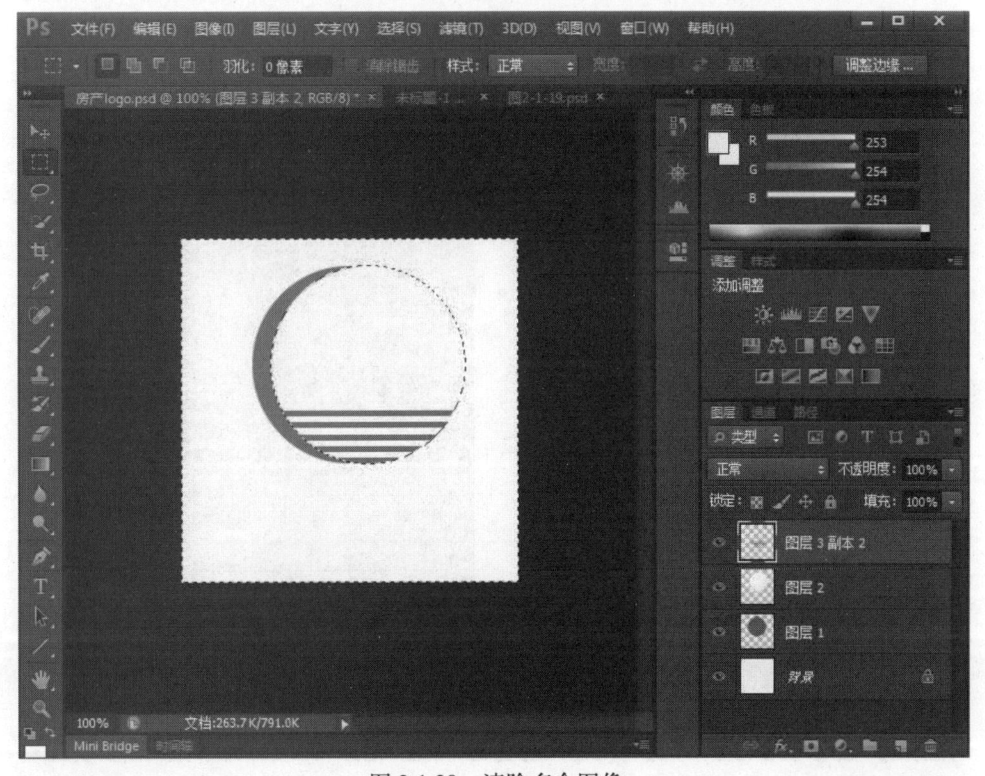

图 2.1.20　清除多余图像

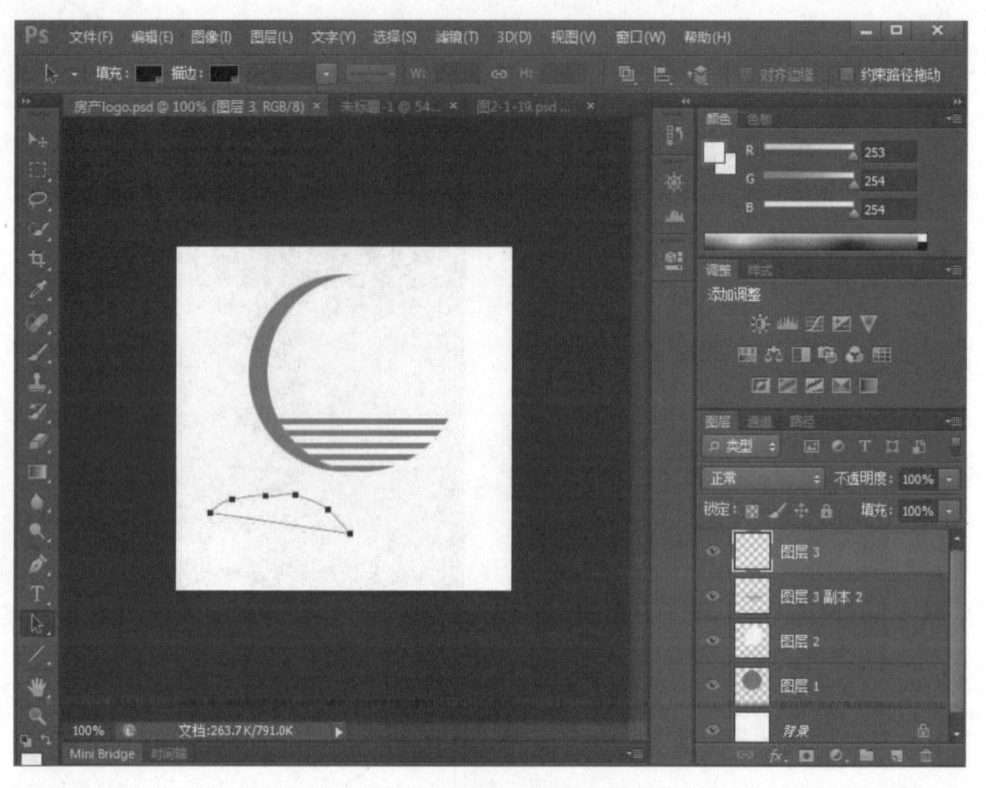

图 2.1.21　建立路径

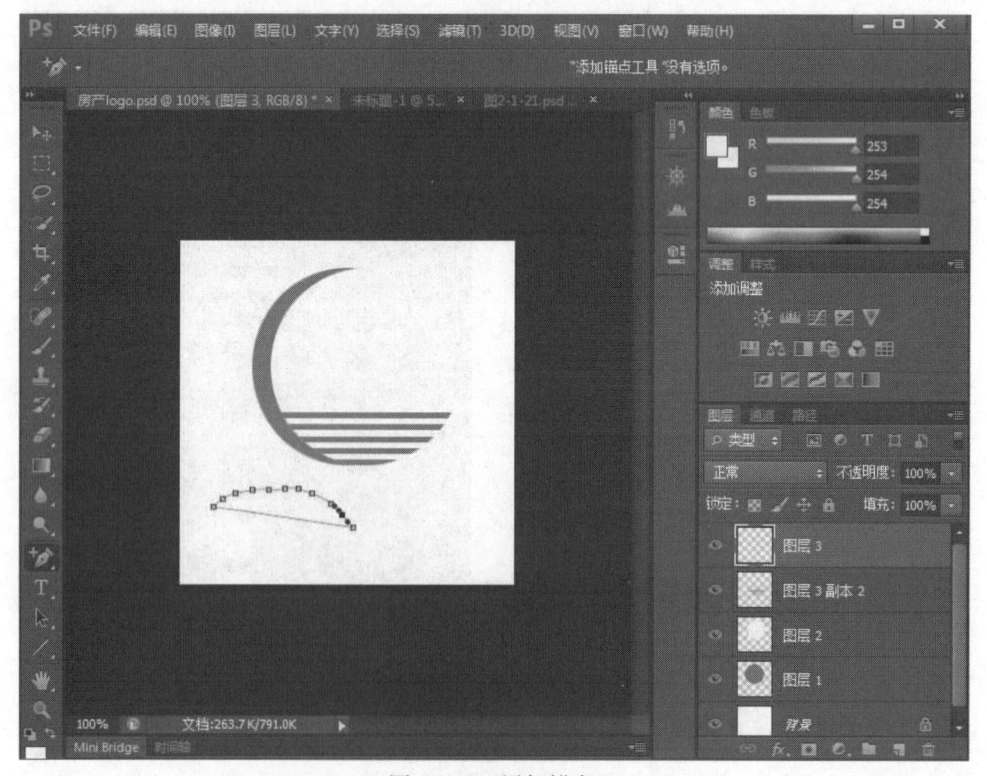

图 2.1.22　添加锚点

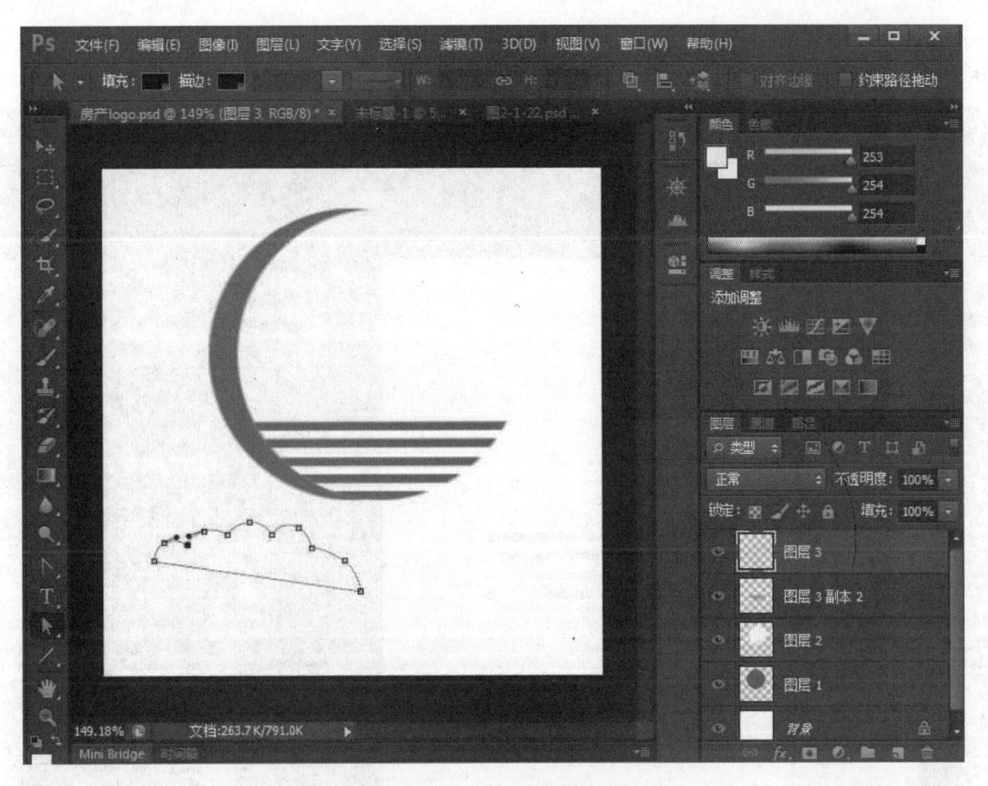

图 2.1.23　修改锚点位置

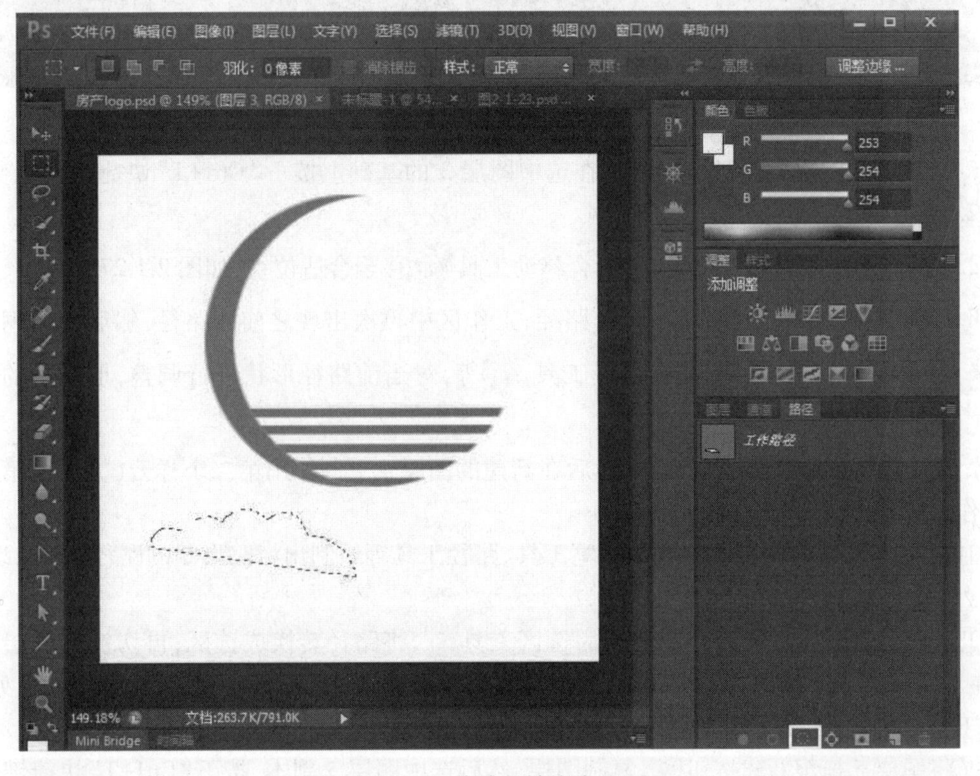

图 2.1.24　将路径转换成选区

e.切换至图层面板,选中图层3,按下“Alt+Delete”快捷键填充选区(前景色填充),如图2.1.25所示。

图 2.1.25　前景色填充

f.按“Ctrl+D”快捷键撤销选区后,在选中图层3的基础上按下“Ctrl+T”快捷键实现变换,如图2.1.26所示。

g.调整图像大小及旋转角度,再配合移动工具移至合适位置,如图2.1.27所示。

h.再次切换到路径面板,单击工作路径,工作区中再次出现之前的路径,然后使用钢笔工具及添加锚点工具、路径选择工具等,对当前路径形状进行调整,形成新的祥云形状,如图2.1.28所示。

i.切换至图层面板,新建图层4,然后在新建的图层4上制作出第二个祥云(方法同第一个的制作方法),效果如图2.1.29所示。

⑭新建图层5,在图层5上利用钢笔工具、路径工具等绘制出海鸥形状的路径,如图2.1.30所示。

⑮在路径面板上单击将路径转换为选区工具,将路径转换成选区;再切换到图层面板上,在新建图层5上按下“Alt+Delete”快捷键填充图形,然后按下“Ctrl+T”快捷键作变形处理,放置于合适位置,如图2.1.31所示。

⑯将图层5拖至新建按钮,复制图层,然后选中图层5副本,按下“Ctrl+T”快捷键进行变形处理并移到合适位置,如图2.1.32所示。

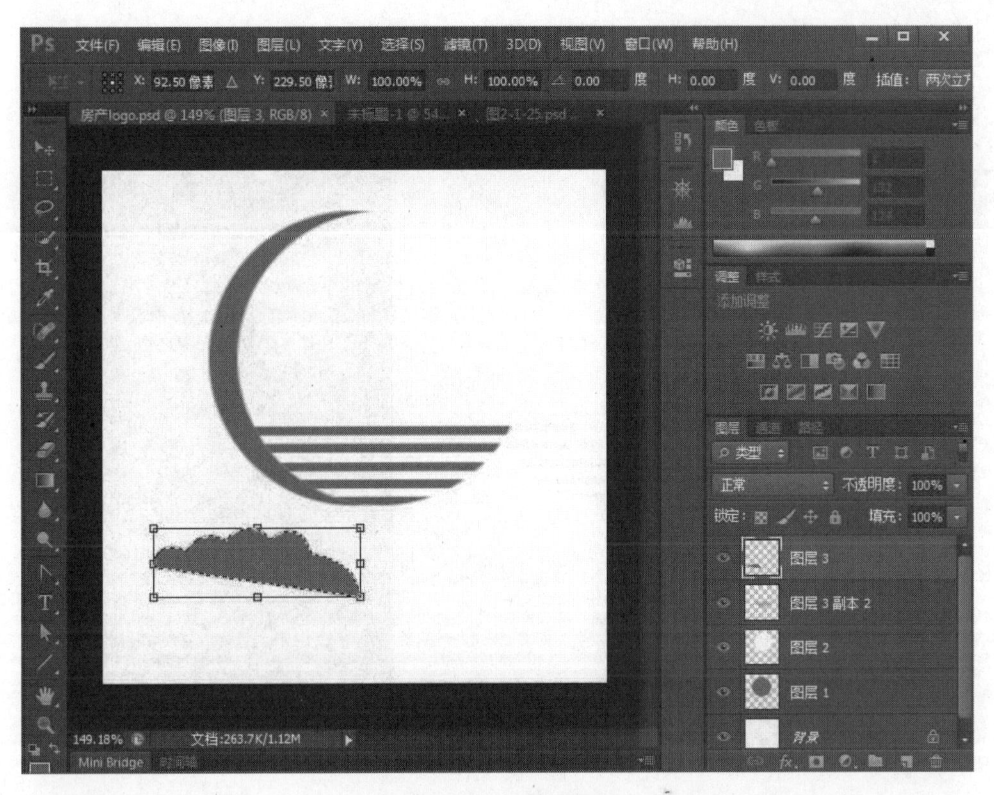

图 2.1.26　变换图像

图 2.1.27　移动图像

图 2.1.28　调整路径

图 2.1.29　绘制祥云

图 2.1.30　建立海鸥形状的路径

图 2.1.31　填充并移动图像

图 2.1.32　复制修改图像

⑰在工具面板上选择文字工具 T，设置字体、字号、颜色等，在合适位置处输入英文字母“NAN HUA”，如图 2.1.33 所示。

⑱在工具面板上选择文字工具 T，设置字体、字号、颜色等，在合适位置处输入汉字“南华·碧水云天”，如图 2.1.34 所示。

⑲最后保存图像，此房地产 Logo 制作完成。

[能力拓展]　设计制作企业 Logo 效果图

1.绘制 Logo 图标，效果如图 2.1.35 所示。

2.根据资料要求，设计制作房产 Logo。

- 房产公司 Logo 设计说明：

  开发商名称：华夏房产有限公司。

  房产项目名称：丽水天城。

  房产项目特色：独创的时尚水文化生态园林。

  房产项目推广主题：丽水天成　时尚之都。

- 房产公司 Logo 设计要求：

  简洁而不简单，大气、时尚。

图 2.1.33　输入英文

图 2.1.34　设置参数

图 2.1.35　企业 Logo

2.2 名片设计

2.2.1 知识准备

1) 多边形套索工具

利用多边形套索工具可以创建不规则形状的多边形选区,如五角形、三角形、梯形等。如图 2.2.1 所示是使用多边形套索工具创建的选区。

使用多边形套索工具创建不规则选区的具体操作方法如下:

①单击工具箱中的“多边形套索工具”按钮,将光标移至图像中,此时光标会变成多边形套索形状。

②在起始位置单击鼠标左键,移动鼠标拖出一条线。

③再次单击鼠标左键,可以继续绘制需要选择的区域。

④连续单击鼠标左键,当光标拖移至起点附近时,光标右下角会出现小圆圈,单击鼠标左键,形成闭合选区。

使用多边形套索工具创建选区时,按住“Shift”键可以按水平、垂直或 45°的方向绘制选区,如图 2.2.1 所示。

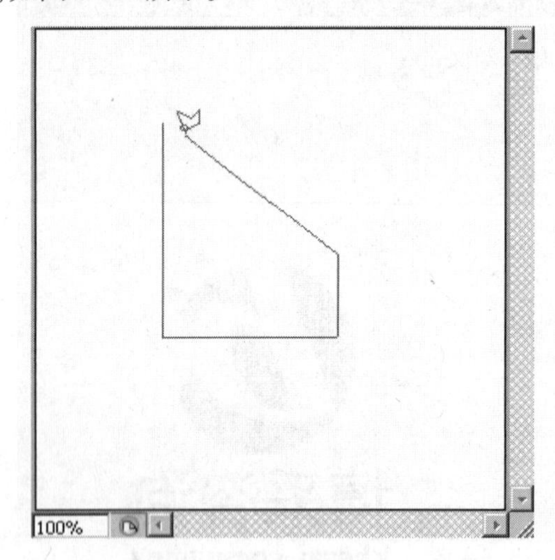

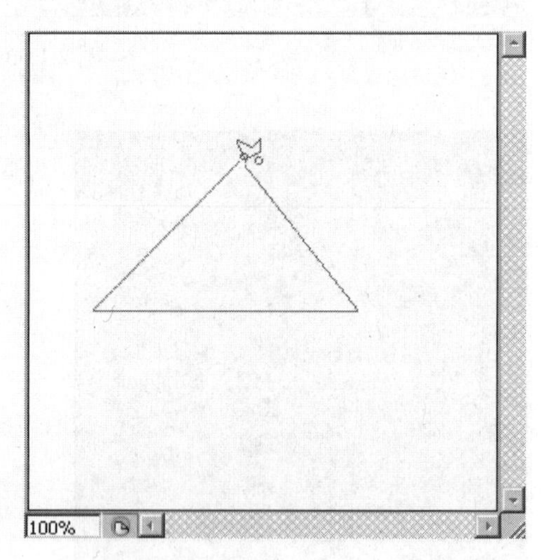

图 2.2.1 使用多边形套索工具按方向绘制选区

提示:使用多边形套索工具创建选区,终点没有回到起点时,双击鼠标左键可自动连接起点与终点,从而形成一个封闭的不规则选区。

2) 文字工具

在 Photoshop CS6 中可以使用工具箱中的横排文字工具、直排文字工具、横排文字蒙版工具与直排文字蒙版工具来输入文字。其输入文字的方式有两种,即点文字与段落文字。当输入文字时,在“图层”面板中会自动生成一个新的文字图层。

(1)输入点文字

点文字的输入方式是在图像中输入单独的文本,即一个字或一行字符。无须自动换行,可通过回车键使之换到下一行,然后再继续输入点文字。

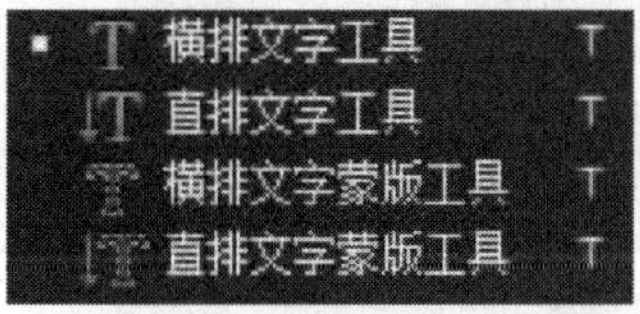

图 2.2.2　文字工具组

用鼠标右键单击工具箱中的“横排文字工具”按钮 T,可弹出隐藏的文字工具组,如图2.2.2所示。

单击工具箱中的“横排文字工具”按钮 T,其属性栏如图 2.2.3 所示。

图 2.2.3　横排文字工具属性栏

在“微软雅黑”下拉列表中可以选择文字的字体,在“6 点”下拉列表中可选择字体大小或直接输入数值来设置字体的大小,在“锐利”下拉列表中可选择消除锯齿的选项。

可以在属性栏中设置好所输文字的字体、字号以及颜色,也可以在面板设置文字格式,如图 2.2.4 所示。

图 2.2.4　文字设置

设置好后,将光标移至图像中单击,以定位光标输入位置,此时图像中显示一个闪烁光标,即可输入文字内容,如图 2.2.5 所示。

提示:输入文字后,按住“Ctrl”键的同时拖动输入的文字,可移动文字的位置。

文字内容输入完成后,在属性栏中单击“提交所有当前编辑”按钮 ✓,即可完成输入;单击属性栏中的“取消所有当前编辑”按钮 ⊘,即可取消输入操作。此时,在“图层”面板中会自动生成一个新的文字图层,如图 2.2.6 所示。

(2)输入段落文字

如果需要输入大量的文字内容,可以通过 Photoshop CS6 中提供的段落文本框进行。输入段落文字时,其文字会基于定界框的尺寸进行自动换行,也可以根据需要自由调整定界框的大小,还可以使用定界框旋转、缩放与斜切文字。

单击工具箱中的“横排文字工具”按钮 T,在图像中拖动光标创建一个文本定界框,然后在该文本定界框中输入文字,就可以创建自动换行的段落文字,如图 2.2.7 所示。当然,也可以根据段落的文字内容进行分段。

将光标移至文本定界框四周的控制点上,按住鼠标左键并拖动,可对定界框进行旋转、缩放等操作,如图 2.2.8 所示。

提示:将光标移至定界框内,按住“Ctrl”键的同时使用鼠标拖动定界框即可移动该定界框的位置。

图 2.2.5　输入文字

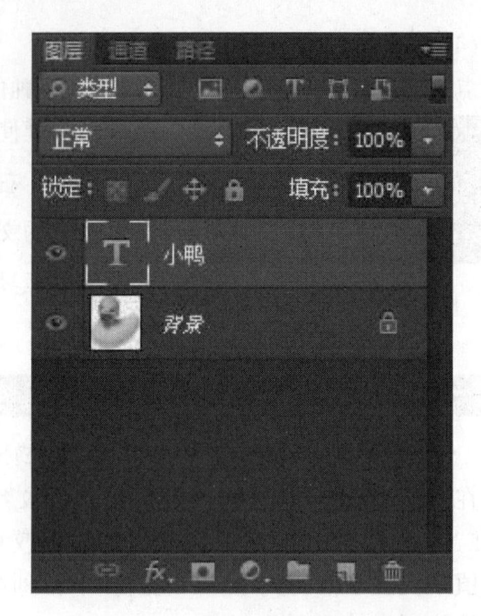

图 2.2.6　“图层”面板中的文字图层

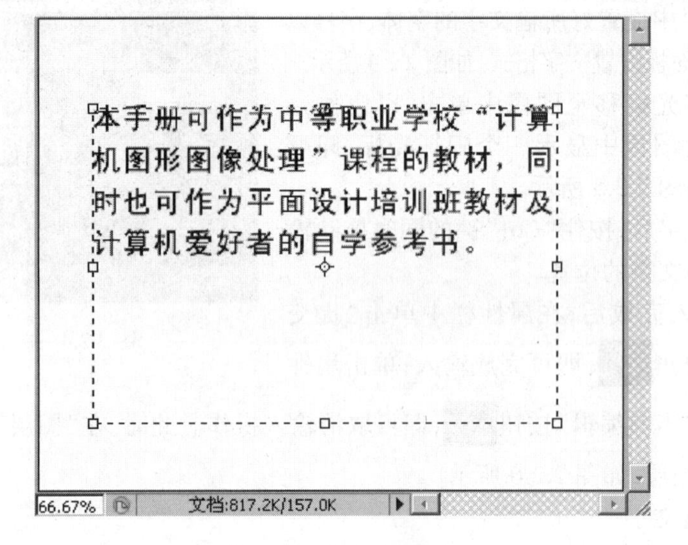

图 2.2.7　输入段落文字

(3)编辑文字

在图像中输入文字后,可对整个文字图层进行各种编辑操作,如选择文字、变换文字、栅格化文字等。

①选择文字。在对文字做一些操作,如更改字体时,必须先指定操作的对象,即选择需要操作的文字,选中的文字呈反相显示,如图 2.2.9 所示。

使用鼠标可以方便地选择文字,有以下 3 种方法:

a.在需要选中的文字起始位置按住鼠标左键并拖动至终止位置,松开鼠标即可将拖动范围中的所有文字选中。

b.先将光标定位在起始位置,按住“Shift”键的同时单击终止位置,即可将起始位置和终止位置间的文字选中。

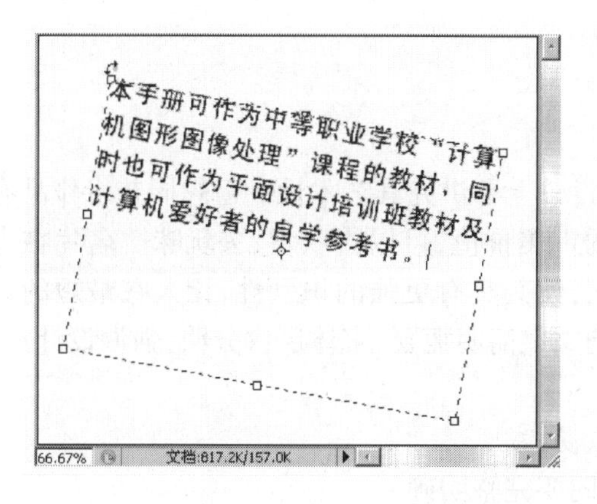

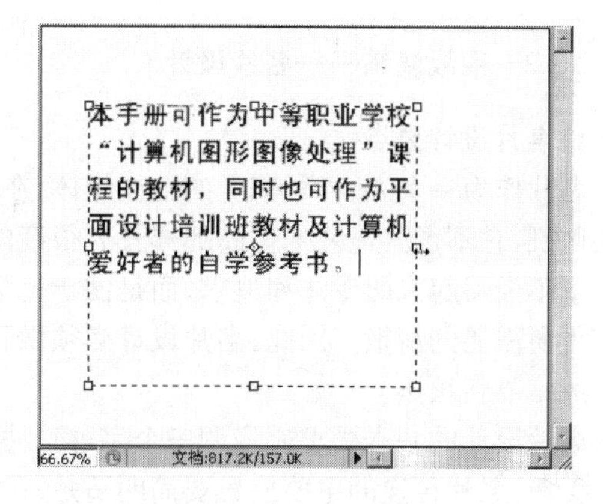

图 2.2.8　旋转与缩放定界框

c.连续三次单击某一行,可选中该行中的所有文字。

②变换文字。输入文字后会自动生成文字图层,在 Photoshop CS6 中可以对文字图层进行缩放、旋转、翻转以及变形等操作,通过这些操作可以产生出各种不同的文字效果,将文本进行缩放或旋转。具体的操作方法如下:

图 2.2.9　选择文字

a.使用横排文字工具在图像中输入点文字或段落文字。

b.选中文本图层,然后选择菜单栏中的“编辑”→“变换”命令,弹出其子菜单,选择其中相应的命令可以对文字进行缩放、旋转以及翻转等操作,如图 2.2.10 所示。

图 2.2.10　变换文字

③栅格化文字。在 Photoshop CS6 中有许多命令与工具都不能用于文字图层。例如,单击工具箱中的“橡皮擦工具”按钮 ,将鼠标移至文字图层,此时鼠标光标显示为状态 ,表示该图层不可进行擦除,因此,必须在应用这些命令与工具之前栅格化文字。

操作方法为:选中文字图层后,点击右键,在快捷菜单中选择栅格化文字,或者在“图层”菜单中选择“栅格化”,在下一级菜单中选择“文字”。

2.2.2 实战演练——名片设计

1) 名片设计要点

名片作为一个人、一种职业的独立媒体，在设计上要讲究其艺术性。但它同艺术作品有明显的区别，它不像其他艺术作品那样具有很高的审美价值，可以去欣赏、去玩味。名片在大多情况下不会引起人的专注和追求，而是便于记忆，使其具有更强的识别性，让人在最短的时间内获得所需要的情报。因此，名片设计必须做到文字简明扼要，字体层次分明，强调设计意识，艺术风格要新颖。

名片设计的基本要求应强调三个字：简、功、易。

①简：名片传递的主要信息要简明清楚，构图要完整明确。

②功：注意质量、功效，尽可能使传递的信息明确。

③易：便于记忆，易于识别。

2) 房地产置业顾问名片设计

(1) 房地产置业顾问名片正面设计

房地产置业顾问名片正面效果图如图 2.2.11 所示。

图 2.2.11 正面效果图

操作步骤：

①根据标准制定图像大小为 94 mm×58 mm，按"Ctrl+N"快捷键新建一个图像文件，注意单位设置，如图 2.2.12 所示。

②打开准备好的背景素材，按下"Ctrl+A"快捷键将背景素材全选，如图 2.2.13 所示。

③在选中状态下，按下"Ctrl+C"快捷键完成图像复制；切换至新建文件工作区，按下"Ctrl+V"快捷键粘贴，此时会生成新的图层 1。选中图层 1，按下"Ctrl+T"快捷键，调整该图层使其和背景层一致，如图 2.2.14 所示。

④在工具面板上选择文字工具 T，设置字体、字号、颜色等，在合适位置处输入汉字信息"王小明"（字体楷体，字号 18 点，颜色为深绿色，文字加粗）；"置业顾问"（字体楷体，字号 8 点，颜色为浅绿色，文字加粗）；"售楼热线：86666666/87777777；售楼中心：陕西西北方舟售楼中心；开发商：方舟集团；传真：029-88888888"等（字体楷体，字号 6 点，垂直拉伸：130%，颜色为深绿色，文字加粗），如图 2.2.15 所示。

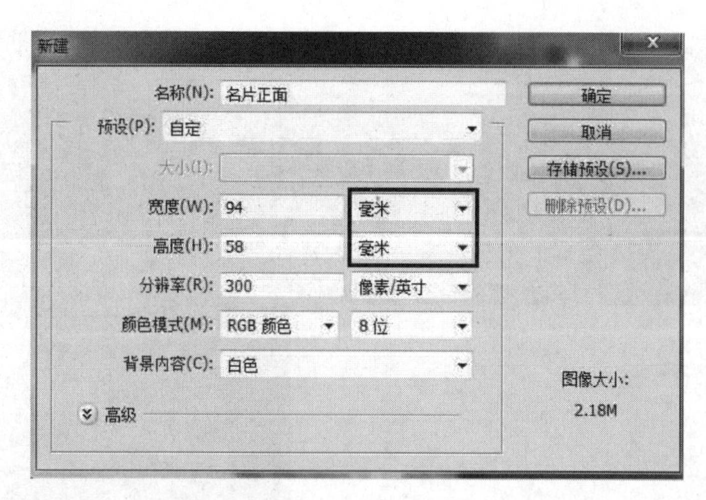

图 2.2.12　新建文件

图 2.2.13　将素材文件全选

⑤新建图层 1,选中画笔工具，在属性栏设置笔尖形状和大小,设置前景色(R:13,G:101,B:1),然后在图层 1 的上文字左侧绘制圆点,如图 2.2.16 所示。

⑥在图层面板上将图层 1 拖至新建按钮处,生成 3 个图层 1 副本,然后使用移动工具将几个圆点移至合适位置处,如图 2.2.17 所示。

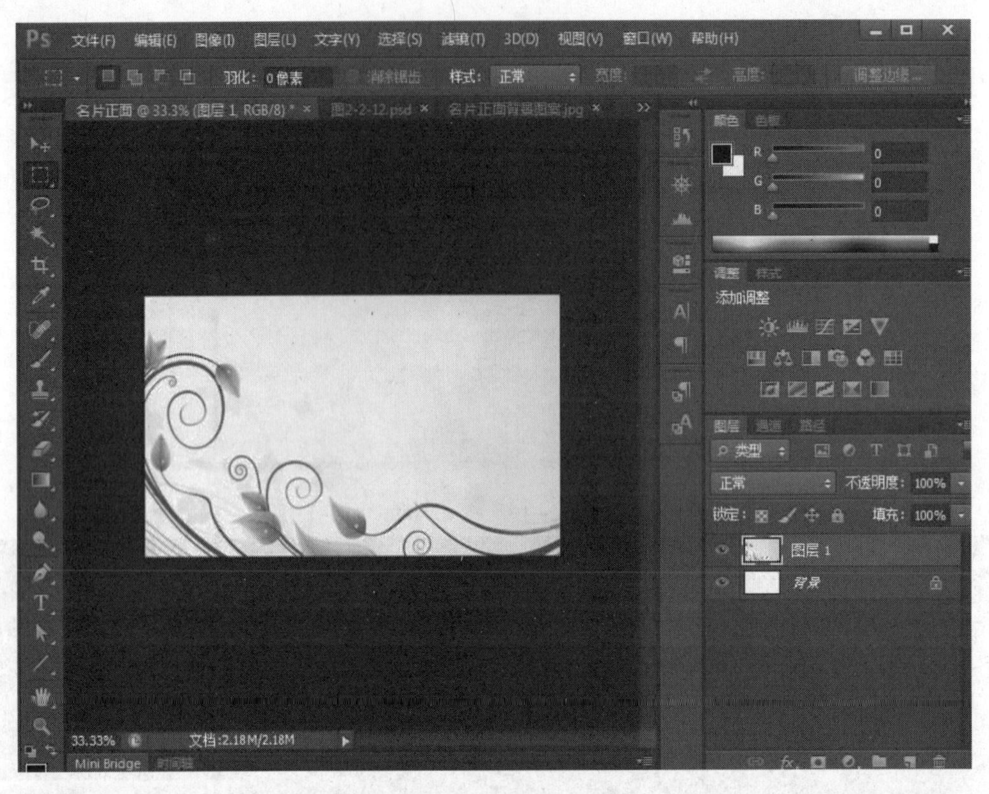

图 2.2.14　复制生成新图层

图 2.2.15　文字设置

图 2.2.16　绘制圆点

图 2.2.17　复制图层

⑦名片正面制作完成,保存文件为“名片正面.jpg”。

(2)房产置业顾问名片背面设计

房产置业顾问名片背面效果图如图 2.2.18 所示。

图 2.2.18　名片背面效果图

操作步骤:

①根据标准制定图像大小为 94 mm×58 mm,按“Ctrl+N”快捷键新建一个图像文件,注意单位设置,如图 2.2.19 所示。

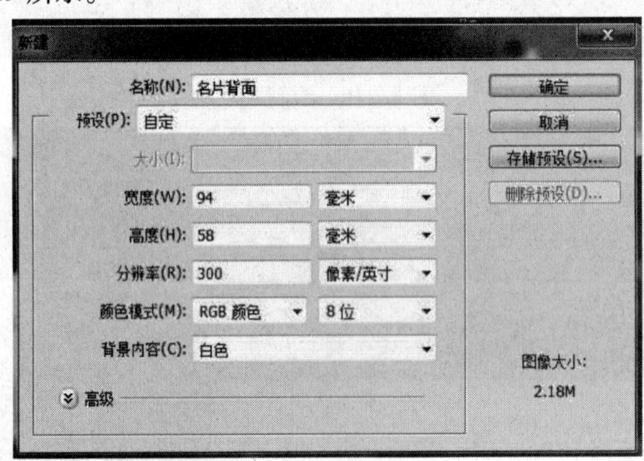

图 2.2.19　新建文件

②打开准备好的背景素材,按下“Ctrl+A”快捷键将背景素材全选,如图 2.2.20 所示。

③在选中状态下按“Ctrl+C”快捷键完成图像复制,切换至新建文件工作区,按下“Ctrl+V”快捷键粘贴,此时会生成新的图层 1,如图 2.2.21 所示。

④选中图层 1,按下“Ctrl+T”快捷键,调整该图层使其与背景层一致,如图 2.2.22 所示。

⑤打开房产 Logo 图像文件,选中魔术棒工具,设置容差值为 32,在白色区域单击鼠标,选中白色区域,如图 2.2.23 所示。

⑥双击背景图层,将其转换成普通图层 0,如图 2.2.24 所示。

⑦按下“Delete”快捷键,删除白色区域,如图 2.2.25 所示。

⑧按下“Ctrl+D”快捷键撤销选区,然后接着按下“Ctrl+A”快捷键将图层 0 全选,按下“Ctrl+C”快捷键完成图像复制,切换至新建文件工作区,按下“Ctrl+V”快捷键粘贴,此时会生成新的图层 2。按下“Ctrl+T”快捷键调整该层大小及位置,如图 2.2.26 所示。

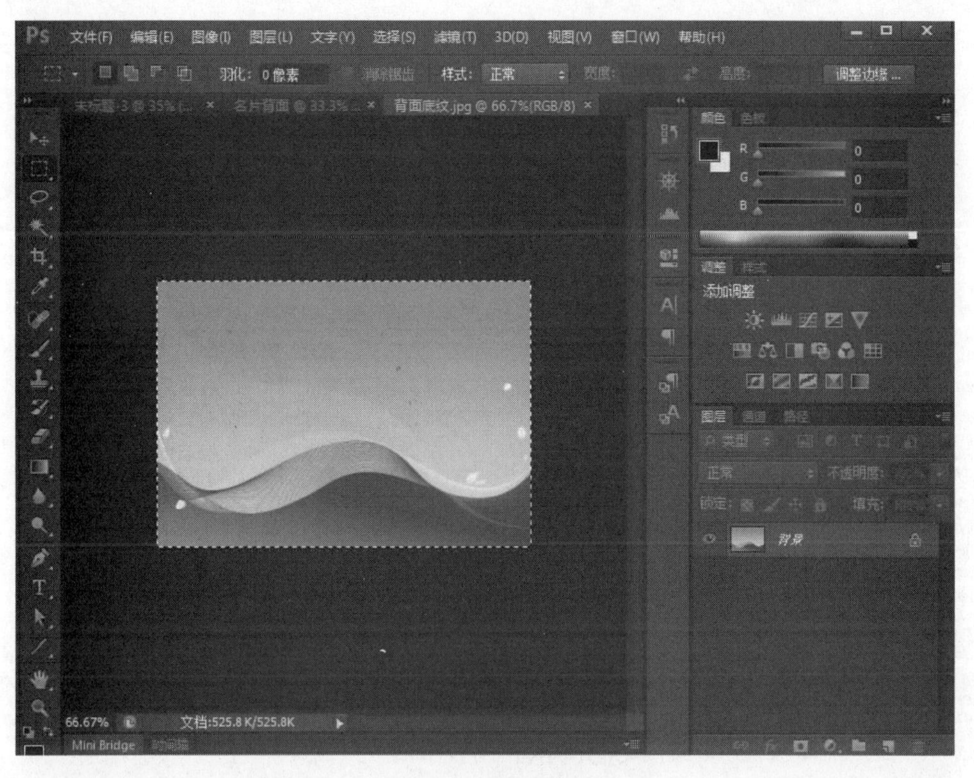

图 2.2.20　素材图全选

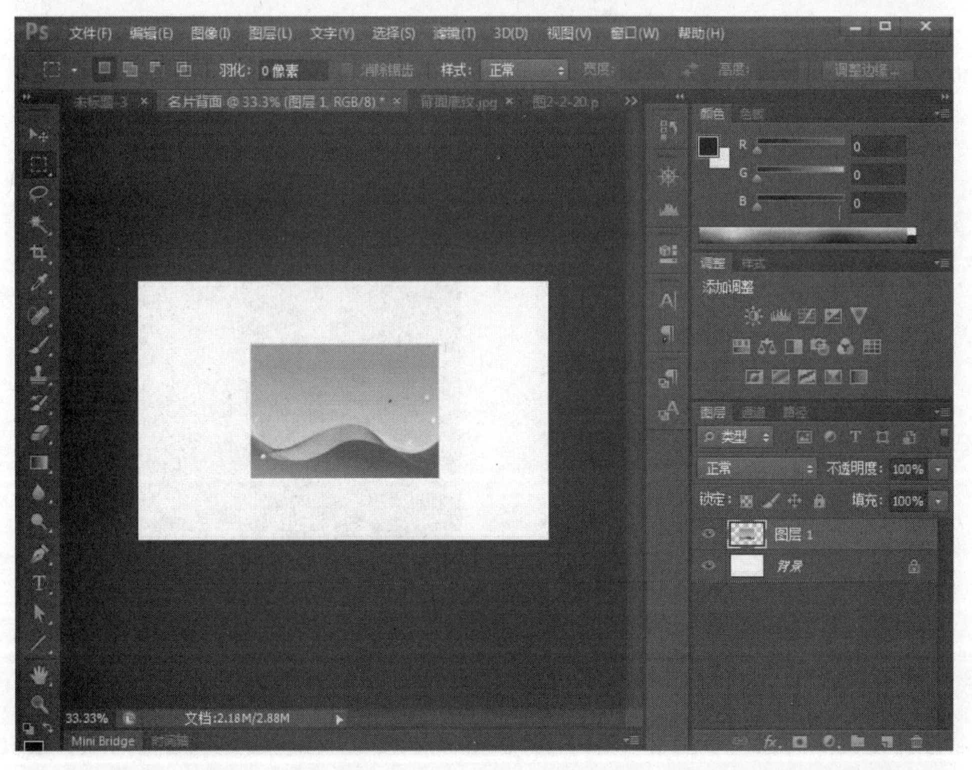

图 2.2.21　复制素材文件

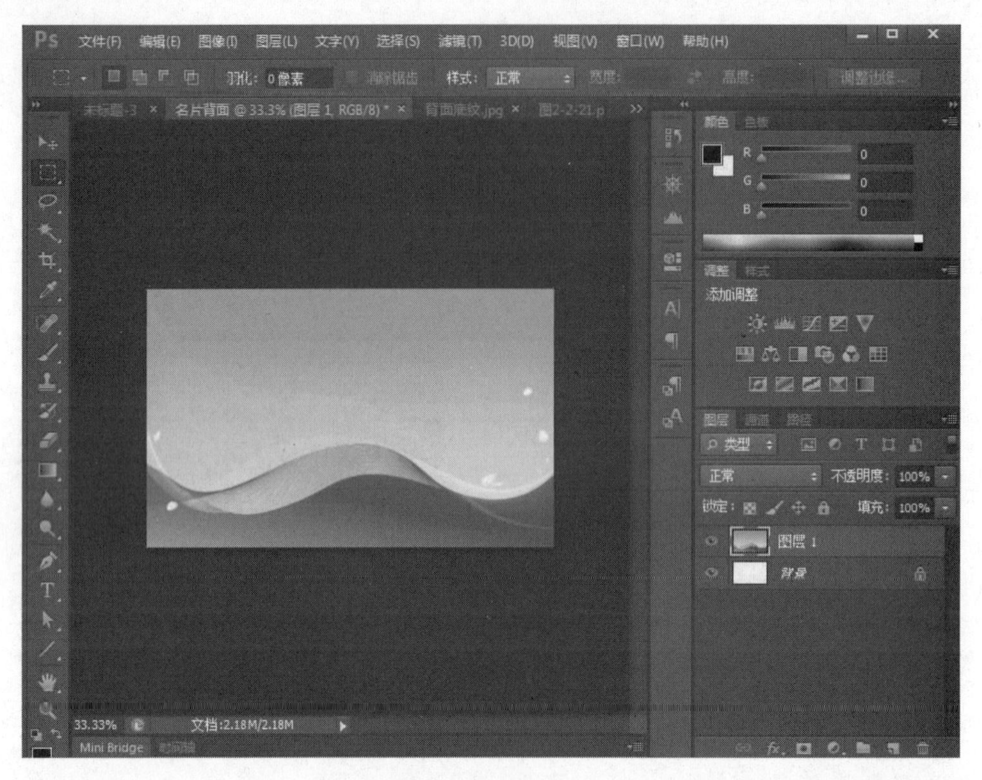

图 2.2.22　调整大小

图 2.2.23　Logo 素材

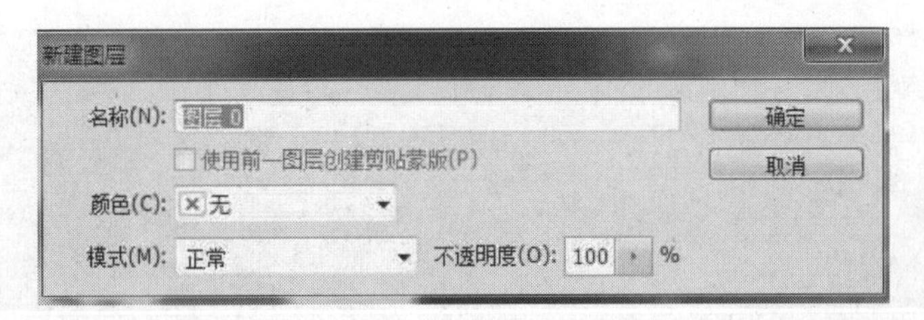

图 2.2.24　新建图层对话框

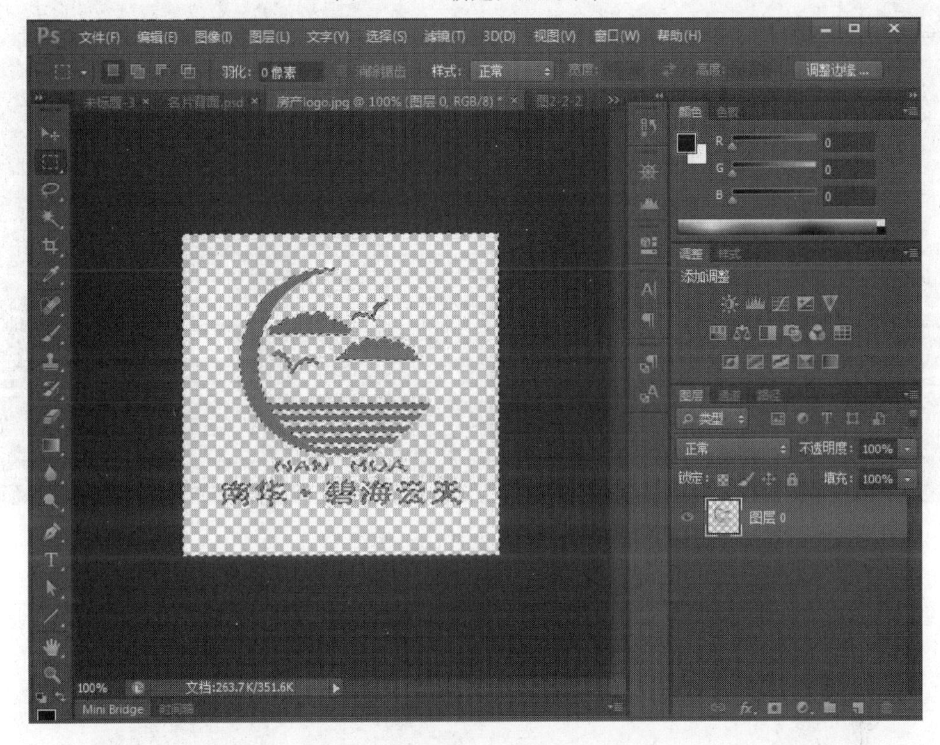

图 2.2.25　抠图

到此,名片背面制作完成,保存文件,并命名文件为“名片背面.jpg”。

[能力拓展]　设计制作企业名片效果图

1.制作企业名片效果图,如图 2.2.27 所示。

2.根据资料要求,设计制作房地产企业名片。

- 房地产公司名片设计说明:

  公司名称:华夏房产有限公司

  姓名:王志强。

  职位:总经理。

  地址:陕西省西安市碑林区兴庆路 69 号。

  邮编:710049。

  电话:(029)82391836。

  传真:(029)82391079。

- 房产公司名片设计要求:

  名片构图简单大方,结构合理,Logo、文字大小协调,双面,白色背景。

图 2.2.26 添加 Logo 图像

图 2.2.27 企业名片

2.3　工作证设计

2.3.1　知识准备

1）拾色器

单击工具箱中的前景色或背景色图标，即可调出“拾色器”对话框，如图 2.3.1 所示。拾色器对话框左侧的颜色方框区域称为色域，这一区域是供选择颜色的。色域中能够移动的小圆圈是选取颜色的标志；色域图右边为颜色导轨，用来调整颜色的不同色调。在颜色导轨右侧上方有两块显示颜色的区域，上半部分显示的是当前所选择的颜色，下半部分显示的是打开拾色器对话框之前所选择的颜色。

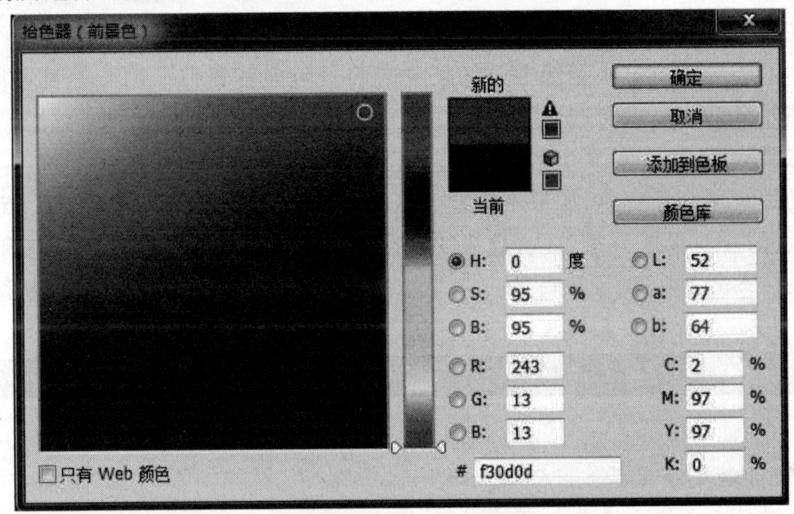

图 2.3.1　拾色器对话框

在色域任意位置单击鼠标，会有圆圈标示出单击的位置，在右上角就会显示当前选中的颜色，并且在“拾色器”对话框右下角出现其对应的各种颜色模式定义的数据显示，包括 RGB、CMYK、HSB 和 Lab 四种不同的颜色描述方式，也可以在此处输入数字直接确定所需的颜色。在“拾色器”对话框中，可以拖动颜色导轨上的三角形颜色滑块确定颜色范围。颜色滑块与颜色方框区中显示的内容会因不同的颜色描述方式（单击 HSB、RGB、CMYK、Lab 前的按钮）而不同。

2）颜色调板

“颜色”调板左上角有两个色块用于表示前景色和背景色，如图 2.3.2 所示。色块上有双框表示被选中，所有的调节只对选中的色块有效，用鼠标单击色块就可将其选中。用鼠标单击调板右上角的三角按钮，在弹出菜单中的不同选项是用来选择不同的色彩模式的，前面有“√”表示调板中正在显示的模式。不同的色彩模式，调板中滑动栏的内容也不同，通过拖动三色滑块或输入数字可改变颜色的组成。直接单击“颜色”调板中的前景色或背景色图标也可以调出“拾色器”对话框。

在“颜色”调板中,当光标移至颜色条时,会自动变成一个吸管,可直接在颜色条中吸取前景色或背景色。如果想选择黑色或白色,可在颜色条的最右端单击黑色或白色的小方块。

3)色板

“色板”和“颜色”调板有一些相同的功能,即都可用来改变工具箱中的前景色或背景色,如图 2.3.3 所示。不论正在使用何种工具,只要将鼠标移到“色板”上,都会变成吸管的形状,单击鼠标就可改变工具箱中的前景色。

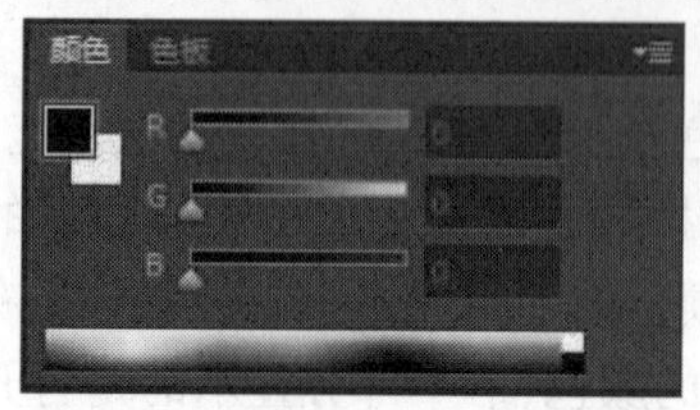

图 2.3.2　颜色

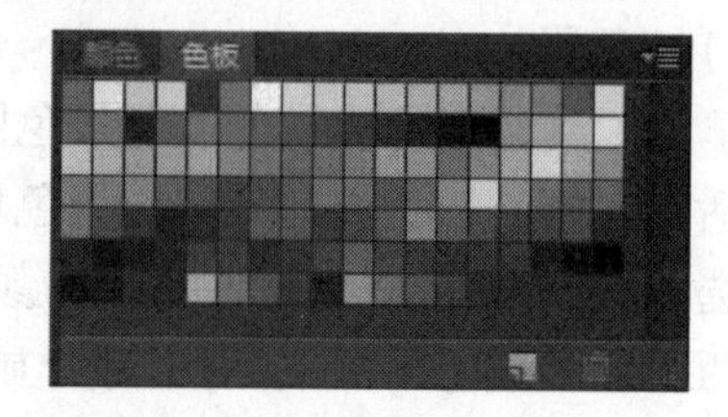

图 2.3.3　色板

4)吸管工具

工具箱中的吸管工具可从图像中取样来改变前景色或背景色。用此工具在图像上单击,工具箱中的前景色就会显示所选取的颜色。

5)渐变工具

渐变工具用来填充渐变色,如果不创建选区,渐变工具将作用于整个图像。此工具的使用方法是按住鼠标拖拽,形成一条直线,直线的长度和方向决定了渐变填充的区域和方向。拖拽鼠标的同时按住 Shift 键可保证鼠标的方向是水平、竖直或 45°方向。选择工具箱中的渐变工具,可看到如图 2.3.4 所示的工具选项栏。

图 2.3.4　选项栏

(1)编辑渐变效果

单击渐变工具选项栏中的渐变预视图标,弹出“渐变编辑器”对话框,如图 2.3.5 所示。

任意单击一个渐变图标,在“名称”后面就会显示其对应的名称,并在对话框的下部分有渐变效果预视条显示渐变的效果并可进行渐变的调节。在已有的渐变样式中选择一种渐变作为编辑的基础,在渐变效果预视条中调节任何一个项目后,“名称”后面的内容自动变成“自定”,用户可以输入自己喜欢的名字,如图 2.3.6 所示。

(2)选择渐变类型

在工具选项栏中,通过单击小图标,可选择不同类型的渐变。

线性渐变:可以创建直线渐变效果。

径向渐变:可以创建从圆心向外扩展的渐变效果。

角度渐变:可以创建颜色围绕起点,并沿着周长改变的渐变效果。

对称渐变:可以创建从中心向两侧的渐变效果。

菱形渐变:可以创建菱形渐变效果。

(3)其他项

在“模式”弹出菜单中选择渐变色和底图的混合模式;通过调节“不透明度”后面的数值改变整个渐变色的透明度;“反向”选项可使现有的渐变色逆转方向;“仿色”选项可用来控制色

彩的显示，选中它可以使色彩过渡更平滑；“透明区域”选项对渐变填充使用透明蒙版。

图 2.3.5　渐变编辑器

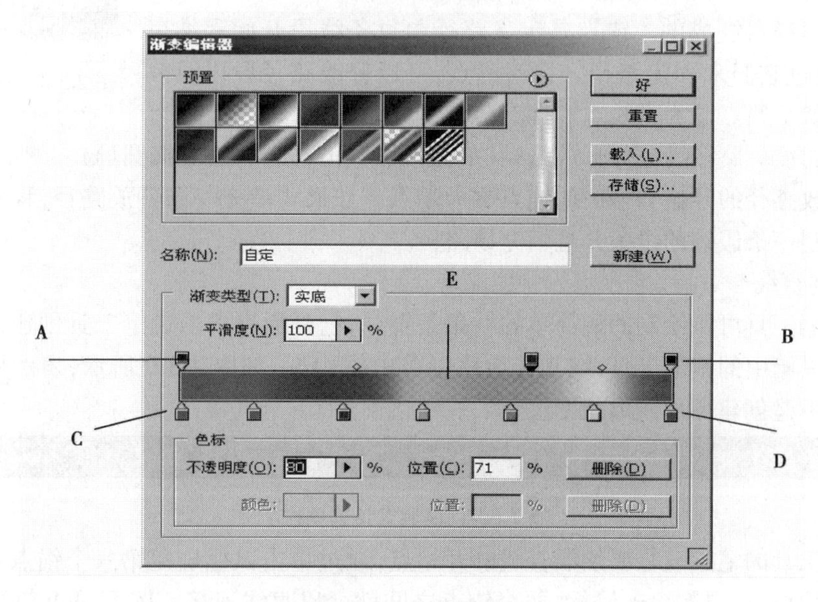

图 2.3.6　自定义渐变

A—不透明度起点标记点；B—不透明度终点标记点；

C—起点颜色标记点；D—终点颜色标记点；E—渐变效果预视条

6）油漆桶工具

油漆桶工具可根据像素颜色的近似程度来填充颜色，填充的颜色为前景色或连续图案（油漆桶工具不能作用于位图模式的图像）。单击工具箱中的油漆桶工具，就会出现油漆桶工具选项栏,如图 2.3.7 所示。

图 2.3.7　油漆桶工具选项栏

“填充”:有两个选项,即前景和图案。前景表示在图中填充的是工具箱中的前景色;选择图案选项时,可进行指定图案的填充。

“图案”:填充时选中图案选项时,该选项才被激活,单击其右侧的小三角,在其后的“图案”弹出式调板中可选择不同的填充图案。

“模式”:其后面的弹出菜单用来选择填充颜色或图案和图像的混合模式。

“不透明度”:在其后的数值输入框中输入数值可以设置填充的不透明度。

“容差”:用来控制油漆桶工具每次填充的范围,可以输入 0~255 的数值,数字越大,允许填充的范围也越大。

“消除锯齿”:选择此项,可使填充的边缘保持平滑。

“连续的”:选择此项,填充的区域是和鼠标单击点相似并连续的部分;如果不选择此项,填充的区域是所有和鼠标单击点相似的像素,不管其是否和鼠标单击点连续。

“所有图层”:选择该项,可以在所有可见图层内按以上设置填充颜色或图案。

7)路径工具

绘制路径工具如图 2.3.8 所示,从上到下分别为钢笔工具、自由钢笔工具、添加锚点工具、删除锚点工具和转换点工具。

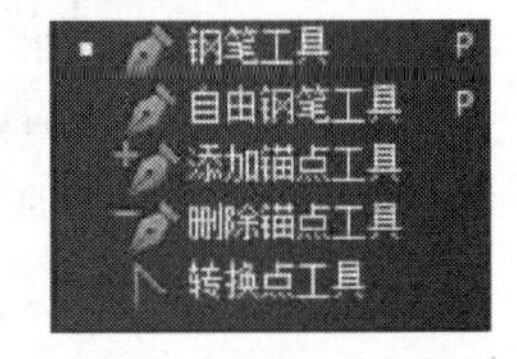

图 2.3.8　路径工具组

路径是由锚点组成的。锚点是定义路径中每条线段开始和结束的点,可以通过它们来固定路径。移动锚点,可以修改路径段以及改变路径的形状。锚点分为直线点和曲线点。曲线点的两端有把手,可控制曲线的曲度。路径又分为开放路径(如波浪形)和封闭路径(如椭圆形)。

一条开放路径的开始和最后的锚点称为端点。如果要填充一条开放路径,程序将在两个端点之间绘制一条假设的线条并且填充该路径。

(1)绘制直线

使用钢笔工具可以绘制的最简单的线条是直线,它是通过单击钢笔工具创建锚点来完成的。选中工具箱中的钢笔工具,在其选项栏中单击图标,如图 2.3.9 所示,表示用钢笔工具绘制路径而不是创建图形或形状图层。

图 2.3.9　钢笔工具选项栏

将钢笔工具的笔尖放在要绘制直线的开始点,通过单击鼠标确定第一个锚点。移动钢笔工具到另外的位置,再次单击鼠标,两个锚点之间就会以直线连接。按下 Shift 键可保证生成的直线是水平线、垂直线或为 45°倍数角度的直线。继续单击鼠标可创建另外的直线段。

最后添加的锚点总是一个实心的正方形,表示该锚点是被选中的。当继续添加更多的锚点时,先前确定的锚点被变成空心的正方形,如图 2.3.10 所示。

(2)绘制曲线

使用钢笔工具绘制曲线。在曲线段上,每一个选定的锚点都显示一条或两条指向方向的

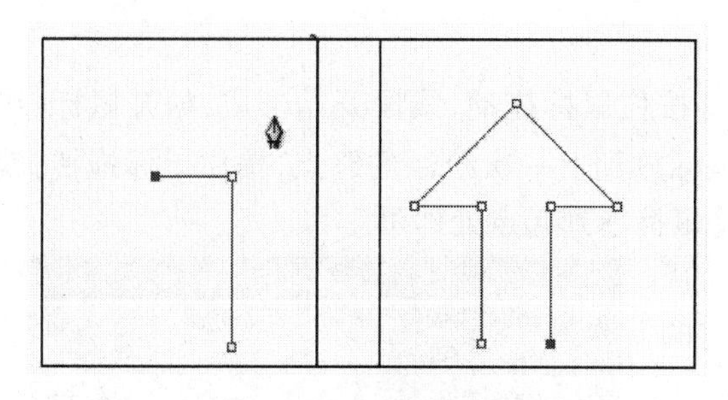

图 2.3.10　绘制直线路径

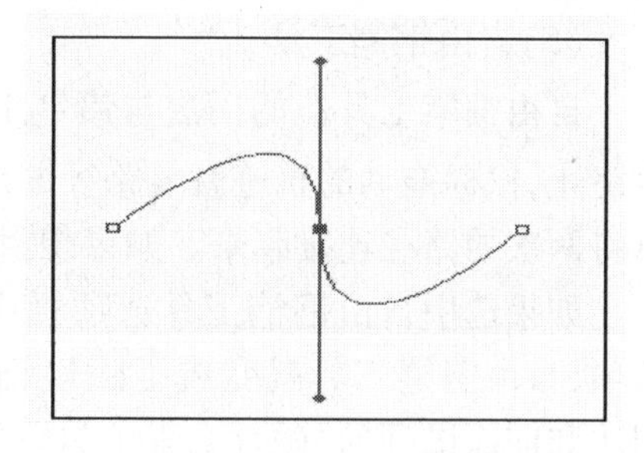

图 2.3.11　绘制曲线路径

方向线。方向线和方向点的位置决定了曲线段的形状，如图 2.3.11 所示。

方向线总是和曲线相切。每一条方向线的斜率决定了曲线的斜率，移动方向线可改变曲线的斜率。每一条方向线的长度决定了曲线的高度或深度。

(3)添加、删除和转换锚点

可以在任何路径上添加或删除锚点。添加锚点可以更好地控制路径的形状。同样，可以通过删除锚点来改变路径的形状或简化路径。如果路径中包含太多的锚点，删除不必要的锚点可减少路径的复杂程度，这对简化文件非常有帮助。

若要在选定路径段的指定位置上添加或删除个别锚点，首先用选择工具将路径选中，然后将钢笔工具移动到路径上。当钢笔工具处在选中的路径片段上时，钢笔工具就变为添加锚点工具，此时，单击鼠标就可增加一个锚点；当钢笔工具移动到一个锚点上时，钢笔工具就变为删除锚点工具，此时，单击鼠标就可删除一个锚点。

当然，也可以从工具箱中直接选择添加锚点工具或删除锚点工具。

转换锚点工具的使用非常简单。首先选中此工具，将它放到曲线点上，单击鼠标就可将曲线点的方向线收回，使之成为直线锚点；反之，将此工具放到直线锚点上，按住鼠标进行拖拽，就可拖拽出方向线，也就是将直线点变成曲线点。

另外，将转换点工具放到方向线端部的方向点上，按住鼠标拖拽，可改变方向线的方向，此方向线所控制的弧线也就发生相应的变化。

(4)移动和调整路径

可以通过移动两个锚点之间的路径片段、路径上的锚点、锚点上的方向线和方向点来调整曲线路径。

若要在绘制路径时快速调整路径，可在使用钢笔工具的同时按住 Ctrl 键，即可切换到箭头状的选择工具，选中路径片段或锚点后可直接进行路径的调整，释放 Ctrl 键就可恢复到钢笔工具。

要移动一个曲线片段并且不改变它的弧度，首先在工具箱中直接选择工具，在曲线片段的一端单击鼠标，将锚点选中；然后按住 Shift 键在曲线片段另一端的锚点处单击鼠标，这样就可将固定曲线片段两端的锚点都选中，按住鼠标拖拽此曲线片段就可移动此片段，但不改变它的弧度。

要移动一条直线段非常简单，就是用直接选择工具在直线段上单击，然后按住鼠标进行拖拽，即可改变直线段的位置。

可以直接用选择工具移动曲线来改变曲线的位置，也可以直接移动曲线锚点或方向线来改变曲线的位置和弧度。

(5)自由钢笔工具

自由钢笔工具的用法与铅笔工具一样,即按住鼠标拖动,线段开始形成,松开鼠标,线段终止,鼠标拖动的轨迹就是路径的形状。将鼠标放到上一次绘制的终点,按住鼠标拖拽,就可将两次的路径连接起来。如果想封闭路径,将鼠标拖到起点处即可。

如果选中自由钢笔工具选项栏中的"磁性的"选项,自由钢笔工具就变成了磁性钢笔工具,它的用法和前面讲到的"磁性套索工具"的用法相似,可自动跟踪图像中物体的边缘以形成路径,其中包含3个设定项。

2.3.2　实战演练——工作证设计

1)工作证设计要点

工作证是正式成员工作的证明。工作证尺寸有90 mm×60 mm的,还有一些是150 mm×100 mm的,适用于不同的工种。工作证通常是单面设计,并带有工作证字样,通常需要在正面添加包括相片位在内的相关内容,也可以加上签名条或写字板(可以手写的区域)。

2)制作房地产公司工作证

房地产公司工作证效果图如图2.3.12所示。

具体操作步骤如下:

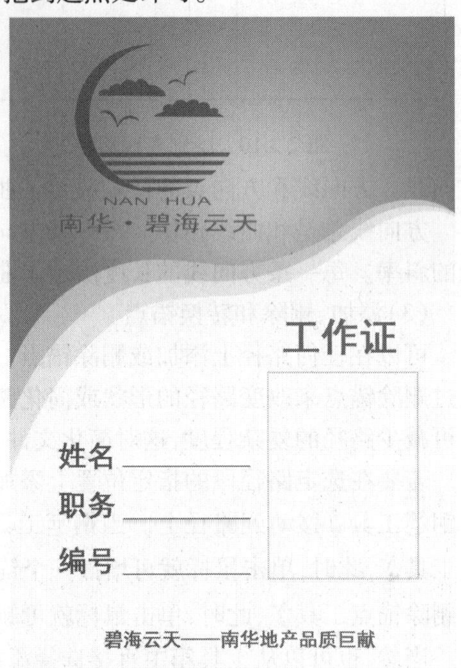

图2.3.12　工作证效果图

①新建文件,设置大小,如图2.3.13所示。

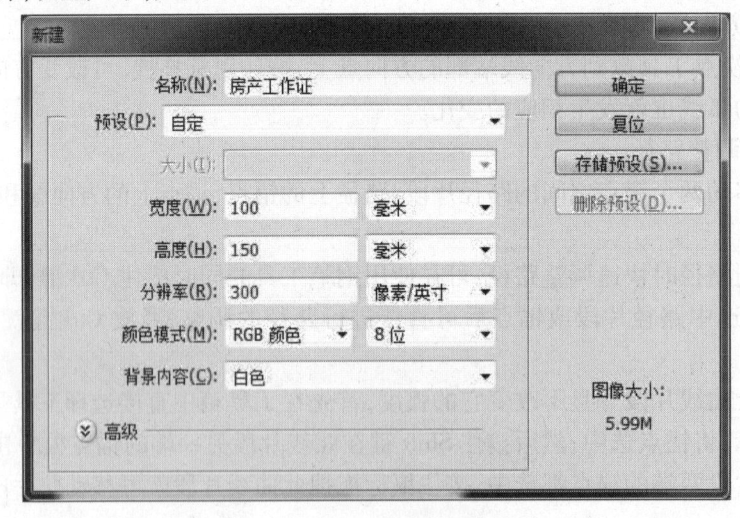

图2.3.13　新建文件

②选择钢笔工具,在工作区绘制路径,如图2.3.14所示。

③在图层面板新建图层1,切换到路径面板,单击面板上"将路径转换成选区载入"按钮,如图2.3.15所示。

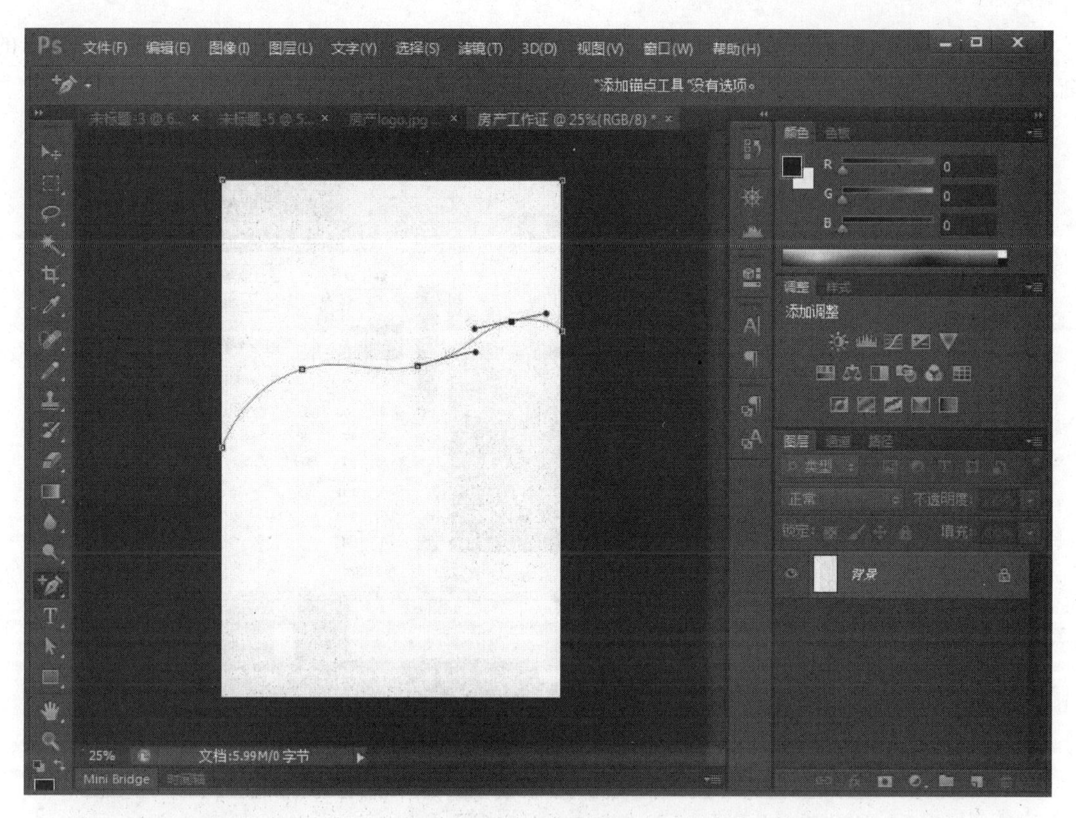

图 2.3.14　绘制路径

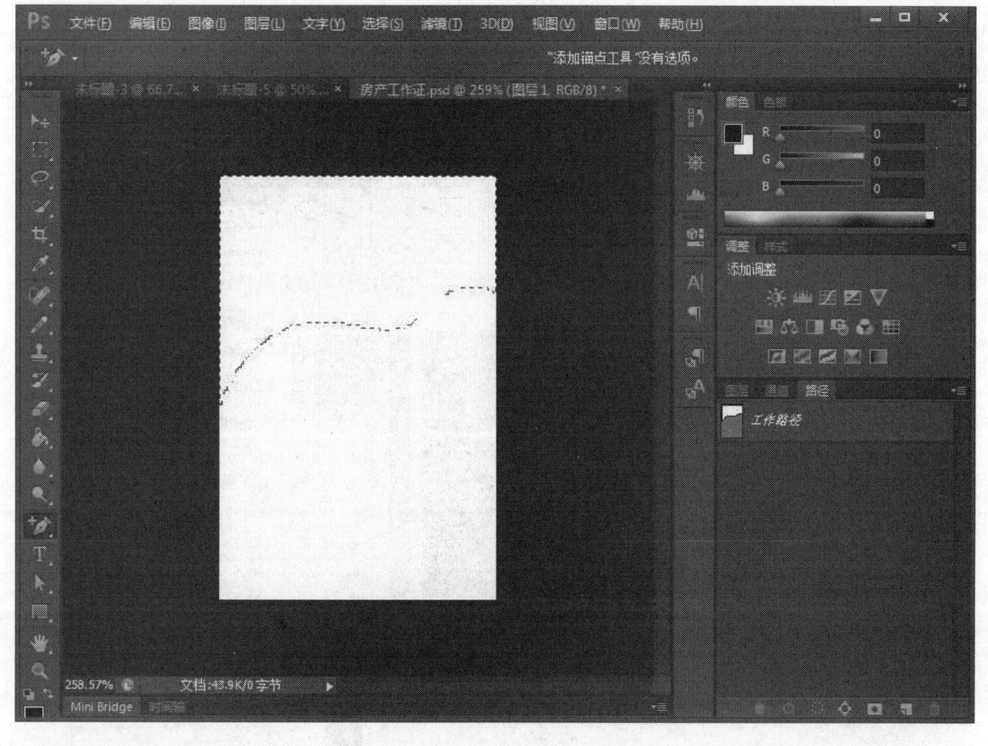

图 2.3.15　将路径转换为选区

④回到图层面板，选中图层 1 后选择渐变填充工具，在属性栏上单击颜色设置，在弹出的渐变编辑器上单击左侧游标，设置颜色为浅绿色(R:151,G:243,B:123)，如图 2.3.16 所示。

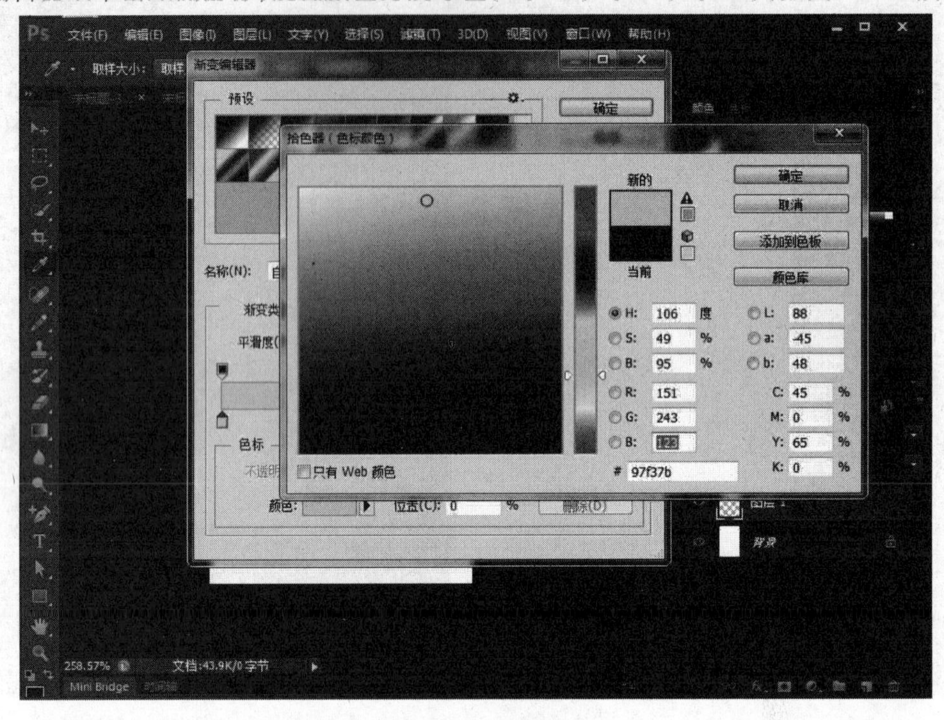

图 2.3.16　设置颜色

⑤在弹出的渐变编辑器上单击右侧游标，设置颜色为深绿色(R:40,G:187,B:78)，如图 2.3.17 所示。

图 2.3.17　设置颜色

⑥颜色设置完成后，在属性栏上选择填充方式为“径向渐变”，然后在画布上由中心向上拖出一条直线，松开鼠标，填充完成，如图 2.3.18 所示。

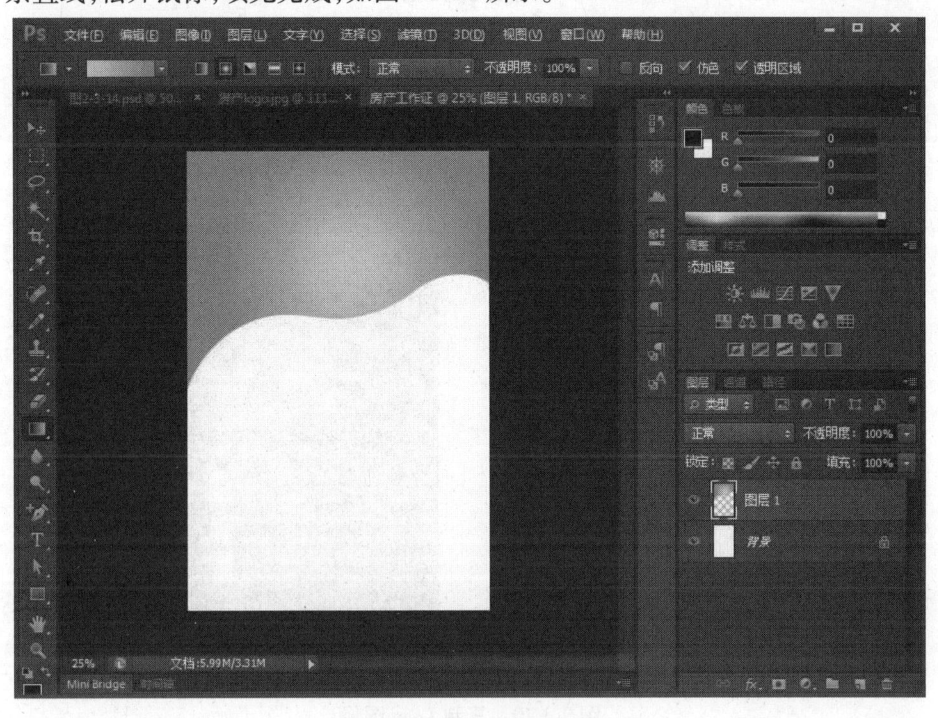

图 2.3.18　填充颜色

⑦打开房地产 Logo 素材，在图层面板上双击背景层，将其转换为普通图层，然后选择工具栏上的魔术棒工具，在属性栏上设置容差值为 32；然后回到画布上，在白色背景上单击鼠标，按下“Delete”键，删除白色背景，如图 2.3.19 所示。

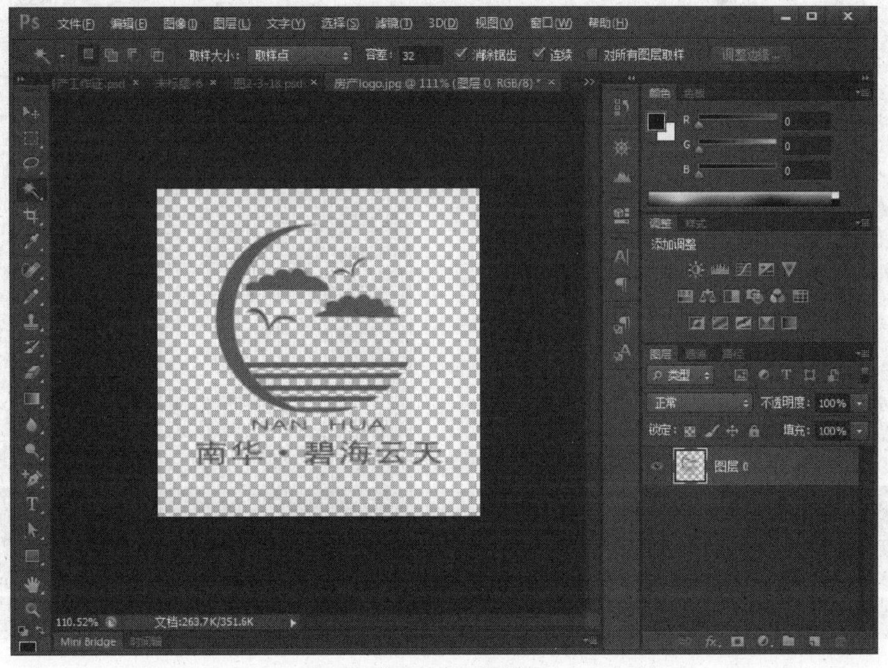

图 2.3.19　抠图

⑧按下“Ctrl+A”快捷键将 Logo 图形全选，按下“Ctrl+C”快捷键复制图形，切换到“房地产公司工作证”的工作区中，再按下“Ctrl+V”快捷键，粘贴新层，如图 2.3.20 所示。

图 2.3.20　复制 Logo 图像

⑨新建图层 3，切换至路径面板上，新建路径，在工具栏上选择钢笔工具绘制路径，如图 2.3.21所示。

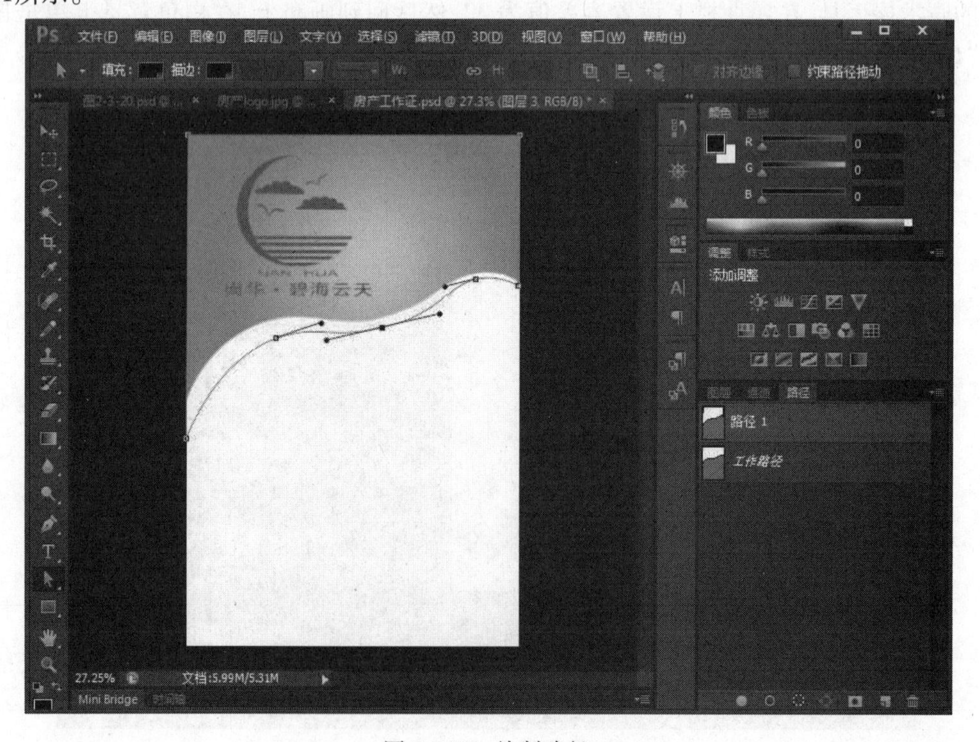

图 2.3.21　绘制路径

⑩在路径面板，单击“将路径转换为选区载入”，回到图层面板中设置前景色为淡绿色(R:176,G:237,B:44)，然后按下“Alt+Delete”快捷键，在图层 3 上用前景色填充，然后调整图层顺序为：图层 2、图层 1、图层 3，如图 2.3.22 所示。

图 2.3.22　将路径转换为选区

⑪再次新建图层 4，用钢笔工具绘制路径。利用路径，在新建图层上填充黄色(R:255,G:255,B:0)；然后调整图层顺序，将图层 4 放在图层 3 的下面，如图 2.3.23 所示。

⑫取消选区后，利用文字工具、直线工具、选框工具和描边命令完成最后的制作(参考上一个实例步骤完成)，如图 2.3.24 所示。

[能力拓展]　设计制作工作证效果图

1.制作企业工作证模板效果图，如图 2.3.25 所示。

2.根据资料要求，设计制作房地产公司工作证。

● 房地产公司工作证设计说明：

公司名称：华夏房产有限公司。

经营范围：房地产开发。

● 房地产公司名片设计要求：

设计要求主题突出、寓意深刻。工作证颜色庄重大气，色彩搭配合理。

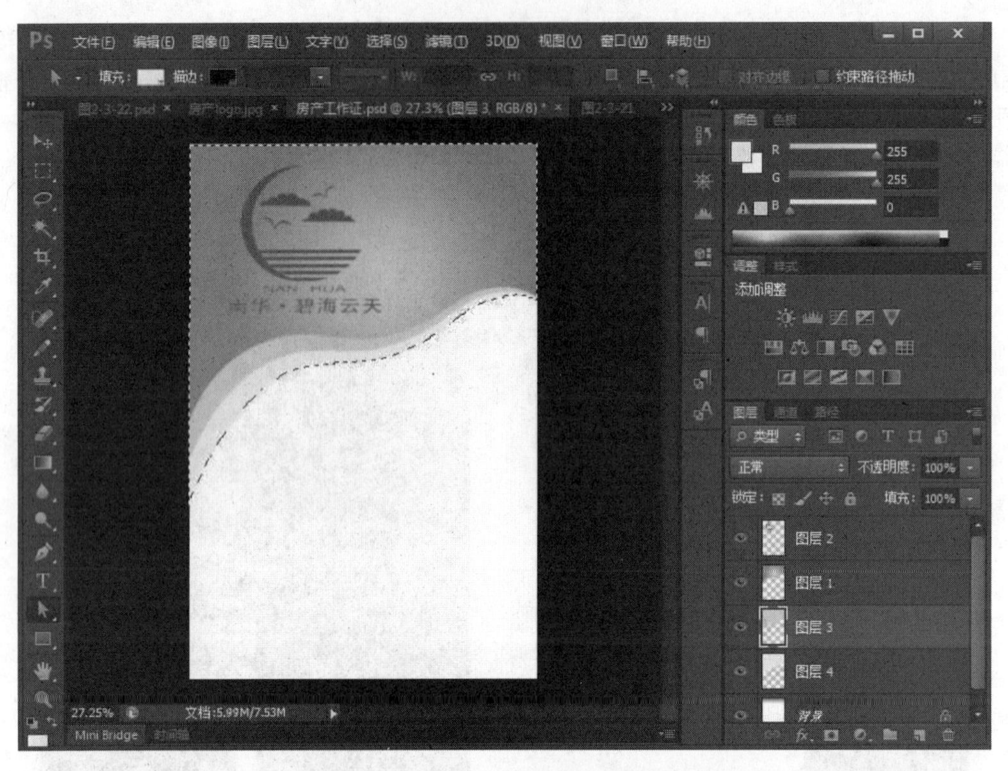

图 2.3.23　绘制新图形

图 2.3.24　最终效果

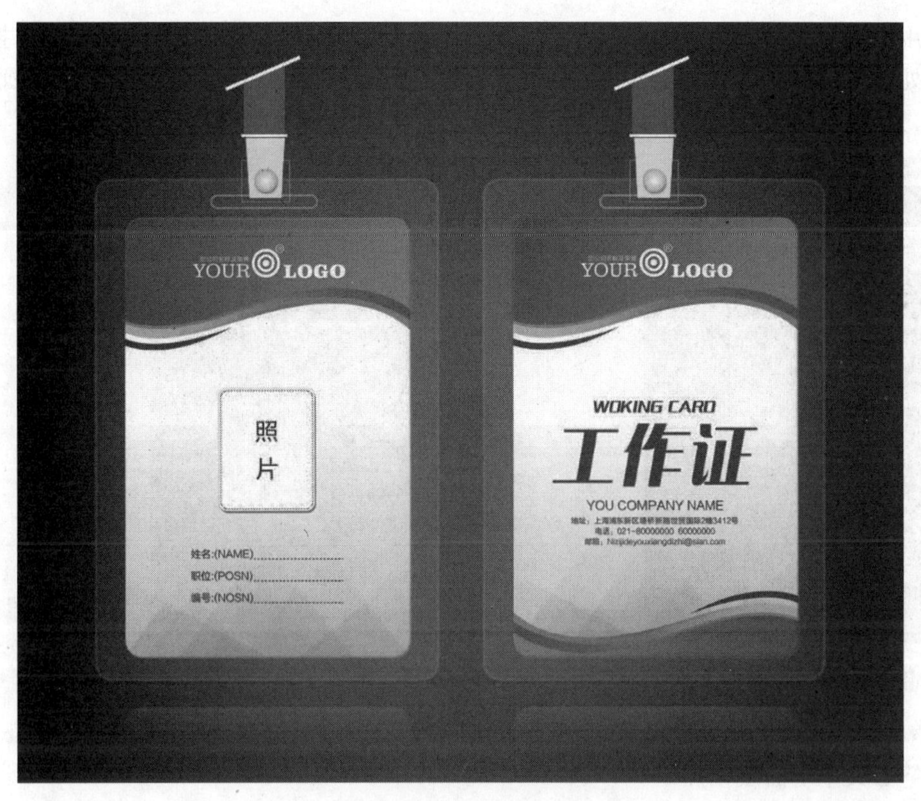

图 2.3.25　企业工作证模板效果图

2.4　信纸、便笺纸设计

2.4.1　知识准备

1）路径调板的使用

执行“窗口”→“路径”命令，就会出现“路径”调板，绘制的路径在路径调板中会显示出来。如果“路径”命令前面已经有“√”图标，表示路径调板已经在桌面上，此时再次单击此命令，前面的“√”消失，表示已将路径调板关闭。如图 2.4.1 所示，在路径调板的最下面有一排小图标，从左到右分别为：用前景色填充路径；用画笔描边路径（宽度和硬度由画笔调板中画笔的大小及硬度来决定，填充的颜色和工具箱中的前景色相同）；将路径作为选区载入；从选区建立工作路径；创建新路径；删除当前路径。

这些图标所代表的选项在路径调板右上角的弹出式菜单中都可以找到。选中路径后单击小图标或将路径拖到图标上就可以达到目的。下面通过简单步骤来介绍路径调板的使用方法。

①任意打开一张图像，选择工具箱中的钢笔工具，在要选择的物体边缘单击鼠标，出现第一个锚点，此时在路径调板中会出现斜体的“工作路径”字样，如图 2.4.1 所示。

②用钢笔工具单击下一个位置，两个锚点会以直线形式自动连接起来，如果碰到圆弧形状

就需要用钢笔工具生成曲线，方法是在生成下一锚点时不单击鼠标，而是按住鼠标拖拽，此时从锚点处将向两个相反方向延伸出方向线，按住鼠标移动方向线，两个锚点所形成的圆弧将随之改变，方向线始终和圆弧相切。

图 2.4.1 工作路径

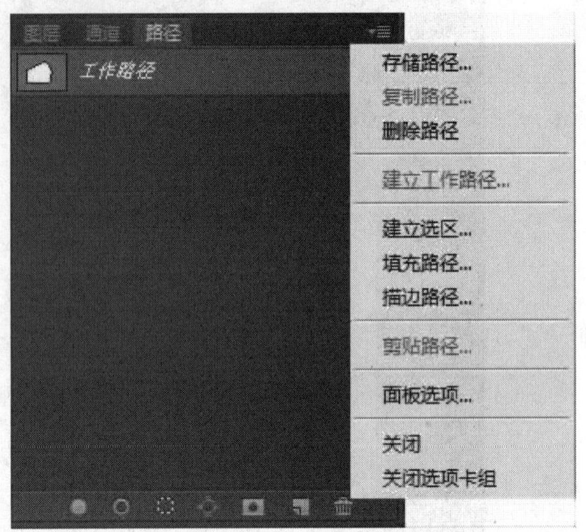

图 2.4.2 路径面板下拉菜单

一般情况下，为了便于曲线的控制，需取消锚点的一个方向线，方法是在按住 Alt 键的同时用钢笔工具单击曲线锚点。

③当路径要封闭时，在钢笔工具的右下角会出现一个圆圈的符号。画好路径后在路径调板右上角的弹出菜单中选择“存储路径”命令，如图 2.4.2 所示，在弹出的对话框中输入名字后，单击“好”按钮，路径调板中的路径名称不再是斜体字，此路径会随着文件的存储而存储。

④如果想删除当前路径，选中路径后，在路径调板右上角的弹出式菜单中选择“删除路径”命令，或直接将路径拖到路径调板下面的垃圾桶中即可。

⑤如果想复制路径，在路径调板右上角的弹出式菜单中可选择“复制路径”命令，或直接将路径拖到路径调板下面的图标上即可。路径调板中可存放若干个路径。

⑥如果想改变路径的名字，双击路径调板中路径的名称部分就会直接变成输入框，输入新的名称即可。

⑦画好路径后，可将路径转换成浮动的选择线，路径包含的区域就变成了可编辑的图像区域。转换的方法是直接用鼠标将路径调板中的路径拖到调板下面的图标上，在图像窗口中即可看到转化完成的选择范围。

当然，也可以将浮动的选择范围转换成为路径。当图像中有选择范围时，单击路径调板中的图标，即可将选择范围转换为工作路径。

2）导航器使用

通过“导航器”调板，可调整图像的缩放比例和视图区域。在文本框中键入值、单击“缩小”或“放大”按钮或拖动缩放滑块都可更改缩放比例。在图像缩览图中拖动显示框可移动图像的视图。显示框代表图像窗口的边界。也可以在图像的缩览图中单击以指定视图区域。导航器面板如图 2.4.3 所示。

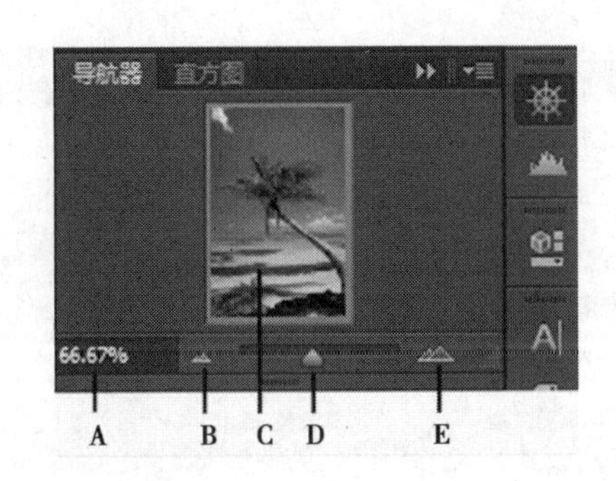

图 2.4.3　导航器面板

A—缩放文本框；B—缩小；C—拖动显示框以移动视图；D—缩放滑块；E—放大

2.4.2　实战演练——信纸、便笺纸设计

1)信纸、便笺纸设计要点

标准尺寸为 185 mm×260 mm 或 210 mm×285 mm。信纸便笺纸设计要素通常包括企业标志、中英文名称、标准色、联系方式、装饰纹样等。设计要素的组合与名片、信封的设计可取其风格样式一致。但需要注意的是，设计时，在信纸上要留够功能区域的面积，不可让设计要素将书写位置占去太多，使信纸失去了原有的功能。

2)信纸、便笺纸设计

信纸、便笺纸效果如图 2.4.4 所示。

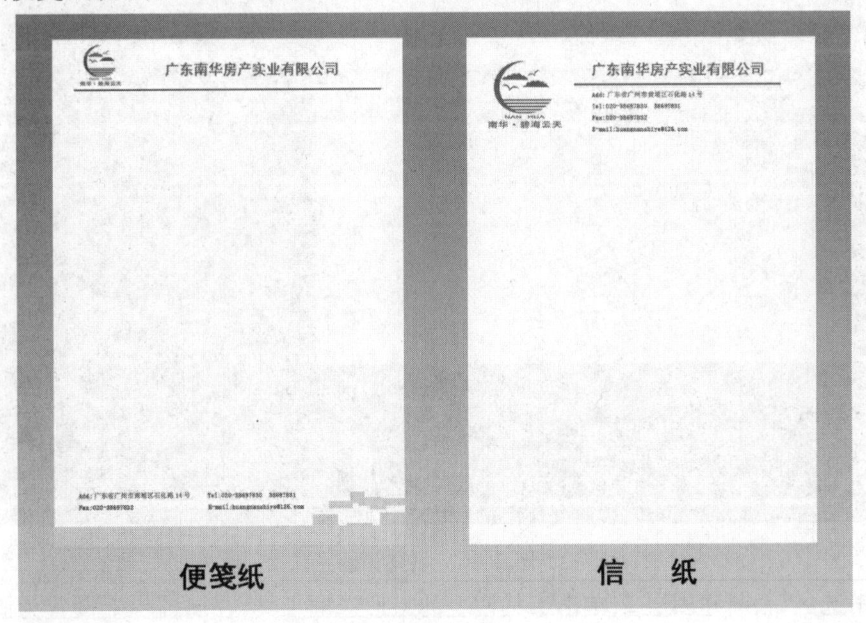

图 2.4.4　信纸、便笺纸效果图

操作步骤如下：

①新建空白文件，设置大小，如图 2.4.5 所示。

②按下“Ctrl+A”快捷键全选后，单击工具栏上的渐变填充工具，在属性栏上单击颜色设置，将颜色设置为由浅绿(R:151，G:243，B:123)渐变到深绿色(R:40，G:187，B:78)，选择属性栏上的线性渐变，然后由下至上在背景层进行填充，如图 2.4.6 所示。

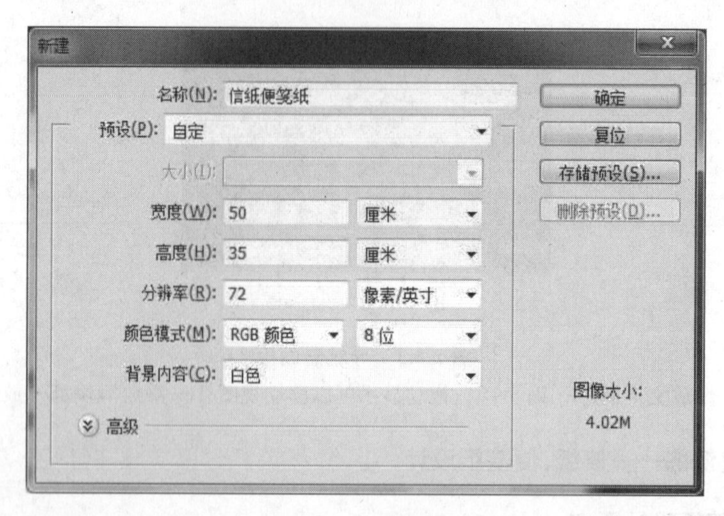

图 2.4.5　新建文件

图 2.4.6　填充背景

③撤销选区后,新建图层 1,单击工具栏上的矩形选框工具,在属性栏上设置为固定大小,宽度:21 cm,高度:29.7 cm。然后在工作区右侧合适位置单击鼠标,建立选区,并设置前景色为白色,按下“Alt+Delete”快捷键填充选区,如图 2.4.7 所示。

④打开导航器面板,拖拽游标设置显示比例,将工作区设置在白色区域的上部,如图 2.4.8 所示。

⑤打开房地产 Logo 素材,将其全选后复制到当前文件中,形成新的图层 1,并调整其大小和位置,如图 2.4.9 所示。

图 2.4.7　填充矩形

图 2.4.8　导航面板

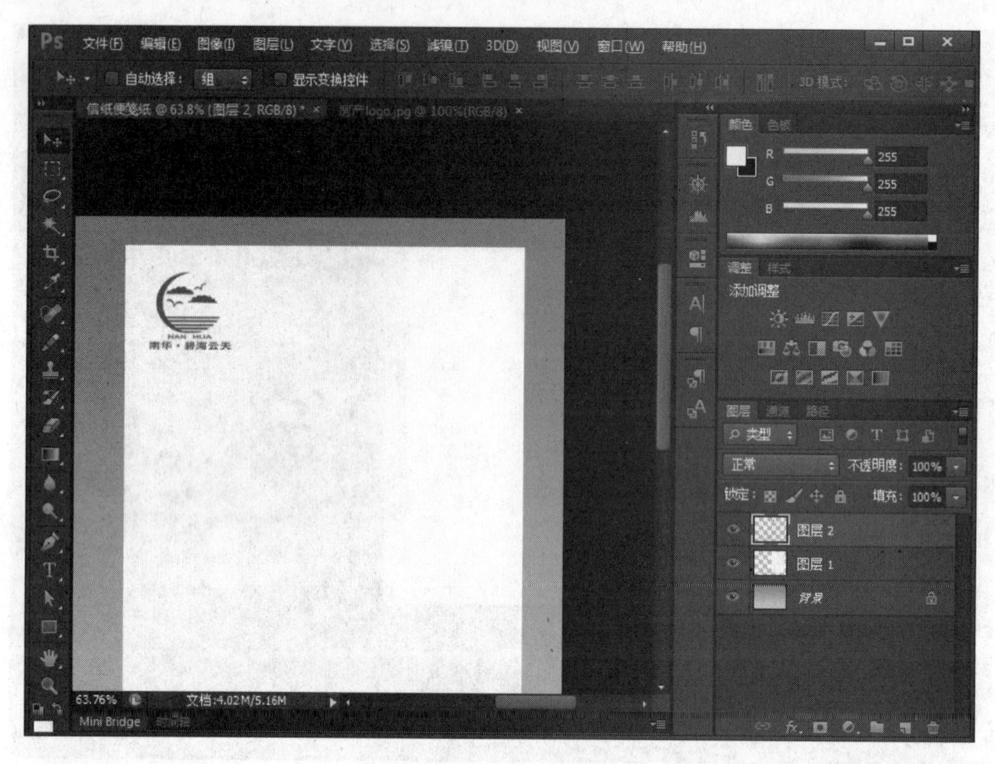

图 2.4.9　复制 Logo 图像

⑥选择吸管工具，在工作区的 Logo 的图形上单击，设置前景色为深绿色；然后选择直线工具，在属性栏上设置为填充模式，粗细为 3 px，在图形的右侧绘制一根直线，如图 2.4.10 所示。

图 2.4.10　绘制直线

⑦在工具栏上选择文字工具,在直线上单击,设置字体为“黑体”,字号为“24”,输入文字“广东南华房产实业有限公司”,如图 2.4.11 所示。

图 2.4.11　设置字体

⑧在工具栏上选择文字工具,在直线上单击,设置字体为“宋体”,字号为“11”,输入文字“Add:广东省广州市黄埔区石化路 14 号 Tel:020-38697830　38697831 Fax:020-38697832 E-mail: huananshiye@126.com” 。接着设置字体为“黑体”,字号为“48”,输入文字“信纸”,如图 2.4.12 所示。

⑨在图层面板上,将图层 1 拖至新建按钮建立图层 1 副本,选中图层 1 副本,然后用移动工具将其移到合适位置,如图 2.4.13 所示。

⑩在图层面板上,将图层 2 拖至新建按钮建立图层 2 副本;选中图层 2 副本,然后用移动工具将其移到合适位置,用橡皮工具将直线擦除,如图 2.4.14 所示。

⑪选中图层 2 副本,按下“Ctrl+T”快捷键将其调小并放置于左上角。新建图层 3,在图层 3 上用直线工具,调整前景色为深绿色(R:1,G:130,B:123),绘制一根直线。然后在图层面板上,将文字层“广东南华房产实业有限公司”拖至新建按钮,生成副本,利用移动工具将其移到合适位置,如图 2.4.15 所示。

⑫在图层面板上将另外两个文字层复制出副本,利用移动工具调整位置,并再次利用文字工具将其编辑,如图 2.4.16 所示。

⑬新建一个图层 4,选中图层 4,用选框工具在白色区域下部建立一个矩形选区,调整前景色为黄绿色(R:183,G:246,B:31),然后将其填充,如图 2.4.17 所示。

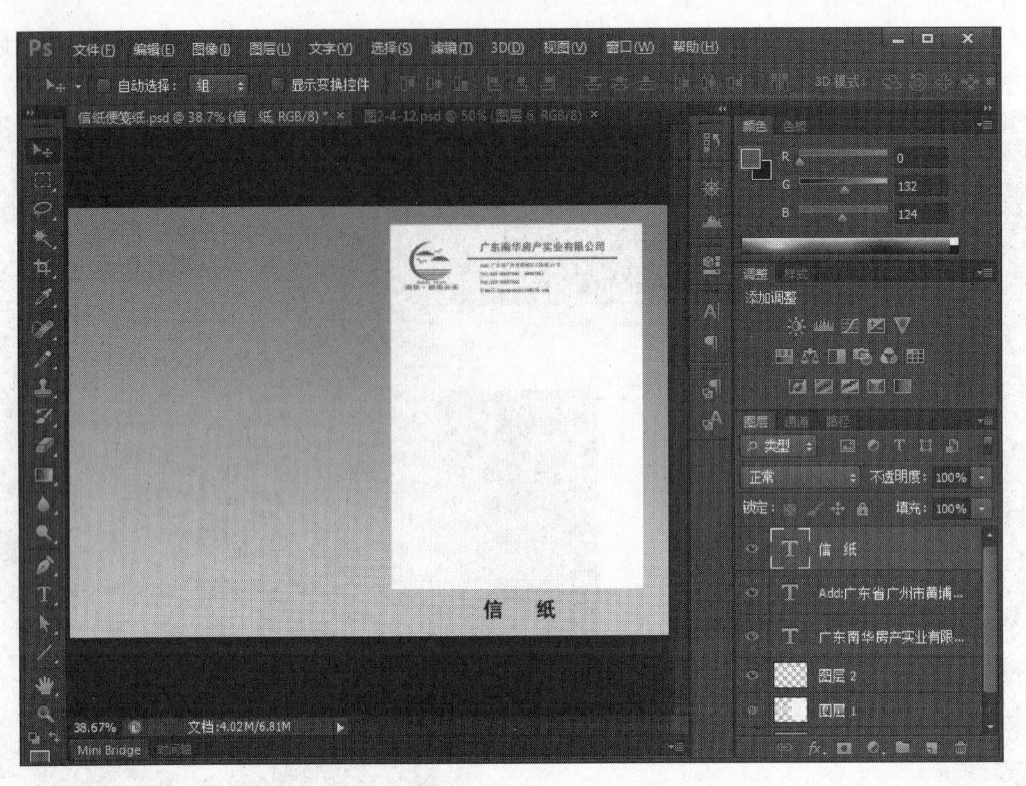

图 2.4.12　输入文字

图 2.4.13　复制图层

图 2.4.14　建立图层 2 副本

图 2.4.15　绘制直线并输入文字

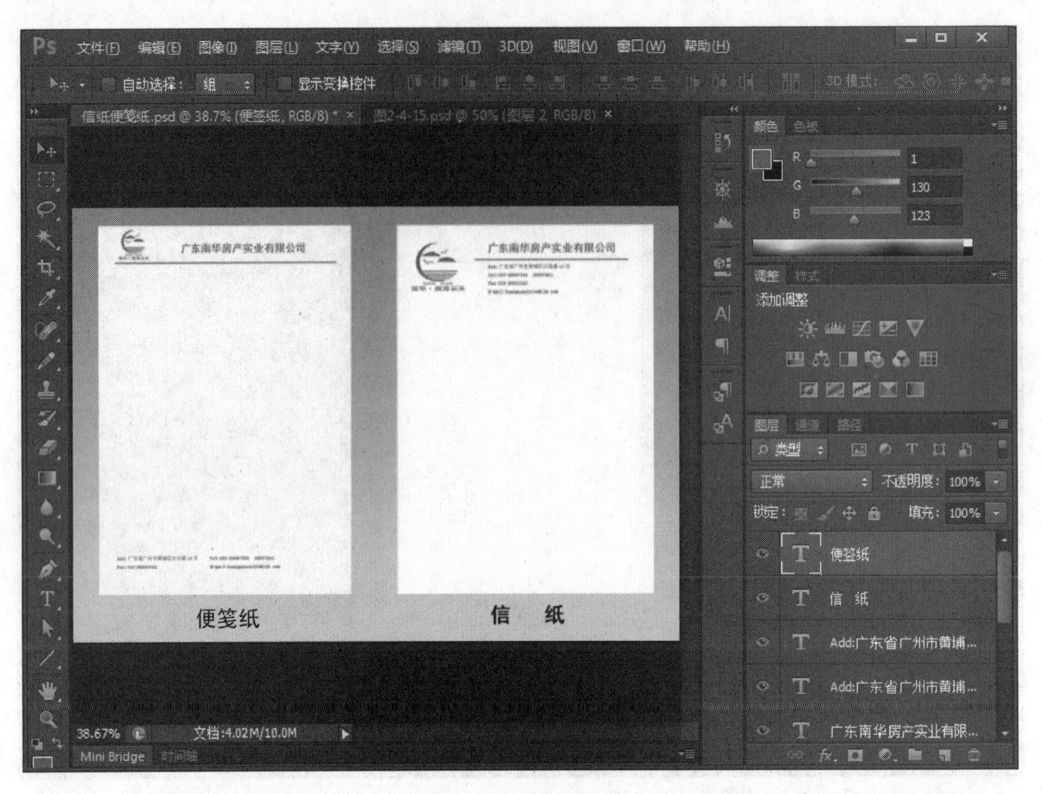

图 2.4.16　编辑文本

图 2.4.17　填充矩形

⑭撤销选区后，在图层面板上按下“Ctrl”键，用鼠标单击图层1副本的缩略图，将图层1的白色区域载入选区；然后选中图层4，按下“Ctrl+Shift+I”组合键进行反选，接着按下“Delete”键删除多余的部分，如图2.4.18所示。

图2.4.18　清除多余图像

⑮撤销选区后，在图层4上选择矩形选框工具，在属性栏中选择叠加的方式，在白色区域的右下角建立多个矩形选框，如图2.4.19所示。

⑯按下“Alt+Delete”组合键，用前景色填充图形，如图2.4.20所示。

⑰撤销选区，保存图像文件“信纸便笺纸.psd”。制作完成后的效果如图2.4.21所示。

［能力拓展］　制作信纸便笺纸

1.制作企业信纸便笺纸效果图，如图2.4.22所示。

2.根据资料要求，设计制作房地产公司信纸便笺纸。

- 房地产公司便笺纸设计说明：

  公司名称：华夏房产有限公司。

  地址：陕西省西安市碑林区兴庆路69号。

  邮编：710049。

  电话：(029) 82391836。

  传真：(029) 82391079。

- 房地产公司名片设计要求：

  包含中英文地址、电话传真等联系方式。便笺抬头设计颜色及字体搭配，要求简洁大方。

图 2.4.19　建立多个矩形选区

图 2.4.20　填充矩形

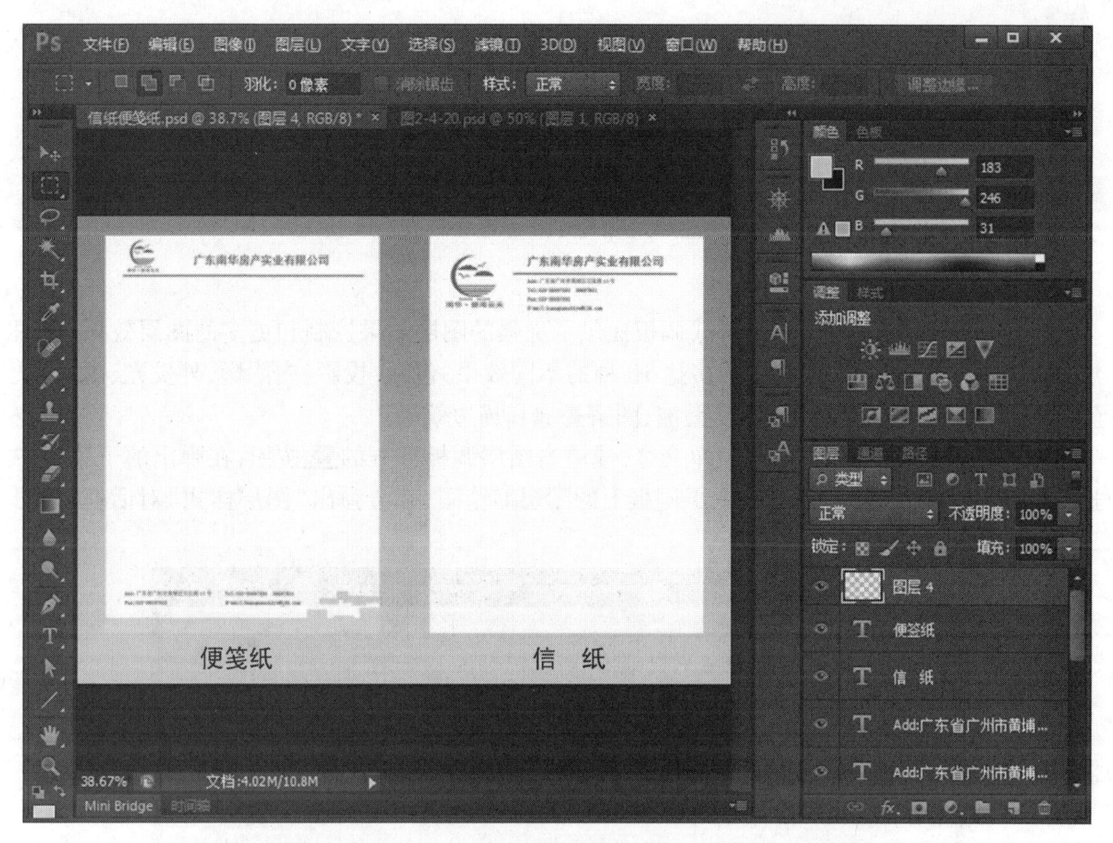

图 2.4.21　效果图

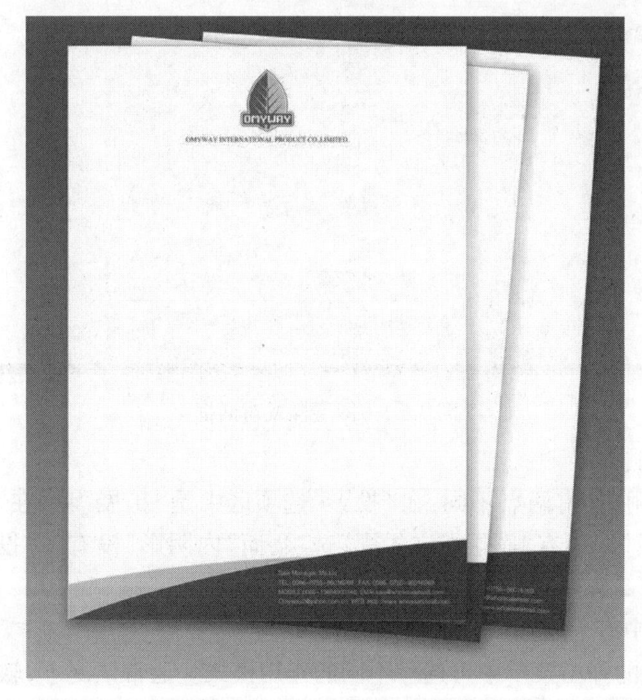

图 2.4.22　信纸、便笺纸效果图

2.5 资料袋设计

2.5.1 知识准备

1)图层样式

Photoshop CS6 图层样式及样式调板提供了更强的图层效果控制和更多的图层效果,在图层菜单下的“图层样式”中提供了多达 10 种的不同效果,包括:投影、内阴影、外发光、内发光、斜面和浮雕、光泽、颜色叠加、渐变叠加、图案叠加和描边效果。

执行“图层”→“图层样式”菜单命令,或单击图层调板下方的按钮,在弹出的子菜单中选择任何一个图层效果,或双击图层调板上的图层缩览图,都会弹出“图层样式”对话框,如图 2.5.1 所示。

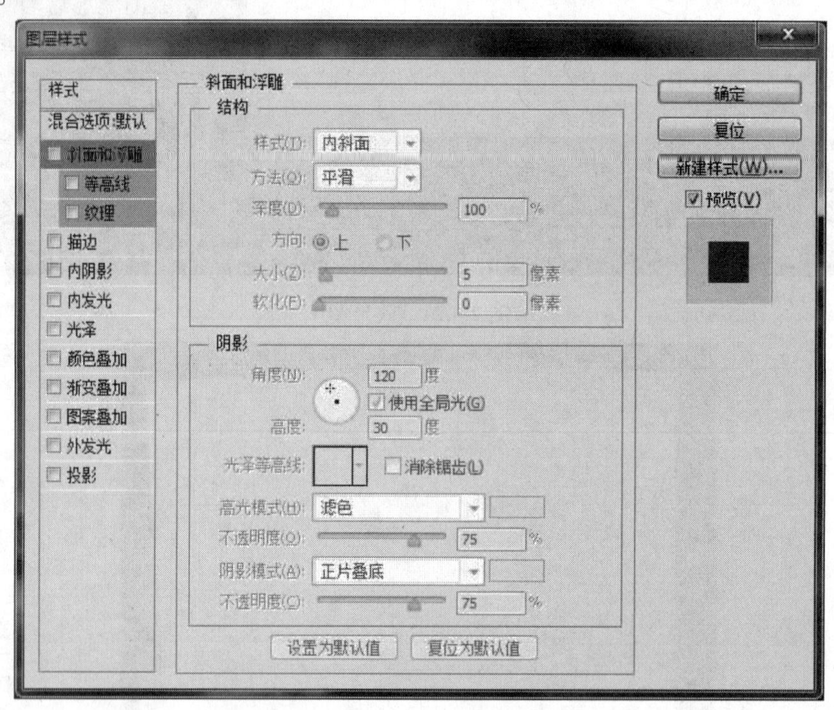

图 2.5.1 图层样式对话框

(1)投影和内阴影

“投影”和“内阴影”有两点不同:在“投影”选项区中是“扩展”项,在“内阴影”选项区中是“阻塞”项。在“投影”中有“图层挖空投影”选项,而“内阴影”没有。“投影”和“内阴影”的效果如图 2.5.2 和图 2.5.3 所示。

①“结构”一栏中有下列选项:

混合模式:其后的弹出菜单中可选择不同的作用模式。通常情况下,软件内定的模式产生的效果最理想。在模式的后面有一个小的方形色块,表示阴影的颜色,单击会弹出调色板。混合模式确定图层效果与其下图层的混合方式,不一定包括当前图层。例如,内阴影与当前图层

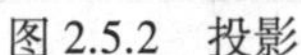
图 2.5.2　投影

图 2.5.3　内阴影

混合,但投影只与当前图层下的图层混合。

不透明度:用来设定图层效果的不透明程度。

角度:用来设定效果应用于图层时所采用的光照角度。“使用全局光”是一个非常有用的选项,可使照在图像上的光源外观保持一致,保证了所有图层效果的光线一致。

距离:用来设定阴影偏移的距离。

扩展(Spread):模糊之前扩大投影的边界。这对于小的细微特写特别有用,如连笔字母中下部或字母上部,在模糊程度较大时该部分几乎无法看到。

阻塞(Choke):模糊之前收缩内阴影的边界。

大小(Size):用来设定阴影模糊的程度。

②品质(Quality)一栏中有下列选项:

等高线:能给阴影带来丰富的变化。可以使用软件中存储的等高线设置,也可以自定义等高线。如果要新建或编辑现有的等高线,可通过以下步骤完成:在“图层样式”对话框中单击“等高线”图标右边向下的小黑三角,弹出“等高线”调板,如图 2.5.4 所示;选中一个现有的等高线,再次单击“等高线”图标右边向下的小黑三角将调板关闭,在“等高线”后面出现新选中的等高线。双击此等高线图标,弹出“等高线编辑器”,如图 2.5.5 所示。

消除锯齿:用于混合等高线的边缘像素,使边缘更加光滑,对尺寸小且具有复杂等高线的阴影最有用。

在“投影”中使用等高线可在给定范围内定形阴影的外观。

(2)内发光和外发光

内发光和外发光对话框分别如图 2.5.6 和图 2.5.7 所示。这两个命令非常相似。

“结构”一栏中有一个色块,还有一个渐变色条,用来选择光晕的颜色。可以选择色块创建单色光晕,也可以选择渐变色条创建渐变光晕。单击渐变色条后面向下的小三角会弹出渐变调板,在调板中可以选择不同的渐变,也可以编辑新的渐变。

方法:软化蒙版的方法。在弹出式菜单中可选择“较柔软”或“精确”两个选项。“较柔软”使用基于模糊的技术创建发光,用于所有类型的蒙版,无论其边缘是软的还是硬的。“精确”使用距离测量技术创建发光,主要用于消除锯齿形状(如文字)的硬边蒙版。

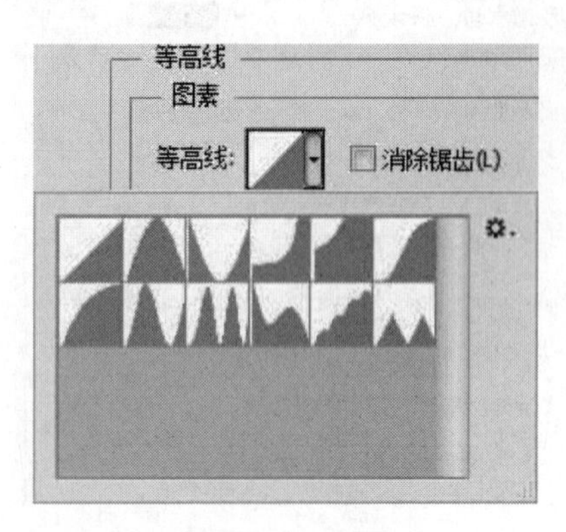

图 2.5.4　品质

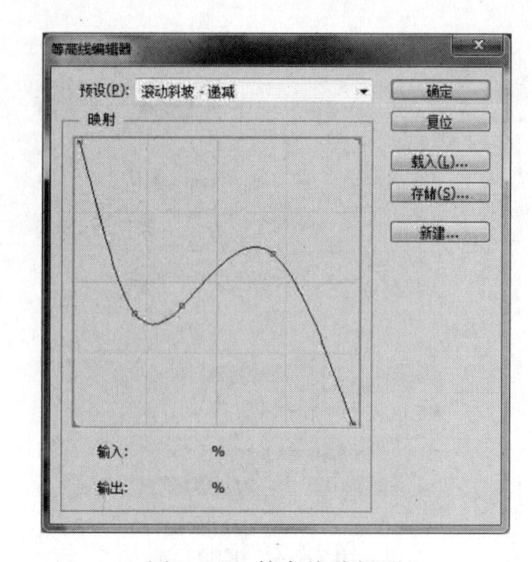

图 2.5.5　等高线编辑器

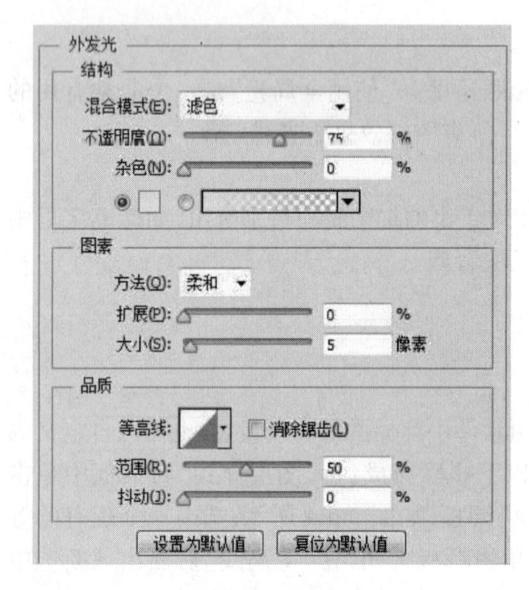

图 2.5.6　外发光

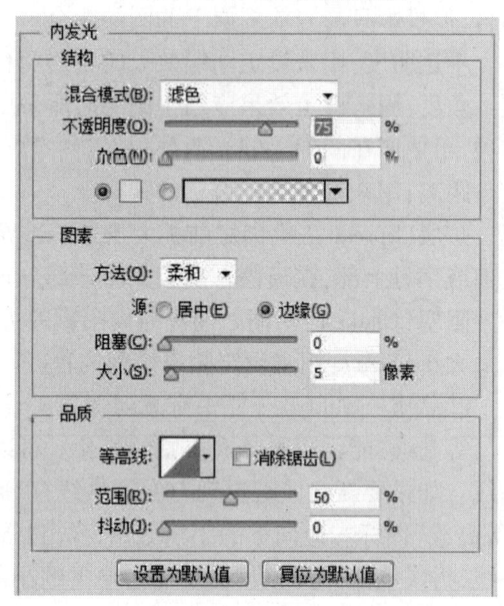

图 2.5.7　内发光

范围:控制发光的范围。

抖动:使渐变的颜色和不透明度自由随机化。

“内发光”与“外发光”的设定几乎是完全相同的,唯一的差别是“内发光”有两个发光源的选项:选取“居中”,应用从图层内容的中心发出的光;选取“边缘”,应用从图层内容的内部边缘发出的光。可以通过“图素(E1ements)”一栏中“大小”的数值来改变发光的程度。

(3)斜面和浮雕

斜面和浮雕可以在图层图像上产生多种立体的效果,让图像看起来更有立体感。“结构”一栏针对斜面和浮雕的变形进行设定,如图 2.5.8 所示。

样式弹出式菜单共有 5 种效果样式,分别为外斜面、内斜面、浮雕、枕状浮雕和描边浮雕。“外斜面”在图层内容的外边缘上创建斜面;“内斜面”在图层内容的内边缘上创建斜面;“浮

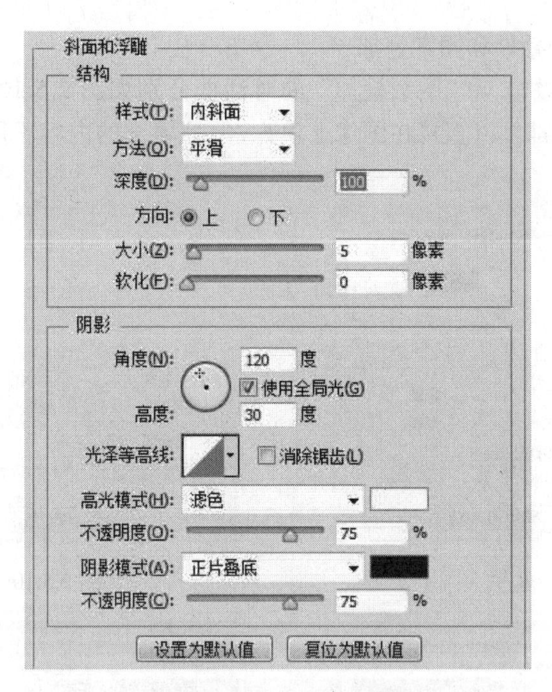

图 2.5.8　斜面与浮雕

雕”创建出使图层内容相对于下层图层呈浮雕状的效果;“枕状浮雕”创建出将图层内容的边缘压入下层图层中的效果;“描边浮雕”将浮雕限于应用图层的描边效果的边界。

在方法弹出式菜单中可以选择平滑、雕刻清晰和雕刻柔和的方法来产生立体效果。

“平滑”使用一种基于模糊的平滑技术,用于所有类型的边缘,无论其边缘是软的还是硬的。此技术不保留较大尺寸的细节特写。“雕刻清晰”使用距离测量技术,主要用于消除锯齿的几何图形(如文字)的硬边,其保留细节特写的性能优于“平滑”。“雕刻柔和”使用修改的距离测量技术,虽然不如“雕刻清晰”精确,但对较大范围的边缘更有用。“雕刻柔和”保留特写的性能也优于“平滑”。

深度:指定斜面深度,此深度应该是一个大小比例。它还指定图案的深度。

方向:上和下选项用来改变高光和阴影的位置。

软化:模糊“阴影”以减少不想要的人工效果。

高度:用来设定立体光源的高度。

光泽等高线:创建类似金属表面光泽,并在遮蔽斜面或浮雕后应用。

高光模式:“阴影”栏中的“高光模式”一栏用来设定高光部分的作用模式、颜色和透明度。

暗调模式:用来设定暗调部分的作用模式、颜色和透明度。

在“图层样式”对话框的左侧“斜面和浮雕”下面还有两个选项:等高线和纹理。双击等高线或纹理,可打开相应的对话框。

(4)光泽

“光泽”效果可以在图像上填色,并在边缘部分产生柔化的效果。“光泽”对话框如图2.5.9所示,各个选项的使用效果和前面讲的类似。

(5)颜色叠加、渐变叠加和图案叠加

“颜色叠加”“渐变叠加”和“图案叠加”的对话框分别如图 2.5.10、图 2.5.11 和图 2.5.12 所示。这 3 种图层效果都可以直接在图像上填充,但是填充的内容不同,分别为单一颜色、渐变颜色和图案。

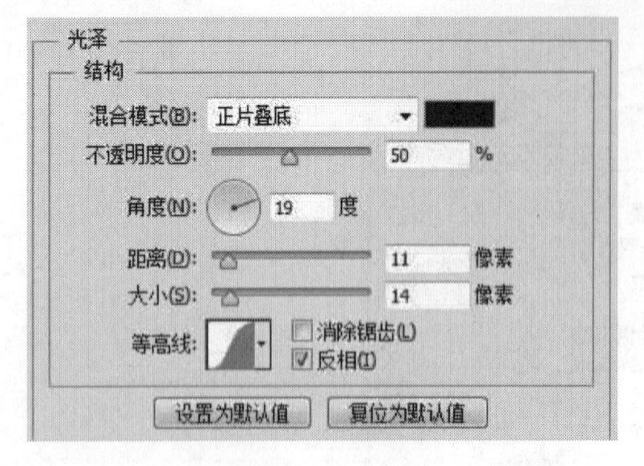

图 2.5.9　光泽

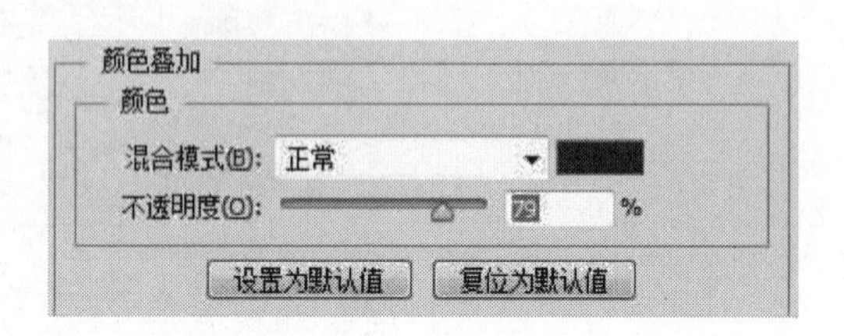

图 2.5.10　颜色叠加

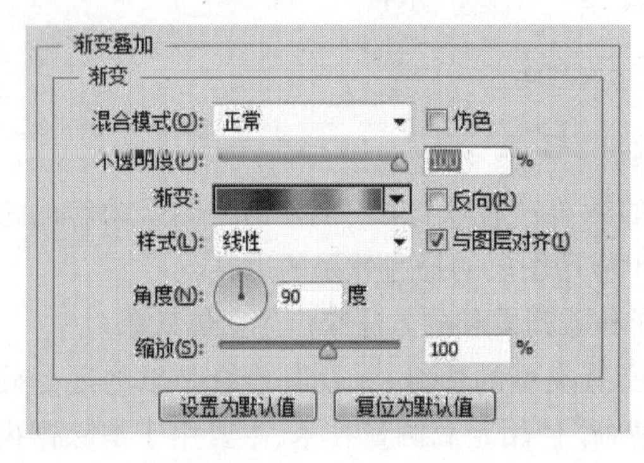

图 2.5.11　渐变叠加

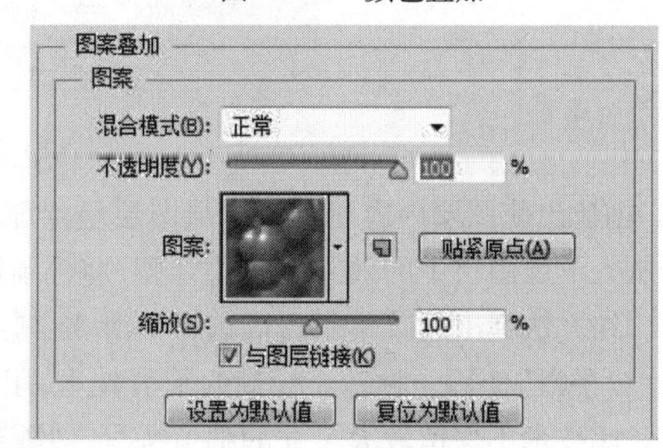

图 2.5.12　图案叠加

(6)描边

“描边”可以直接为图像描边,其对话框如图 2.5.13 所示。“大小”用来设定描边的粗细。“位置”弹出式菜单用来设定描边的位置,可以选择“外部”“内部”和“居中”这 3 种位置。在“填充类型”的弹出菜单中有 3 个选项,当选择不同选项时,会有相应的填充设定。

2)样式调板

将各种图层效果集合起来完成一个设计元素后,为了方便其他图像使用相同的图层效果集合,可以将其存放在“样式”调板中随时调用。执行“窗口”→“样式”命令,就可以弹出“样式”调板,如图 2.5.14 所示。

样式调板中已经有了一些预制的样式存在,但是也可以建立自己的样式,其建立方法如下:

①按照前面讲过的方法,在“图层样式”对话框中设定所需要的各种效果,然后单击“图层样式”对话框中的“新样式”按钮,弹出“新样式”对话框,如图 2.5.14 所示。

②在“新样式”对话框中的“名称”栏中输入样式的名称。“新样式”对话框中包括两个选项:“包含图层效果”和“包含图层混合选项”。

另外一种建立新样式的方法是在完成图层的各种效果设定后,在样式调板的下方单击

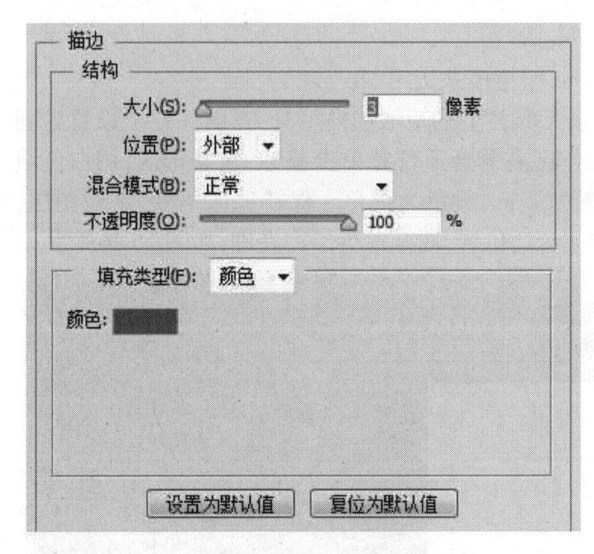

图 2.5.13　描边

图 2.5.14　样式面板

按钮,即可将目前图层所使用的效果存储起来,成为新的样式出现在样式调板中。

对于用不到的样式,可以将其拖拽到样式调板下方的垃圾桶图标上将其删除。

在样式调板中,除了可以用方形的缩略图显示之外,还可以显示样式的名字,并且可以在样式调板右上角的弹出菜单中选择不同的方式进行浏览。

2.5.2　实战演练——资料袋设计

1) 资料袋设计要点

一般要在封面体现公司 Logo 图标、公司名称和地址等信息。

2) 房地产公司客户资料袋设计

效果如图 2.5.15 所示。

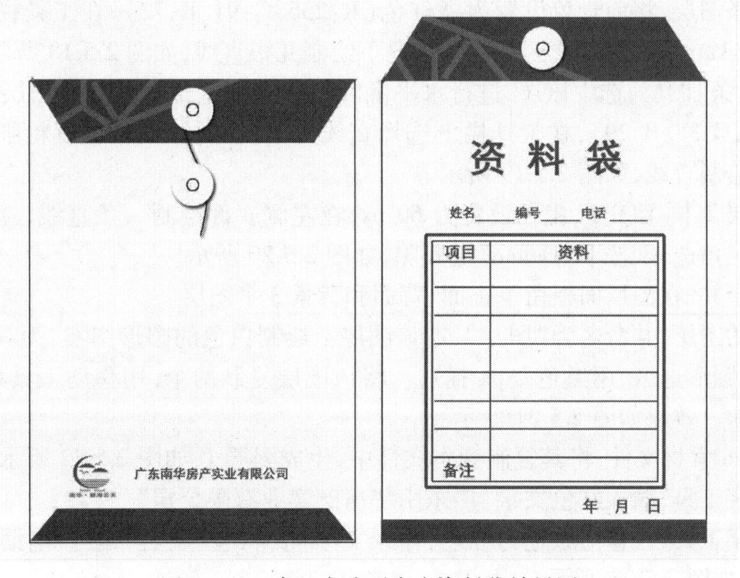

图 2.5.15　房地产公司客户资料袋效果图

房地产公司客户资料袋设计操作步骤如下：

①新建空白文件，宽度：50 cm，高度：38 cm，颜色模式为 RGB。

②新建图层 1，将其名称改为“背面”。单击工具栏上的矩形选框工具，在属性栏上设置为固定大小，宽度：22 cm，高度：30.5 cm。然后在工作区右侧合适位置单击鼠标，建立选区，用白色填充。然后执行“编辑”→“描边”命令，粗细设置为 2 px，颜色为黑色。保持选区不变，新建图层，命名为正面，然后用移动工具将选区平移至左侧合适位置，同样进行描边处理，如图2.5.16所示。

图 2.5.16 绘制图形

③新建图层，命名为“封条”，将前景色设置为红色（R：196，G：38，B：29），用多边形套索工具建立选区并用前景色填充，如图 2.5.17 所示。

④选中封条图层，将前景色设置为橘红色（R：236，G：91，B：72），在工具栏上选择直线工具，粗细设置为 12 px，在保持选区不变的情况下绘制几根直线，如图 2.5.18 所示。

⑤复制“封条”图层，选中该层，进行水平翻转后移到合适位置。新建图层 1，设置前景色为红色（R：196，G：38，B：29），在工具栏上选择直线工具，在属性栏上设置粗细为 40 px，在工作区右侧底部绘制直线，如图 2.5.19 所示。

⑥新建图层 2，同第⑤步，粗细设置为 60 px，在左侧底部绘制一条直线，然后利用多边形套索工具选出三角选区，按下“Delete”键删除，如图 2.5.20 所示。

⑦将图层合并，在图层面板留下正面、背面和背景 3 个图层。

⑧建立新的图层，并命名为“图片”，在该图层上绘制白色的圆形图案，为其添加投影图层样式；然后建立圆形选区，用黑色 2 px 描边。将该图层复制两个，用移动工具移到合适位置，完成圆片的制作。效果如图 2.5.21 所示。

⑨打开 Logo 素材文件，将其复制到本文件中，生成图层 1，如图 2.5.22 所示。

⑩使用文字工具，输入红色文字“广东南华房产实业有限公司”。

⑪使用文字工具，设置前景色为红色，输入文字“资料袋、姓名、编号、电话”等，并用直线工具绘制直线，如图 2.5.23 所示。

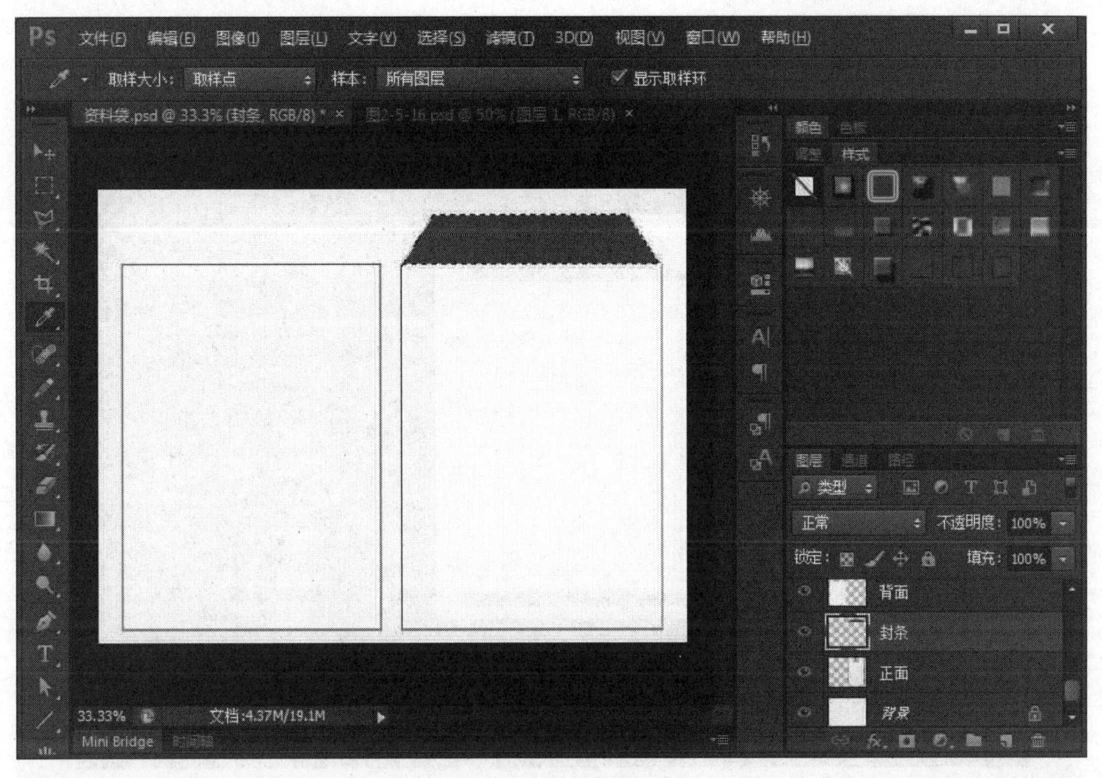

图 2.5.17　建立选区并填充

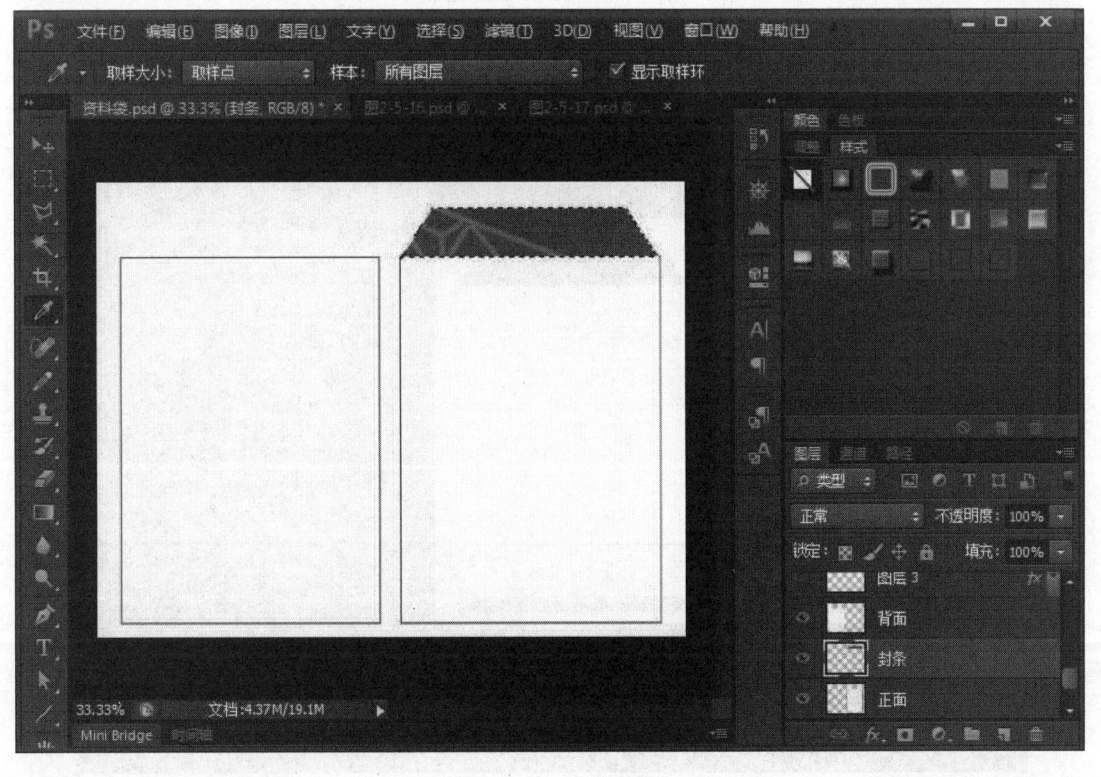

图 2.5.18　绘制直线

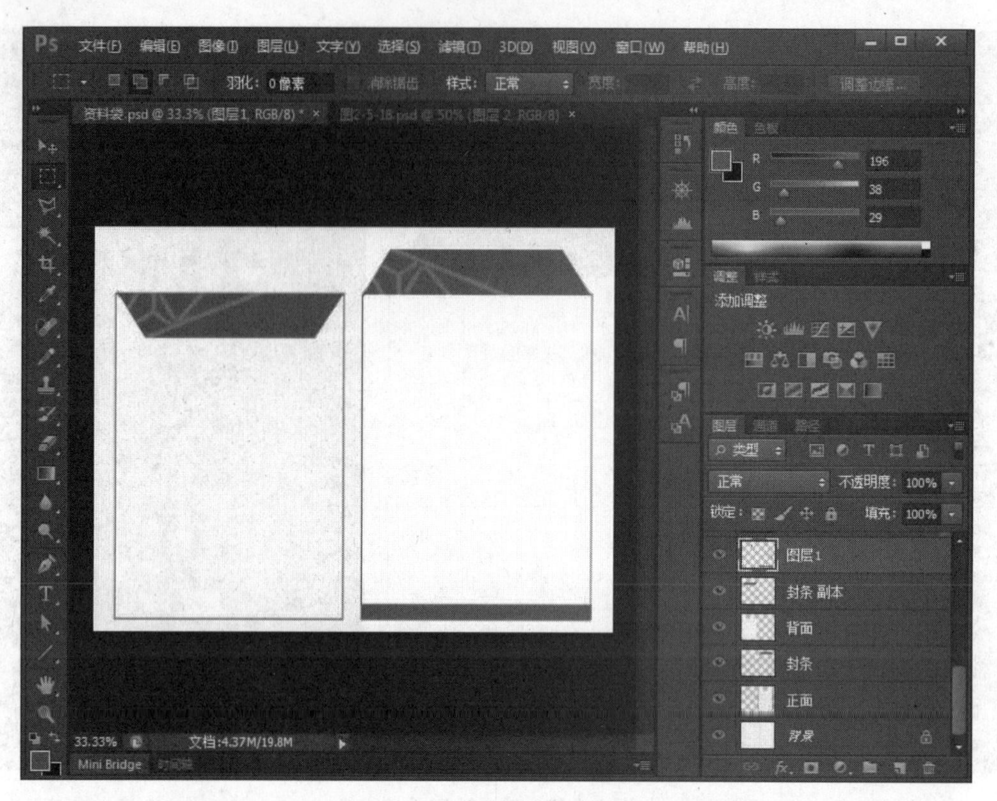

图 2.5.19　绘制红色直线

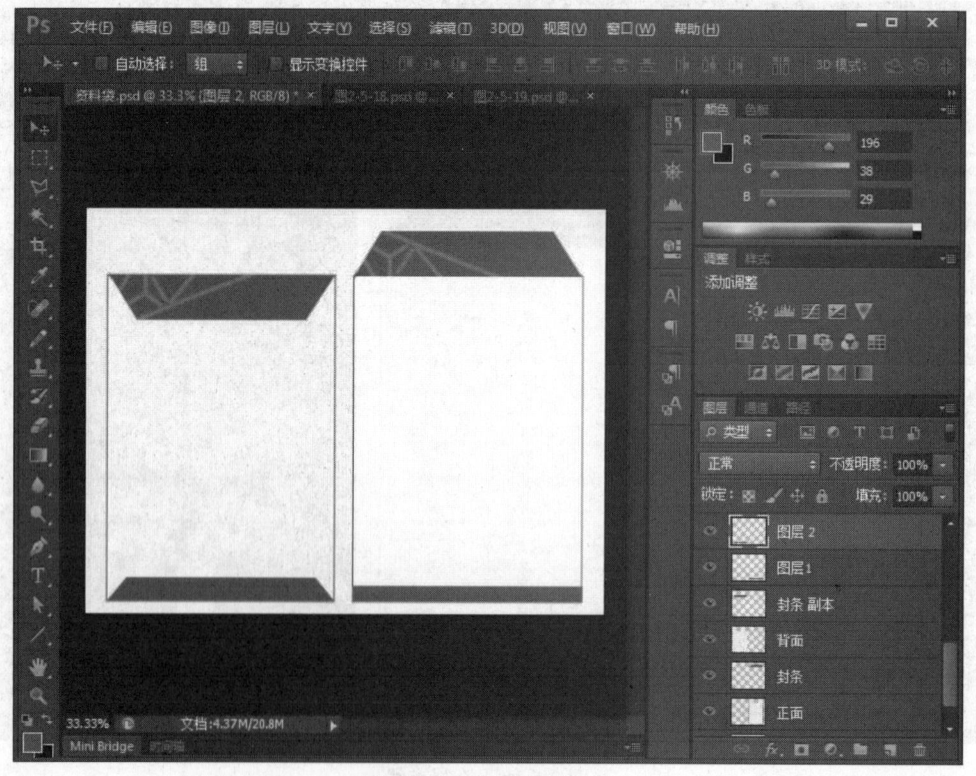

图 2.5.20　绘制底部图形

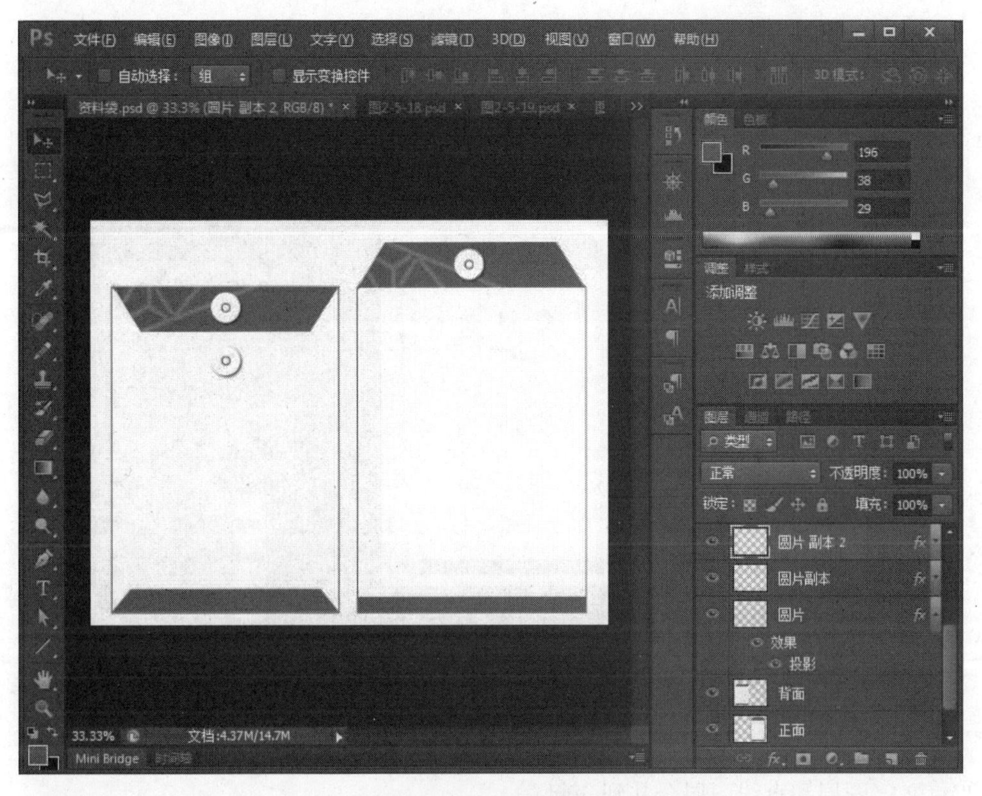

图 2.5.21　圆片制作

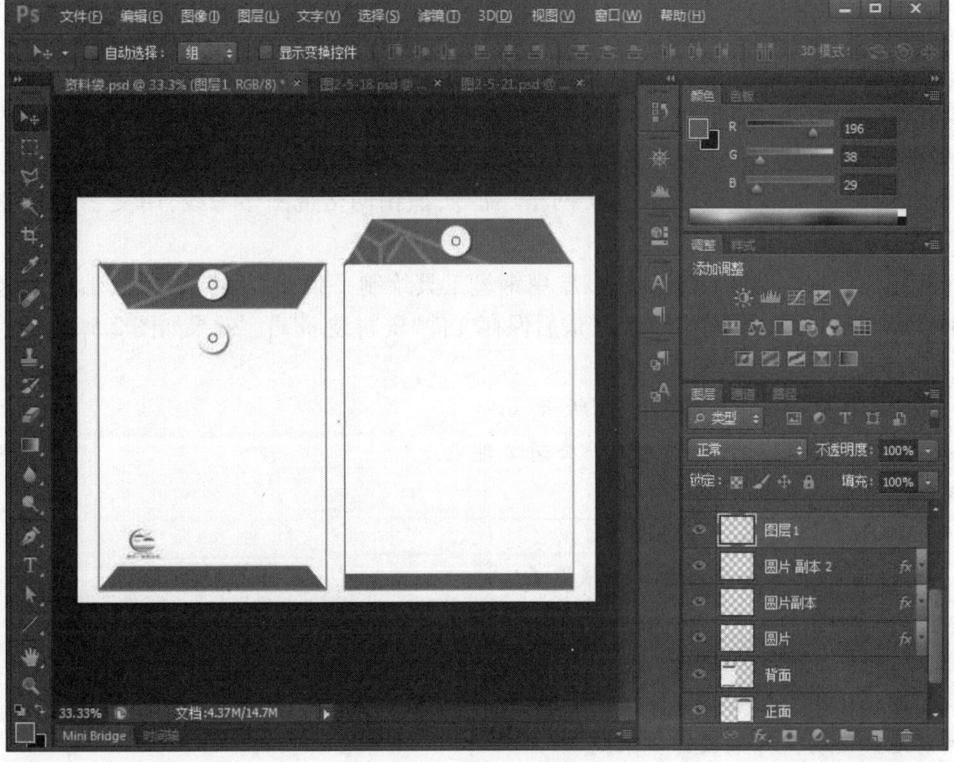

图 2.5.22　添加 Logo 图像

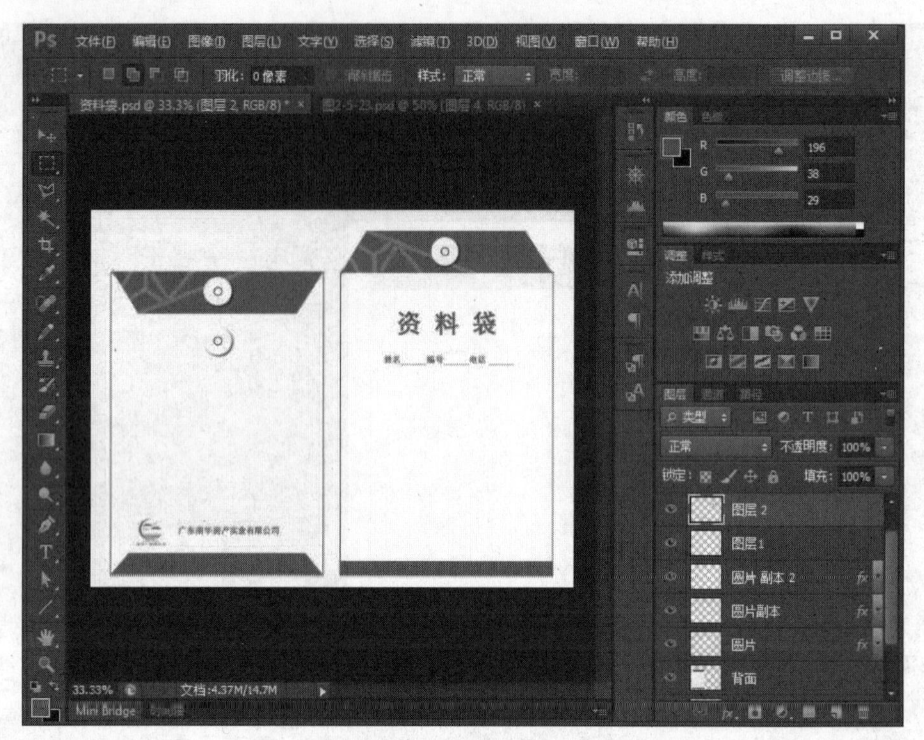

图 2.5.23　输入文字

⑫将文字图层和直线图层合并到一起。

⑬新建图层,命名为表格。用矩形选框在表格图层建立选框,设置前景色为深红色,粗细设置为 6 px,进行描边。然后执行“选择”→“修改”→“收缩”命令,收缩 10 px,再次描边(粗细为 3 px),如图 2.5.24 所示。

⑭执行“视图”→“显示”→“网格”命令,打开网格参考线,然后用直线命令在保证选区不变的情况下绘制直线,如图 2.5.25 所示。

⑮再次执行“视图”→“显示”→“网格”命令,撤销网格视图参考线,用文字工具输入文字,如图 2.5.26 所示。

⑯新建图层,命名为“绳子”,在该层用钢笔工具绘制一条曲线,将其描边,然后给这个图层添加投影图层样式,调整图层顺序,最后保存文件“资料袋.pds”。效果如图 2.5.27 所示。

[能力拓展]制作资料袋

1.制作资料袋。效果如图 2.5.28 所示。

2.根据资料要求,设计制作房地产公司文件袋。

- 房地产公司文件袋设计说明:

  公司名称:华夏房产有限公司。

  地址:陕西省西安市碑林区兴庆路 69 号。

  邮编:710049。

  电话:(029) 82391836。

  传真:(029) 82391079。

- 房地产公司文件袋设计要求:

  针对业主。

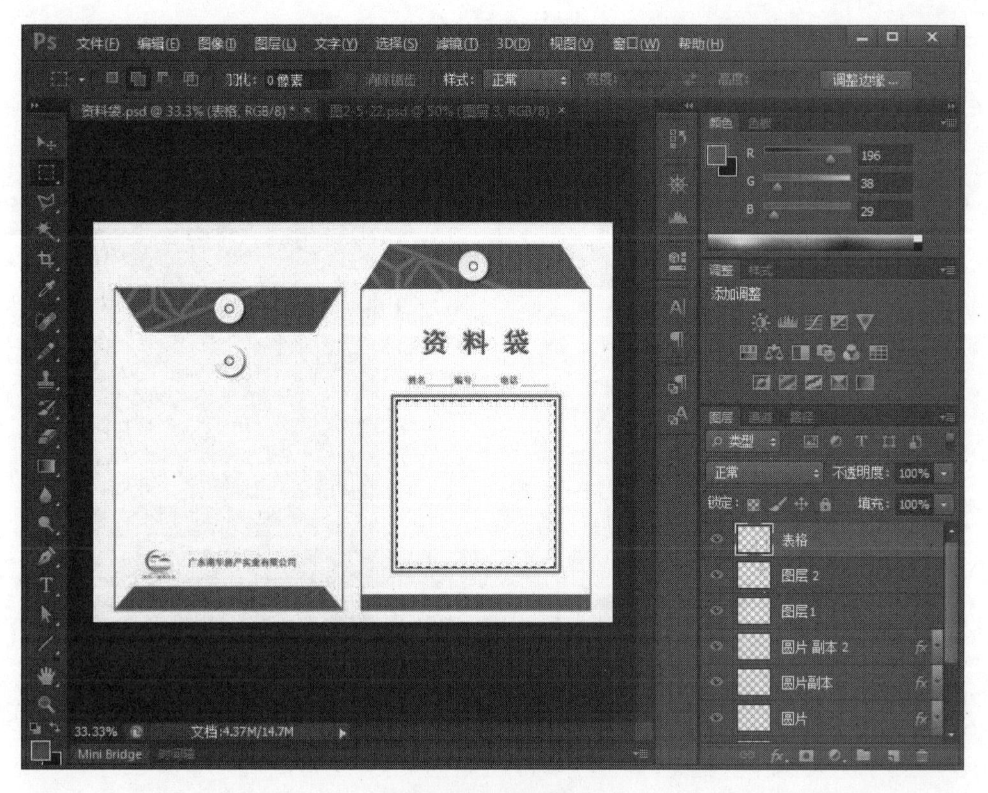

图 2.5.24　绘制矩形框

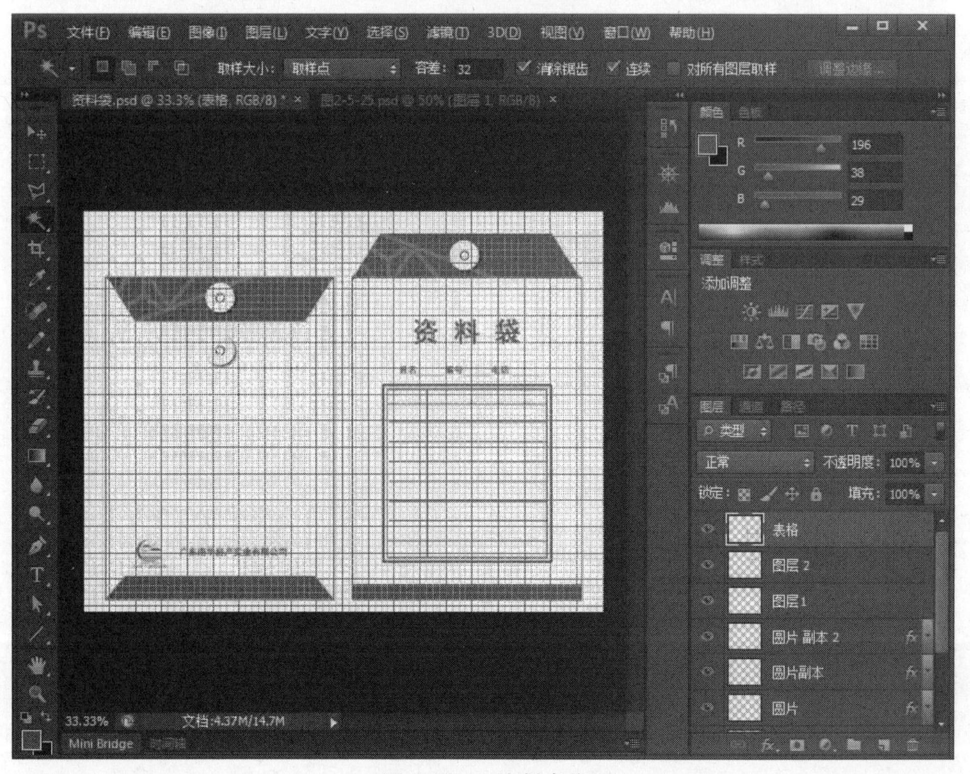

图 2.5.25　绘制直线

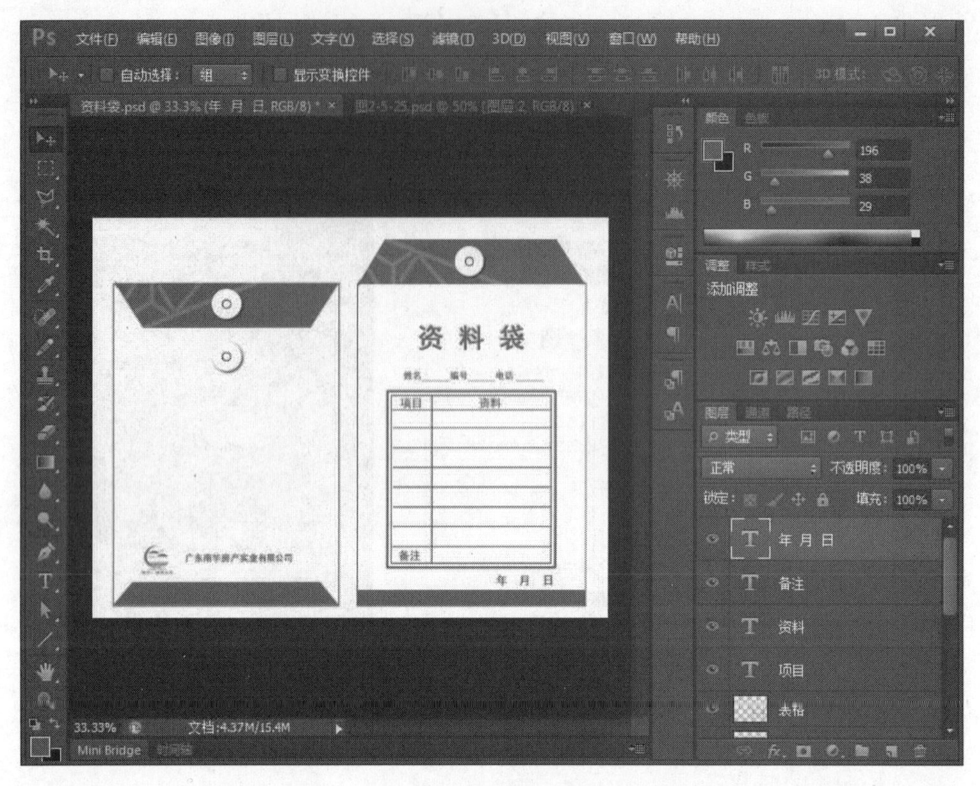

图 2.5.26　输入文字

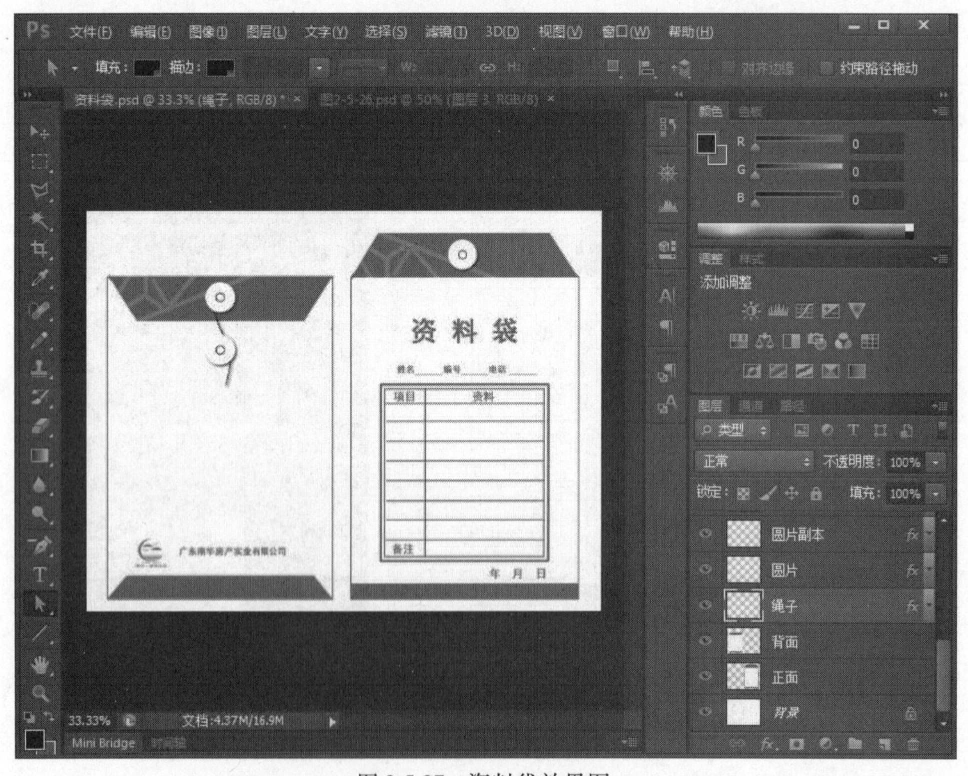

图 2.5.27　资料袋效果图

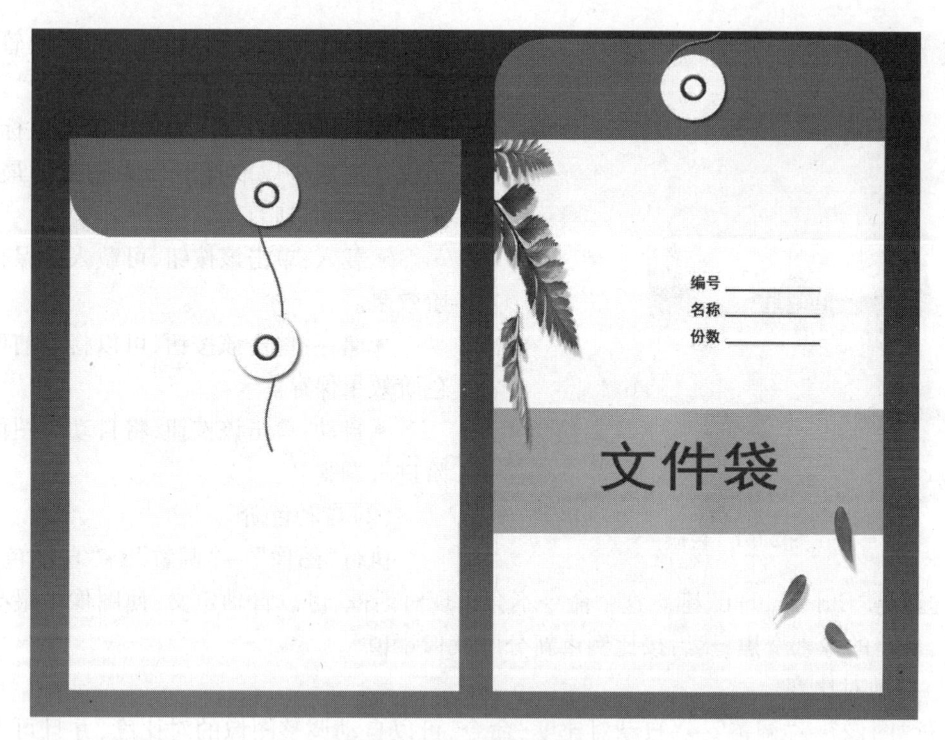

图 2.5.28　文件袋效果图

2.6　纸杯设计

2.6.1　知识准备

1) 调整图像色彩

(1) 色阶

色阶是指图像中颜色或颜色中的某一组成部分的亮度范围。

执行"图像"→"调整"→"色阶"命令，或按"Ctrl+L"快捷键，弹出"色阶"对话框，如图2.6.1所示。此图是根据每个亮度值(0~255)处像素点的多少来划分的，最暗的像素点在左边，最亮的像素点在右边。

- 通道：其右侧的下拉列表中包括了图像所使用的所有色彩模式，以及各种原色通道。如：图像应用 CMYK 模式，即在该下拉列表中包含 CMYK、洋红、黄、青色、黑色 5 个通道，在通道中所做的选择将直接影响该对话框中的其他选项。
- 输入色阶：用来指定选定图像的最暗处（左边的框）、中间色调（中间的框）、最亮处（右边的框）的数值，改变数值将直接影响色调分布图三个滑块的位置。
- 色调分布图：用来显示图像中明、暗色调的分布示意图。在"通道"中选择的颜色通道不同，其分布图的显示也不同。
- 输出色阶：在右侧的两个输入框中进行数值输入，可以调整图像的亮度和对比度。

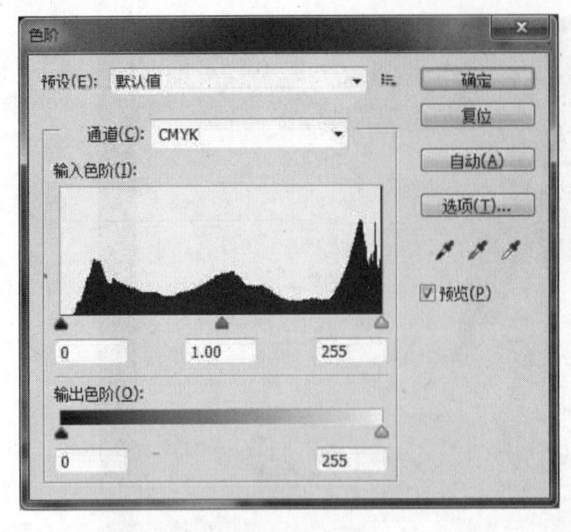

图 2.6.1　色阶

• 吸管工具:该对话框有三个吸管工具,由左至右依次是“设置黑场”工具、“设置灰点”工具、“设置白场”工具。单击鼠标左键,可以在图像中以取样点作为图像的最亮点、灰平衡点和最暗点。

• 载入:单击该按钮,可载入已保存的色阶效果。

• 储存:单击该按钮,可以将当前调整的色阶效果保存。

• 自动:单击该按钮,将自动对图像的色阶进行调整。

(2) 自动色阶

执行“图像”→“调整”→“自动色阶”命令,快捷键是“Ctrl+Shift+L”键。这个命令不会出现对话框,可以自动定义,使图像中最亮的像素变白,最暗的像素变黑,然后按比例重新分配其像素值。

(3) 自动对比度

执行“图像”→“调整”→“自动对比度”命令,可以自动调整图像的对比度,并且可以连续调整图像,效果十分明显。

(4) 自动颜色

执行“图像”→“调整”→“自动颜色”命令,可以对图像的色相、饱和度和亮度以及对比度进行自动调整,将图像的中间色调进行均化并修整白色和黑色的像素。

(5) 曲线

曲线命令是用来调整图像的色彩范围,和色阶命令相似。不同的是,色阶命令只能调整亮部、暗部和中间色调,而曲线命令将颜色范围分成若干个小方块,每个方块都可以控制一个亮度层次的变化,不仅可以调整图像的亮部、暗部和中间色调,还可以调整灰阶曲线中的任何一个点。

打开一副图片,执行“图像”→“调整”→“曲线”命令,打开对话框,如图 2.6.2 所示,其快捷键是“Ctrl+M”,在该对话框中,水平轴向代表原来的亮度值,类似“色阶”中的输入;垂直轴向代表调整后的亮度值,类似“色阶”中的输出。曲线图下方有一个切换按钮,单击可以将亮度条两端相互转变。移动鼠标到曲线图上,该对话框中的“输入”和“输出”会随之发生变化。单击图中曲线上的任一位置,会出现一个控制点,拖拽该控制点可以改变图像的色调范围。单击右下方的曲线工具,可以在图中直接绘制曲线;单击铅笔工具,可以在曲线图中绘制自由

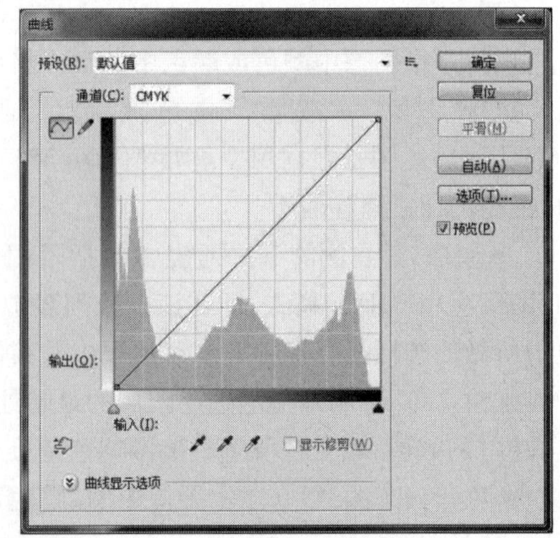

图 2.6.2　曲线

形状的曲线。

(6)色彩平衡

该命令可以粗略调整图像的总体混合效果,但只能在复合通道中才可用。

选择一张所要调整的图片,执行“图像”→“调整”→“色彩平衡”命令,快捷键是“Ctrl+B”。弹出“色彩平衡”对话框,如图 2.6.3 所示。

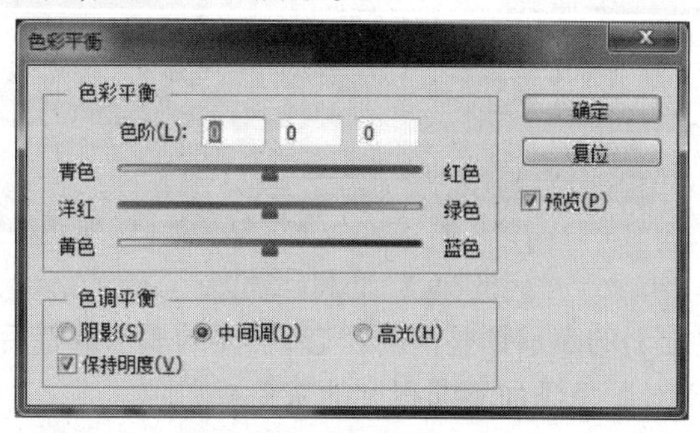

图 2.6.3　色彩平衡

图中三个滑块用来控制各主要色彩的变化;三个单选按钮,可以选择“暗调”“中间色调”和“高光”来对图像不同部分进行调整,选中“预览”可以在调整的同时随时观看生成的效果。选择“保持亮度”,图像像素的亮度值不变,只有颜色值发生变化。

(7)亮度/对比度

“亮度/对比度”命令可以粗略调整图像的色调范围。

执行“图像”→“调整”→“亮度/对比度”,弹出对话框如图 2.6.4 所示。

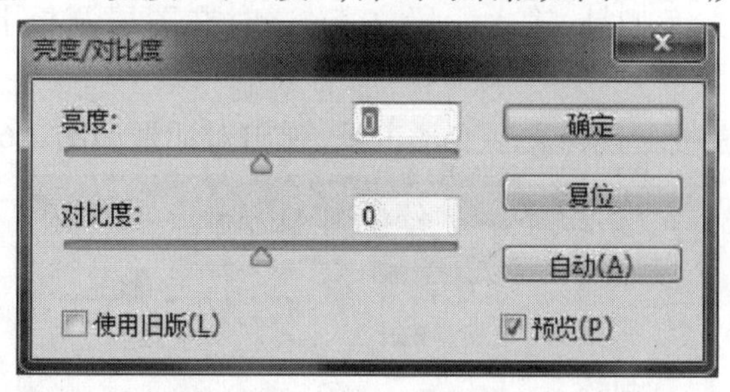

图 2.6.4　“亮度/对比度”对话框

在此对话框中,亮度和对比度的设定范围是-100~100。

(8)色相/饱和度

“色相/饱和度”命令不但可以调整图像的色相、饱和度和明度,还可以分别调整图像中不同颜色的色相、饱和度和明度,或使图像成为一幅单色调图形。

执行“图像”→“调整”→“色相/饱和度”命令,弹出“色相/饱和度”对话框,如图 2.6.5 所示。

- 编辑:下拉列表包括红色、绿色、蓝色、青色、洋红和黄色 6 种颜色,可选择一种颜色单独调整,也可以选择“全图”选项,对图像中的所有颜色整体调整。
- 色相:拖动滑块或在数值框中输入数值可以调整图像的色相。
- 饱和度:拖动滑块或在数值框中输入数值可以增大或减小图像的饱和度。
- 明度:拖动滑块或在数值框中输入数值可以调整图像的明度,设定范围是-100~100 对

图 2.6.5 色相/饱和度

话框最下面的两个色谱,上面的表示调整前的状态,下面的表示调整后的状态。

- 着色:选中后,可以对图像添加不同程度的灰色或单色。
- 吸管工具:可以在图像中吸取颜色,从而达到精确调节颜色的目的。
- 添加到取样:可以在现在被调节颜色的基础上增加被调节的颜色。
- 从取样中减去颜色:可以在现在被调节颜色的基础上减少被调节的颜色。

2) 文字变形

已经输入好的文字可以通过调板中的"变形"选项进行不同形状的变形,如"挤压""扭转"等。"变形"操作对文字图层上所有的文字字符有效,不能只对选中的字符执行弯曲变形。

"变形"操作如下:

①选择工具箱中的文字工具,输入一段文字,这时在图层调板上会产生一个新的文字图层。

②在文字工具选项调板上选择文字变形工具,弹出对话框如图 2.6.6 所示。

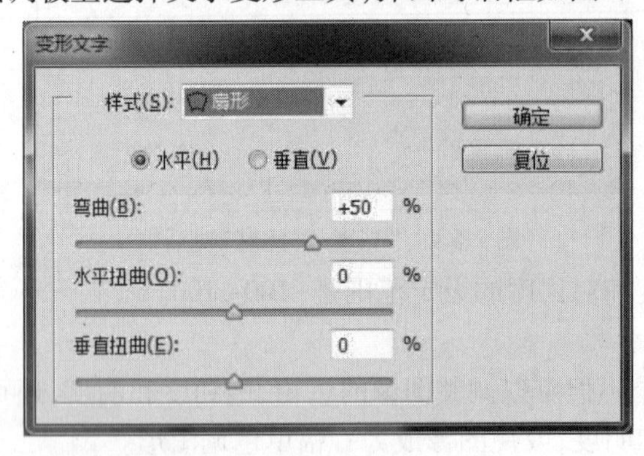

图 2.6.6 变形文字

样式:打开下拉列表可在 15 种效果中选择所需要的样式,如图 2.6.7 所示。

水平:设定弯曲的中心轴是水平方向的。

垂直:设定弯曲的中心轴是垂直方向的。

弯曲:设定文本弯曲的程度,数值越大,弯曲度越大。

水平扭曲:设定文本在水平方向产生扭曲变形的程度。

垂直扭曲:设定文本在垂直方向产生扭曲变形的程度。

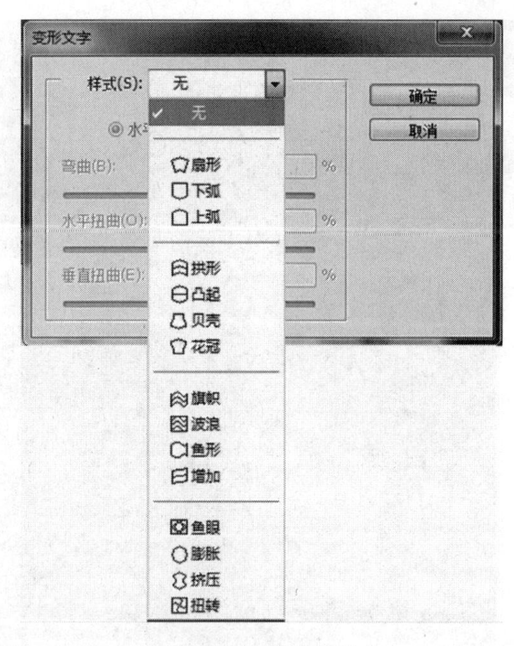

图 2.6.7　样式菜单

设定完成后,单击"确定"按钮。如果想取消变形效果,在"样式"下拉列表中选择"无"选项。

3) 变形命令

变形工具允许拖动控制点以变换图像的形状或路径等。可以使用选项栏中"变形样式"弹出菜单中的形状进行变形。"变形样式"弹出菜单中的形状也是可延展的,可拖动它们的控制点将网格再次变形,如图 2.6.8 所示。

2.6.2　实战演练——纸杯设计

1) 纸杯设计要点

(1) 品牌与健康并重

广告纸杯的设计要站在品牌建设的高度,抓住品牌表达重点,起到有效的广告宣传作用。另外,使用纸杯时,嘴唇会接触到杯口一定位置,在接近杯口处不要设计成满版色,而且色块也越小越好。

(2) 产品个性与品质并存

纸杯上的醒目企业标志是对企业最好的宣传。同时,在宣传企业形象的同时,应注意纸杯的品质。

2) 房地产公司纸杯设计

房地产公司纸杯效果如图 2.6.9 所示。

操作步骤:

①新建文件,宽度为 37 cm,高度为 32 cm,其他为默认值。

图 2.6.8　变形命令

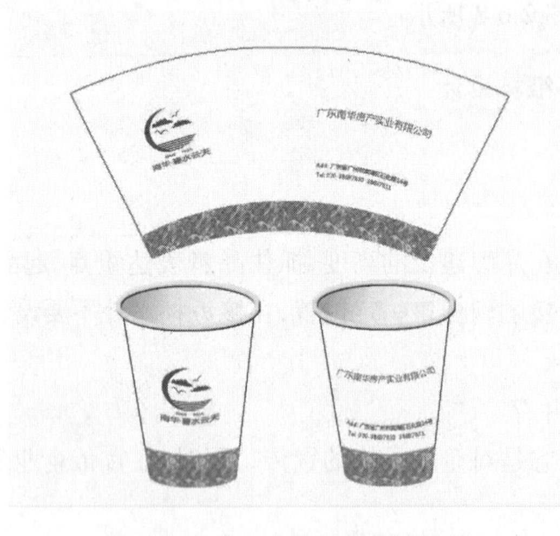

图 2.6.9　房地产公司纸杯效果图

②新建图层 1,命名为扇形,建立扇形选区,填充成白色并用灰色描边,粗细为 2 px,如图 2. 6.10 所示。

③打开纸杯背景素材文件,用矩形选框工具在合适位置处建立一个小的矩形选区,执行“编辑”→“定义图案”命令,命名为花纹,如图 2.6.11 所示。

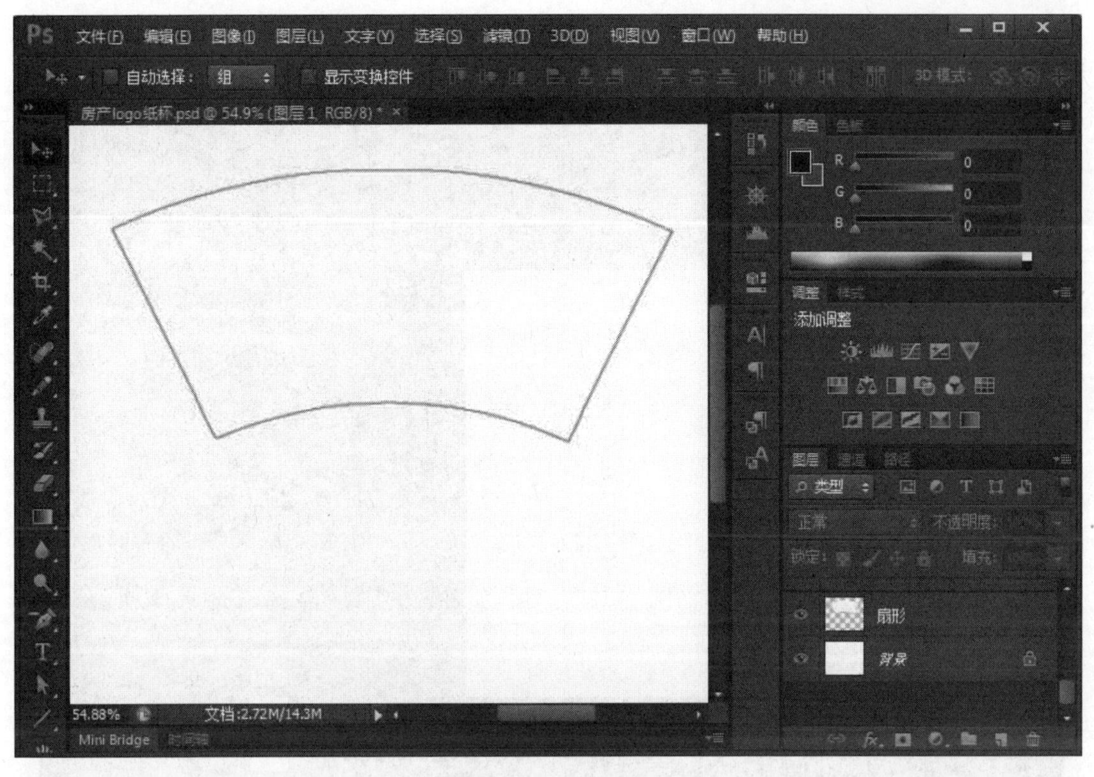

图 2.6.10 绘制扇形图形

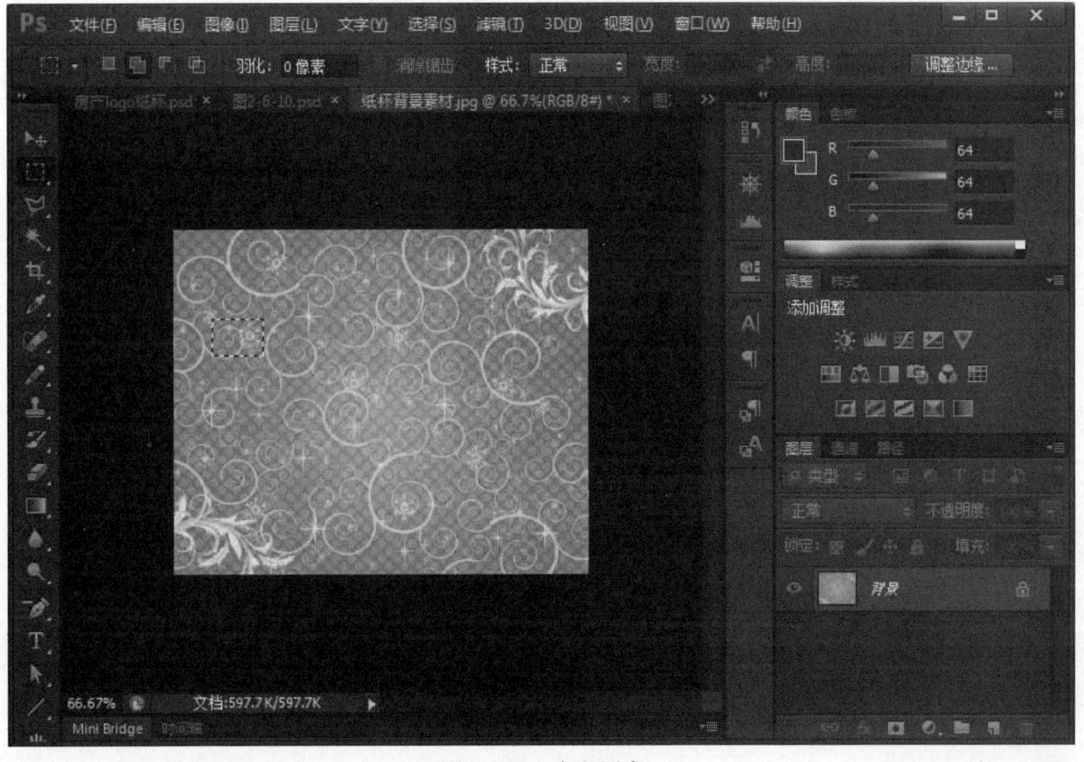

图 2.6.11 定义图案

④回到纸杯界面,新建图层,命名为花纹背景,用矩形选框工具在扇形的下面建立一个较大的矩形选框,如图 2.6.12 所示。

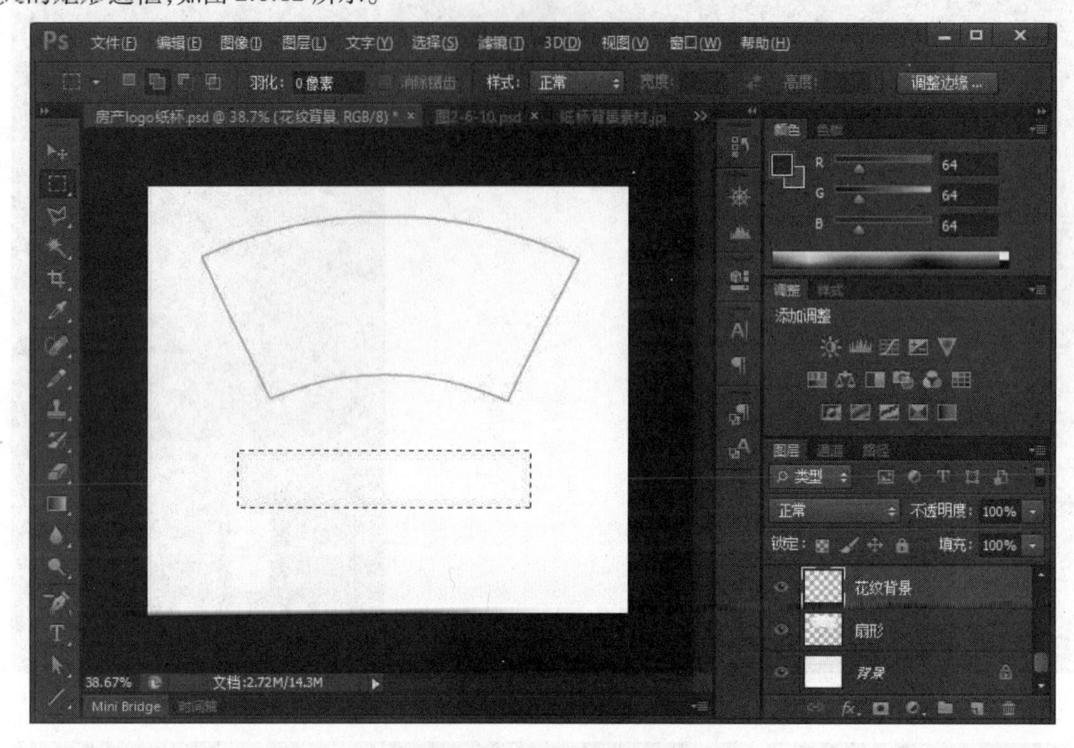

图 2.6.12 建立矩形选区

⑤执行“编辑”→“填充”命令,在弹出的对话框中选择“图案”,自定义图案中选择刚才定义的花纹图案,如图 2.6.13 所示。

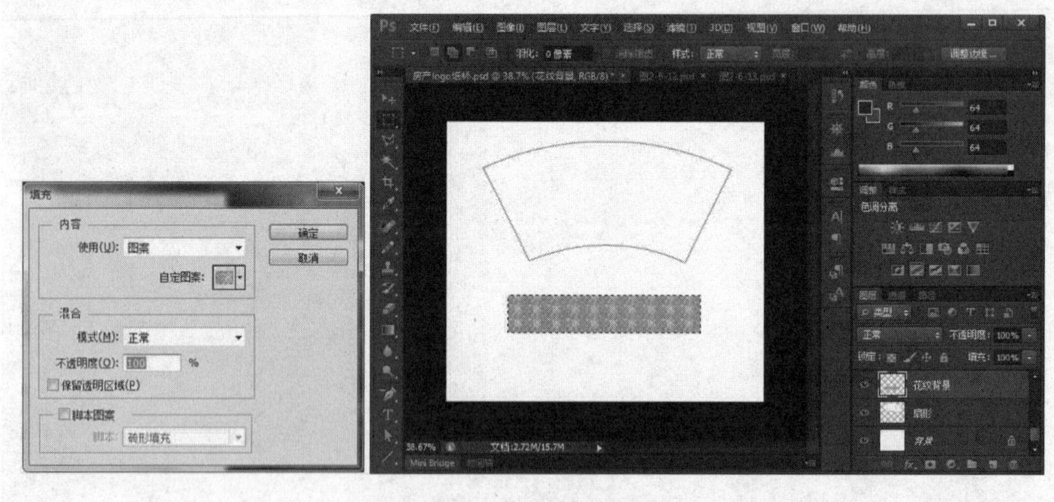

图 2.6.13 图案填充

⑥执行“编辑”→“变换”→“变形”命令,调整图形,使其有弯曲度,如图 2.6.14 所示。

⑦移动底纹背景层,让其叠加在杯身的下部,然后按下“Ctrl”键,单击杯身的缩略图,建立扇形选区,在选中花纹背景层后反选,将多余部分清除,如图 2.6.15 所示。

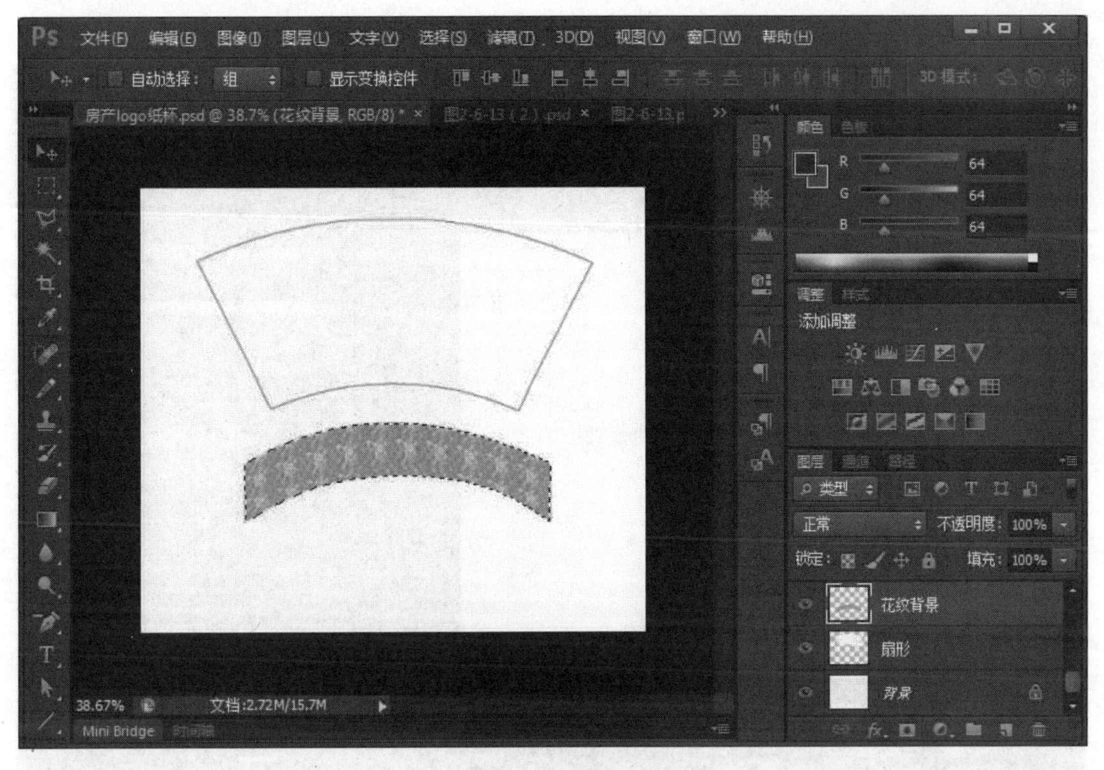

图 2.6.14　变形图案

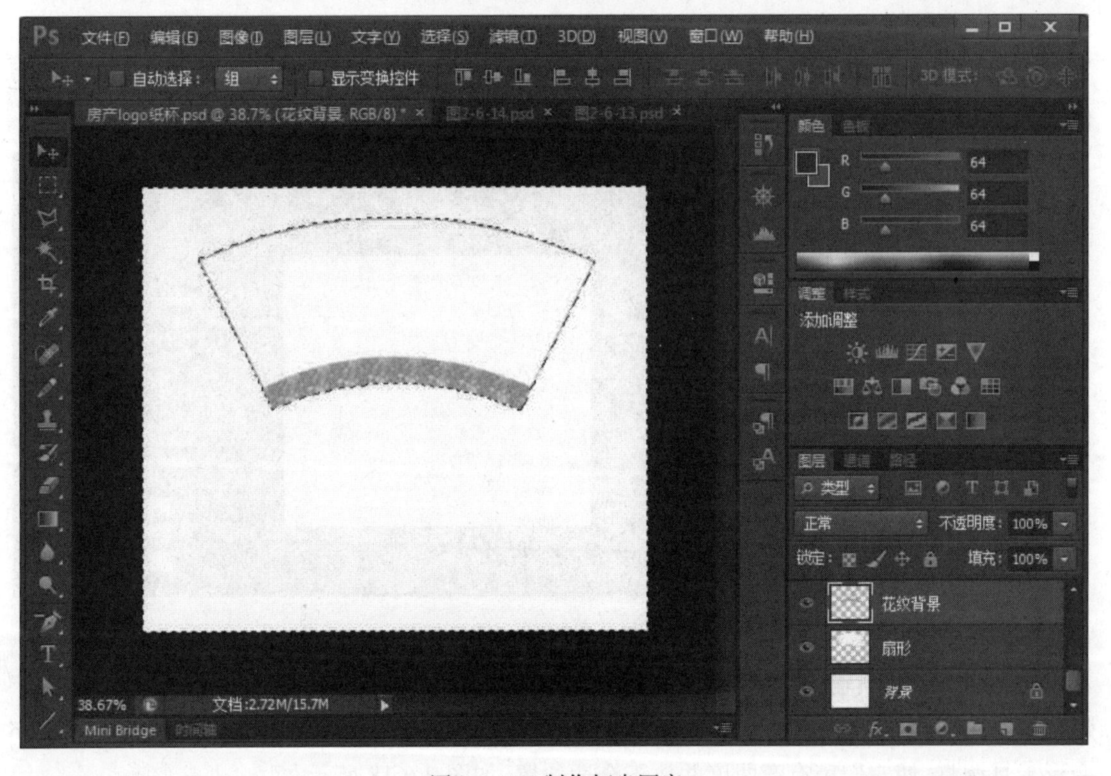

图 2.6.15　制作杯身图案

⑧将房产 Logo 图形进行复制,并调整其大小,放置于合适位置,如图 2.6.16 所示。

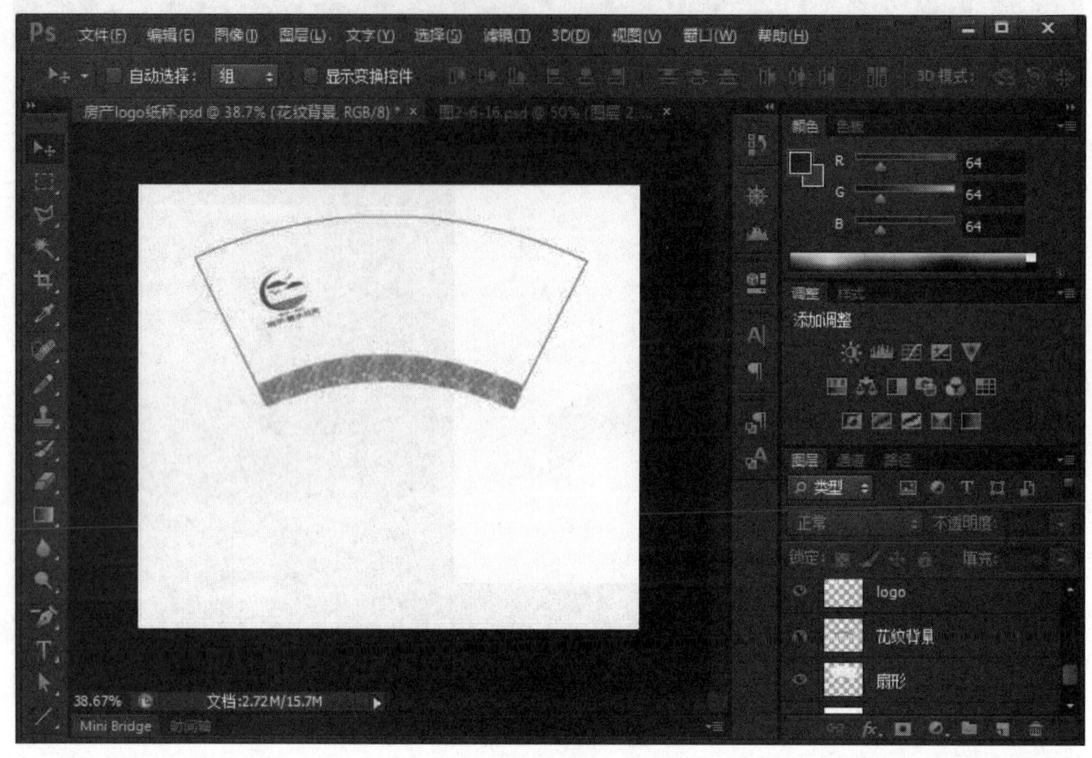

图 2.6.16 添加 Logo

⑨选中花纹背景图层,执行“图像”→“调整”→“色相”→“饱和度”命令,将其调整为绿色色调,如图 2.6.17 所示。

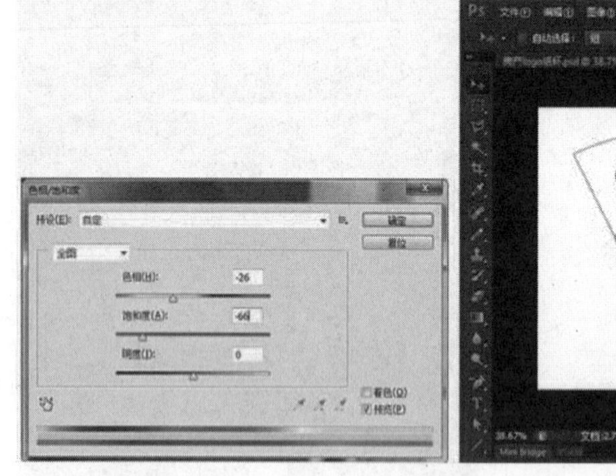
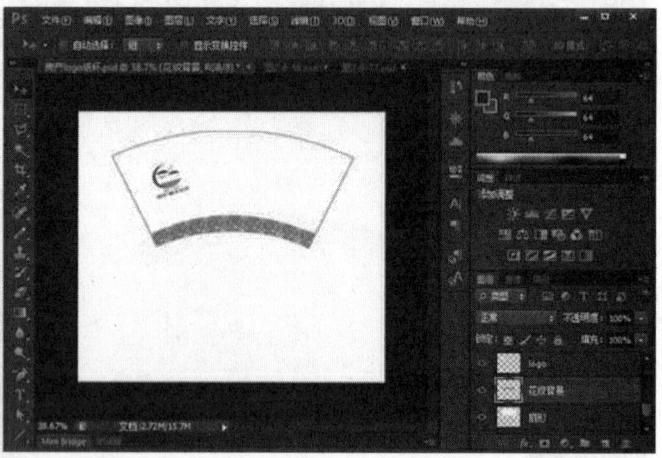

图 2.6.17 调整 Logo 图像颜色

⑩利用文字工具输入文字“广东南华房产实业有限公司”和地址电话信息“Add:广东省广州市黄埔区石化路 14 号 Tel:020-38697830　38697831”。输入完后,利用文字属性栏上文字变形工具调整,使它们稍有弯曲度并放于合适位置,如图 2.6.18 所示。

⑪新建图层,命名为杯身。在此图层上利用椭圆选区、矩形选区、渐变填充等命令绘制

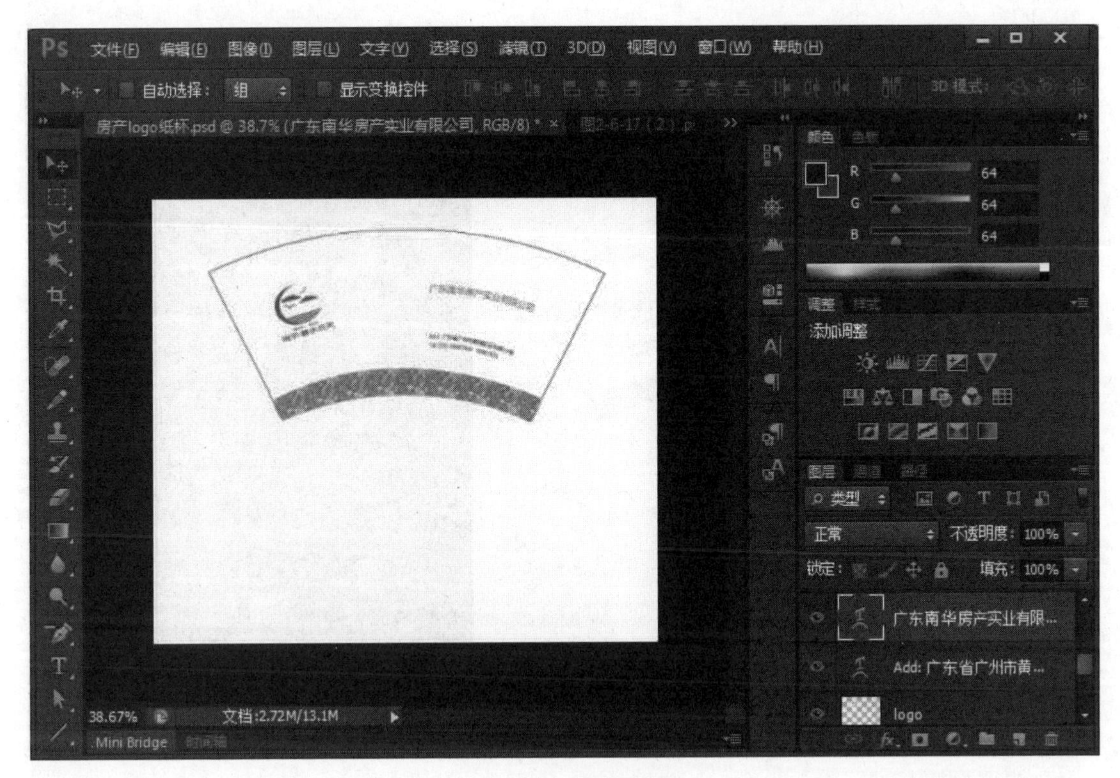

图 2.6.18　输入文字

杯身。

⑫同上面步骤，在杯身下部区域填充图案，并将底纹和杯身图层合并为一层。如图 2.6.19 所示。

⑬在图层面板上将杯身拖至新建按钮，复制一个杯身，命名为杯身背面，如图 2.6.20 所示。

⑭将文字和 Logo 图标复制，放到合适位置并做变形处理，如图 2.6.21 所示。

⑮将文件保存“纸杯.psd”。制作完成。

［能力拓展］　制作纸杯

1.制作企业宣传用纸杯效果图，如图 2.6.22 所示。

2.根据资料要求，设计制作房地产公司纸杯。

- 房地产公司纸杯设计说明：

  公司名称：华夏房产有限公司。

  电话：(029) 82391836。

- 房地产公司纸杯设计要求：

  在于产品的形状与图案的结合。要有最能表明本外观设计产品的图片或照片，即主视图。

图 2.6.19　绘制杯身

图 2.6.20　复制杯身

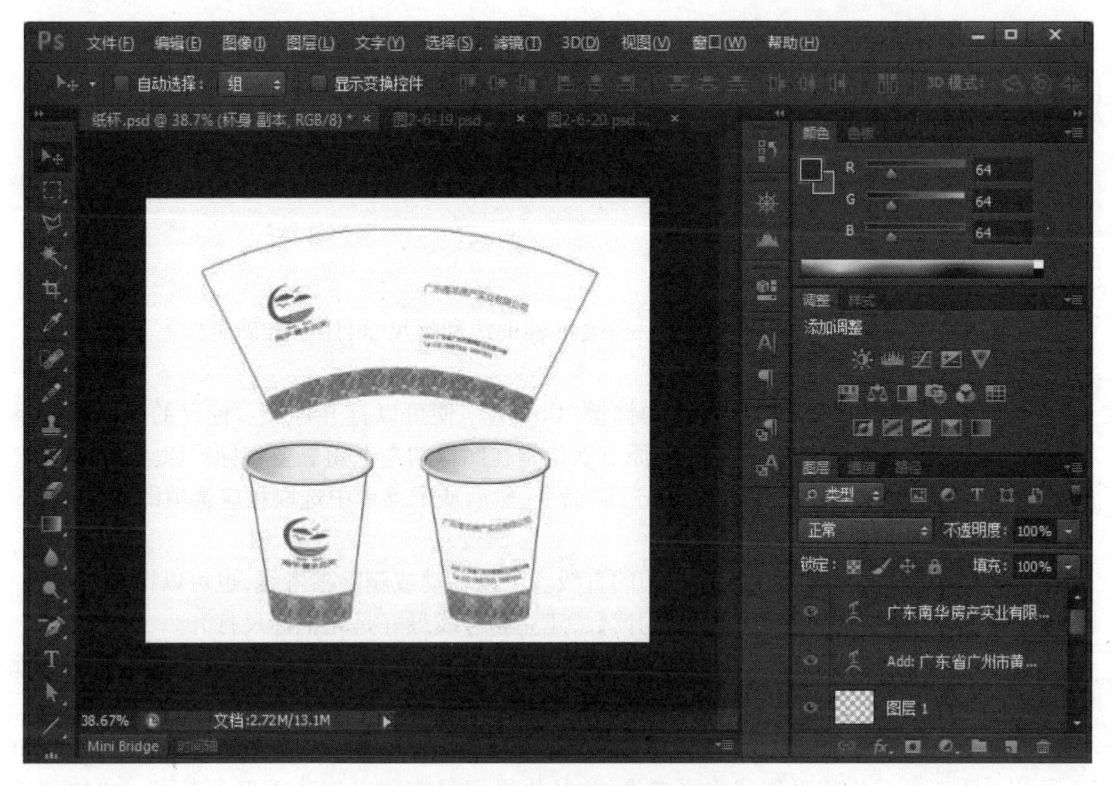

图 2.6.21　添加杯身 Logo 和文字

图 2.6.22　效果图

2.7 小礼品设计

2.7.1 知识准备

1)标尺、参考线和网格

Photoshop CS6 系统为用户提供了一整套的辅助线和标尺,可用于准确定位。

(1)标尺

执行“视图”→“标尺”命令,或按快捷键“Ctrl+R”,便可以打开标尺。标尺的水平轴和垂直轴的 0 刻度交汇点称为标尺的原点,原点默认是在图像的左上角。要将标尺原点对齐网格、切片或者文档边界,执行“视图”→“对齐到”命令,然后从子菜单中选取相应选项即可。

(2)参考线

参考线是浮在整个图像上但不打印的直线。可以移动或删除参考线,也可以锁定参考线,以免不小心移动它。为了得到最准确的读数,建立参考线最好是先把标尺打开。

创建参考线的方法:执行“视图”→“新建参考线”命令;在对话框中,选择“水平”或“垂直”方向并输入位置,然后单击“好”按钮。

还可以从水平标尺拖移以创建水平参考线;从垂直标尺拖移以创建垂直参考线。按住 Alt 键,可以从垂直标尺拖移以创建水平参考线;从水平标尺拖移以创建垂直参考线。按住 Shift 键并从水平或垂直标尺拖移以创建与标尺刻度对齐的参考线。

移动参考线的方法:选择工具箱中的移动工具将指针放置在参考线上(指针会变为双箭头),移动参考线。

锁定参考线的方法:选择“视图”→“锁定参考线”命令将参考线锁定。

删除参考线的方法:删除一条参考线,可将该参考线拖移到图像窗口之外;删除全部参考线,可选取“视图”→“清除参考线”命令。

(3)网格

网格与参考线的特性相似,也是只显示不打印的辅助线,可通过“视图”→“显示”→“网格”命令显示网格。当在屏幕(不是图像)像素内拖移时,选区、选框和工具与参考线或网格对齐,参考线移动时也与网格对齐,可以通过“视图”→“对齐到”→“网格”命令,打开或关闭此功能。网格的相关设置主要在“编辑”→“预置”中设置的。

参考线和网格的颜色、样式等都是可以改变的,选择“编辑”→“预置”→“参考线、网格和切片”命令,在弹出的“预置”对话框中进行设置即可。如果打算关掉参考线和网格,再次选择“视图”→“显示”→“网格和参考线”命令,取消前面的勾选即可。

2)图像尺寸的调整

一般情况下,当需要对扫描的图像或当前图像的大小进行调整时,可以对相关的参数进行设置。

(1)调整图像大小

利用“图像大小”命令,可以调整图像的大小、打印尺寸以及图像的分辨率。具体操作方法如下:

①打开一幅需要改变大小的图像。

②选择菜单栏中的“图像”→“图像大小”命令,弹出“图像大小”对话框,如图 2.7.1 所示。

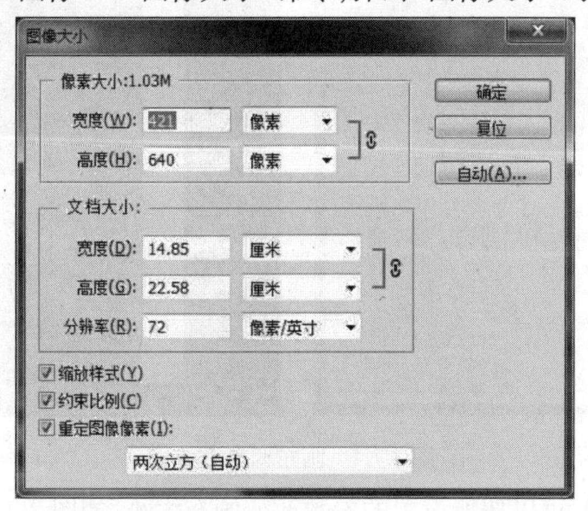

图 2.7.1　图像大小

③在“像素大小”选项区中的“宽度”与“高度”输入框中可设置图像的宽度与高度。改变像素大小后,会直接影响图像的品质、屏幕图像的大小以及打印效果。

④在“文档大小”选项区中可设置图像的打印尺寸与分辨率。默认状态下,“宽度”与“高度”被锁定,即改变“宽度”与“高度”中的任何一项,另一项都会按相应的比例改变。

⑤设置好参数后,单击“确定”按钮,即可改变图像的大小。

(2)调整画布大小

调整画布大小的具体操作方法如下:

①打开一幅需要改变画布大小的图像文件,如图 2.7.2 所示。

②选择菜单栏中的“图像”→“画布大小”命令,弹出“画布大小”对话框,如图 2.7.3 所示。

图 2.7.2　原图

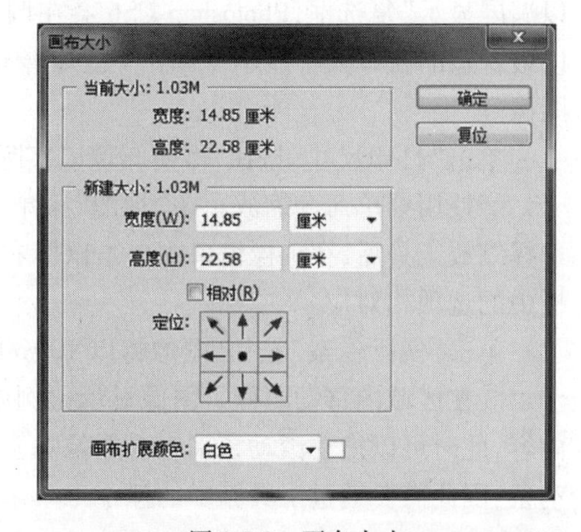

图 2.7.3　画布大小

③在“新建大小”选项区中的“宽度”与“高度”输入框中输入数值,可重新设置图像的画布大小;在“定位”选项中可选择画布的扩展或收缩方向,单击其中任何一个方向箭头,该箭头的位置可变为白色,图像就会以该位置为中心进行设置。

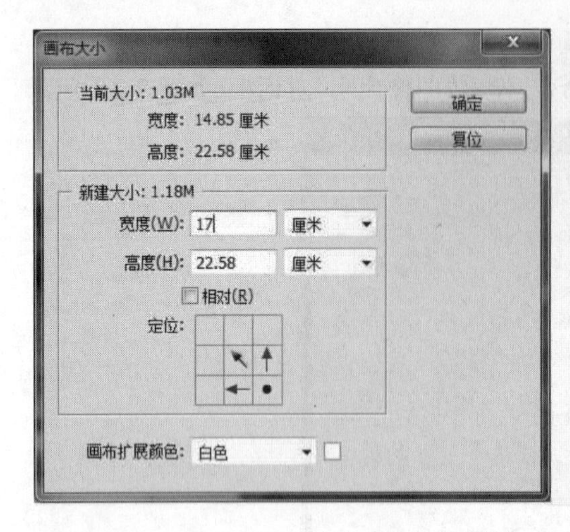

图 2.7.4　画布调整及效果

④单击“确定”按钮,可以按所设置的参数改变画布大小,如图 2.7.4 所示。

默认状态下,图像位于画布中心,画布向四周扩展或向中心收缩,画布颜色为背景色。如果希望图像位于其他位置,单击选项区中相应位置的小方块即可。

(3)图像的缩放

图像的显示比例是图像中的每个像素和屏幕上一个光点的比例关系,使用图像的缩放功能可以方便地对局部细节进行编辑。改变图像的显示比例不会影响图像的尺寸与分辨率。

缩放图像显示比例的方法很多,如使用缩放工具、抓手工具或导航器面板等以不同的缩放倍数查看图像的不同区域。

①使用缩放工具。单击工具箱中的“缩放工具”按钮,再将鼠标移至图像中,在图像中的任意处单击即可放大图像的显示比例;按住“Alt”键,单击图像则缩小图像显示比例。

选择了缩放工具后,其对应的属性栏将显示缩放工具的相关参数。选中“调整窗口大小以满屏显示”复选框,Photoshop CS6 会在调整显示比例的同时自动调整图像窗口大小,使图像以最合适的窗口大小显示。单击“适合屏幕”按钮,可在窗口中以最合适的大小和比例显示图像。

单击“打印尺寸”按钮,可使图像以实际打印的尺寸显示。

②使用菜单命令缩放。在“视图”菜单中有 5 个可用于控制图像显示比例的命令,也可在选择缩放工具后,在图像窗口中单击鼠标右键,弹出快捷菜单,其中的命令都与缩放工具属性栏中的选项相对应。

单击“实际像素”按钮,图像将以 100%的比例显示,与双击缩放工具的作用相同。

③在区域内移动图像。图像显示比例放大数倍后,在图像窗口中就只能显示某一区域的内容,此时可以拖动滚动条来查看图像的全部。但在全屏显示模式下,图像窗口有时不显示滚动条,因此需要通过工具箱中的抓手工具来移动显示图像。

2.7.2　实战演练——开瓶器的设计

1)设计要点

作为房地产开发商,如果仅仅用传统的视觉跟听觉传媒广告来推广自己的产品那是不够的。如果开发商定制一些广告促销礼品印上自己的专有 Logo,将会给客户留下深刻的印象。礼品设计可根据各类房地产开发商相对情况进行系统策划,并开发出适合于房地产开发商自己的广告促销品,一般要有房产公司 Logo 图标、公司名称、项目名称、地址等信息。

2)房产公司宣传小礼品——开瓶器的设计

开瓶器效果图,如图 2.7.5 所示。

操作步骤:

①新建文件,宽度为 15 cm,高度为 12 cm。命名为钥匙扣。

②新建图层 1,执行“视图”→“显示”→“网格”命令,打开网格,用钢笔工具绘制图形,如图 2.7.6 所示。

图 2.7.5　开瓶器效果图

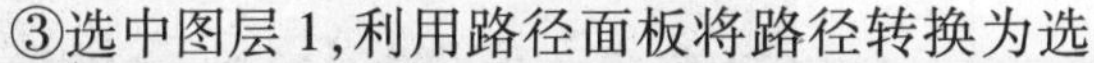

③选中图层 1,利用路径面板将路径转换为选

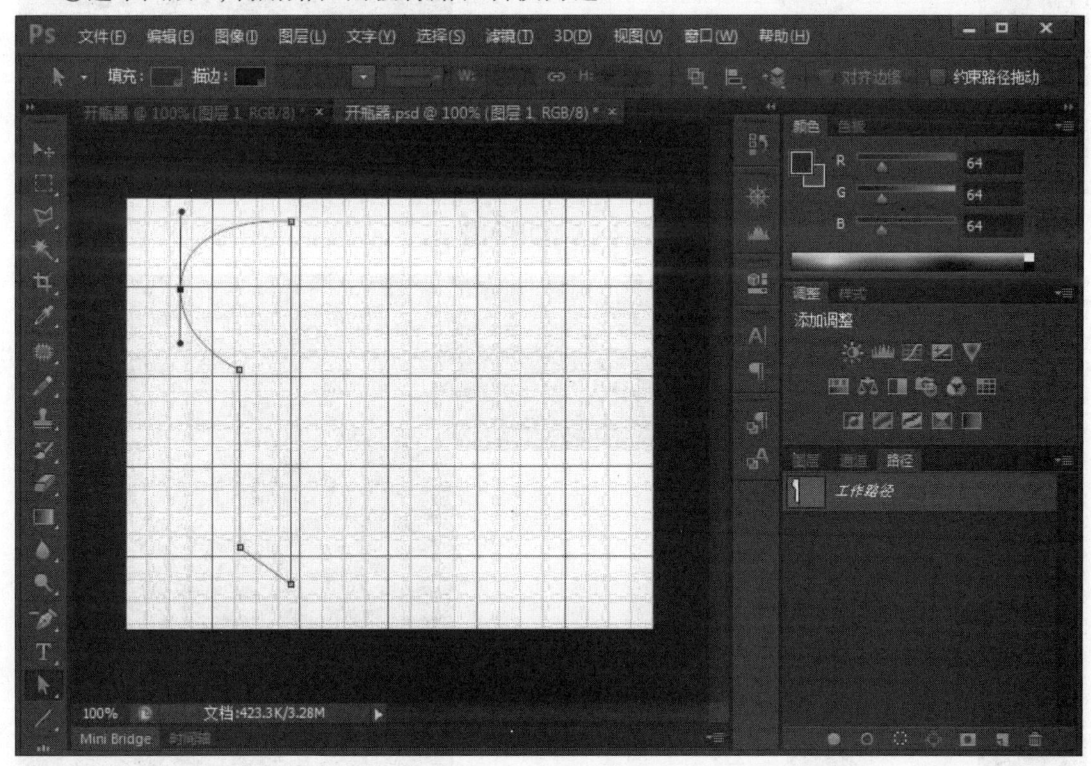

图 2.7.6　绘制路径

区,然后用蓝色填充。

④将图层 1 复制生成图层 1 副本,执行“编辑”→“变换”→“水平翻转”命令,将图层 1 副本上的图形水平翻转后用移动工具移到合适位置,如图 2.7.7 所示。

⑤将图层 1 和图层 1 副本合并,并按下“Ctrl+T”快捷键,调整大小。

⑥用椭圆选框工具,在属性栏上设置为选区相减,然后建立选区,再将选区里的内容清除,如图 2.7.8 所示。

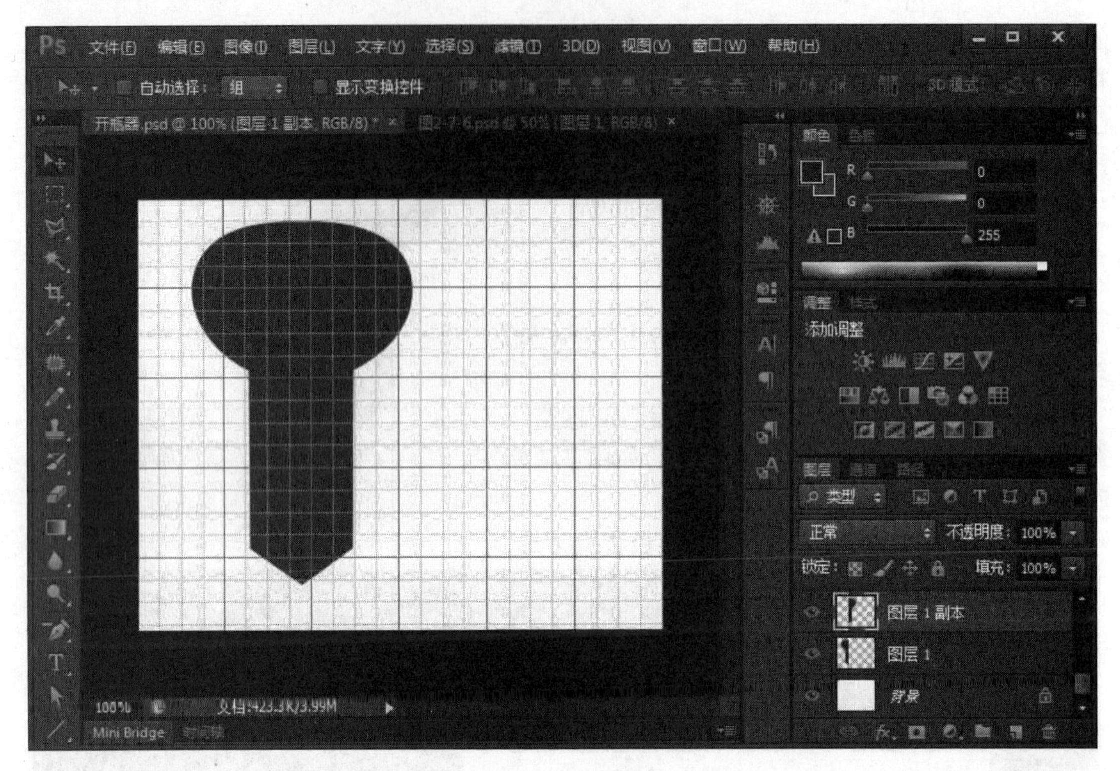

图 2.7.7　钥匙图像

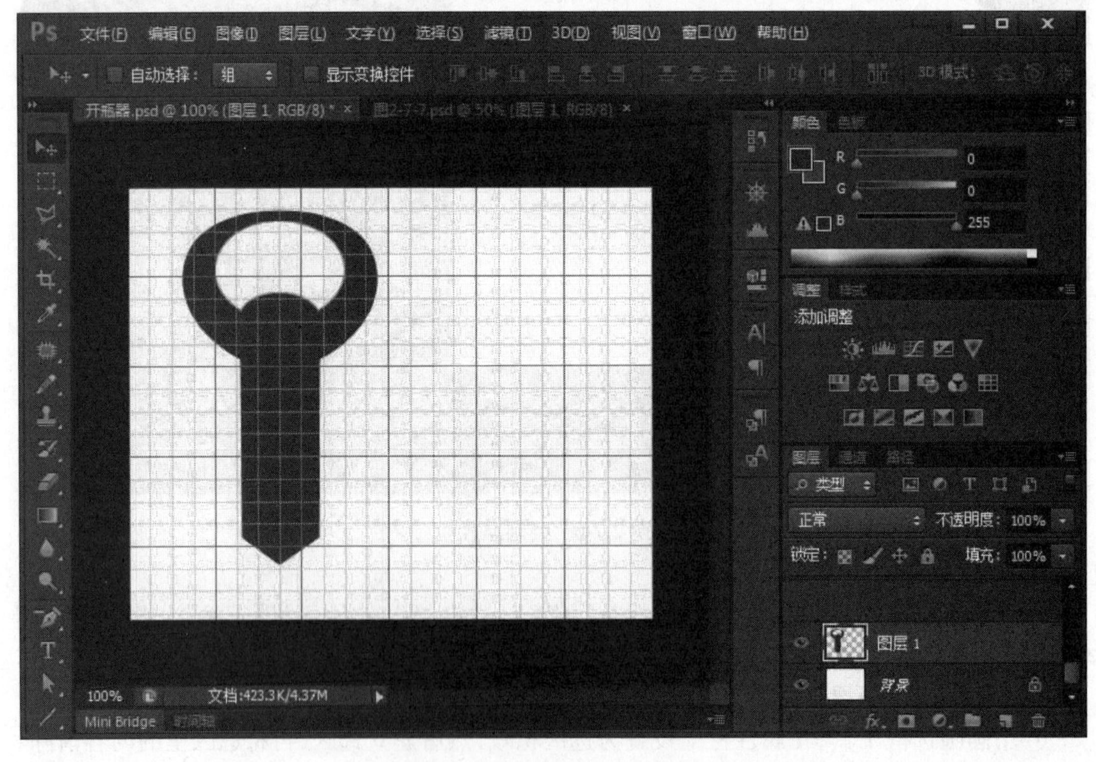

图 2.7.8　清除中间多余图像

⑦保持选区不变，然后执行“选择”→“修改”→“收缩”命令，收缩值设为 8px，新建图层 2，按下“Ctrl+Delete”键，用背景色（白色）填充。

⑧选中图层 1，然后用魔术棒工具选中中间空白区域；回到图层 2，用魔术棒工具，在属性栏上选中从选区相减，然后单击图形，建立选区；新建图层 3，在新建图层 3 上用渐变色（浅灰到深灰色）填充，填充模式为径向填充，如图 2.7.9 所示。

图 2.7.9　制作金属部分

⑨选中图层 2，单击图层面板下面的添加图层样式按钮，打开图层样式对话框，设置参数，制作金属质感效果，如图 2.7.10 所示。

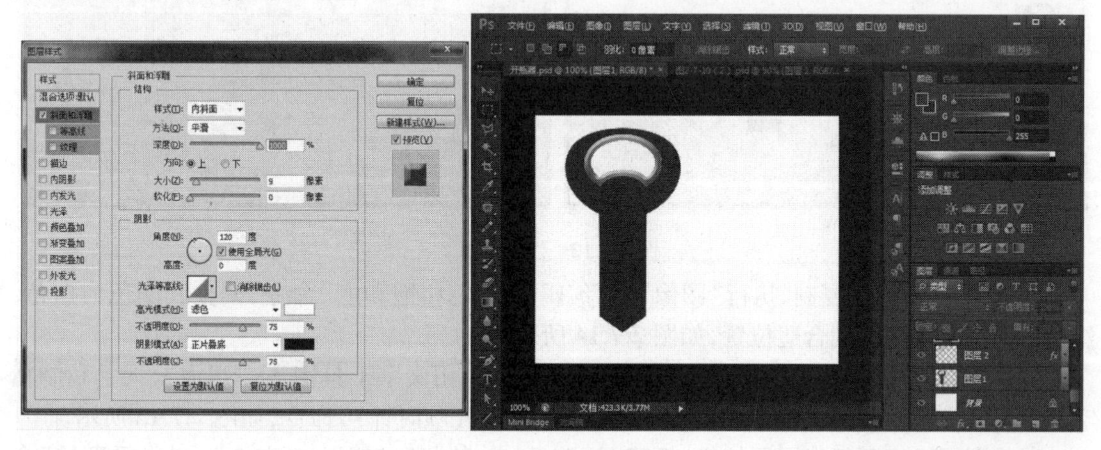

图 2.7.10　添加图层样式

⑩撤销选区后，在图层 1 上的图形右侧建立选区并用蓝色填充，如图 2.7.11 所示。

图 2.7.11　填充图像

⑪为图层 1 添加图层样式（如图 2.7.12 所示），效果如图 2.7.13 所示。

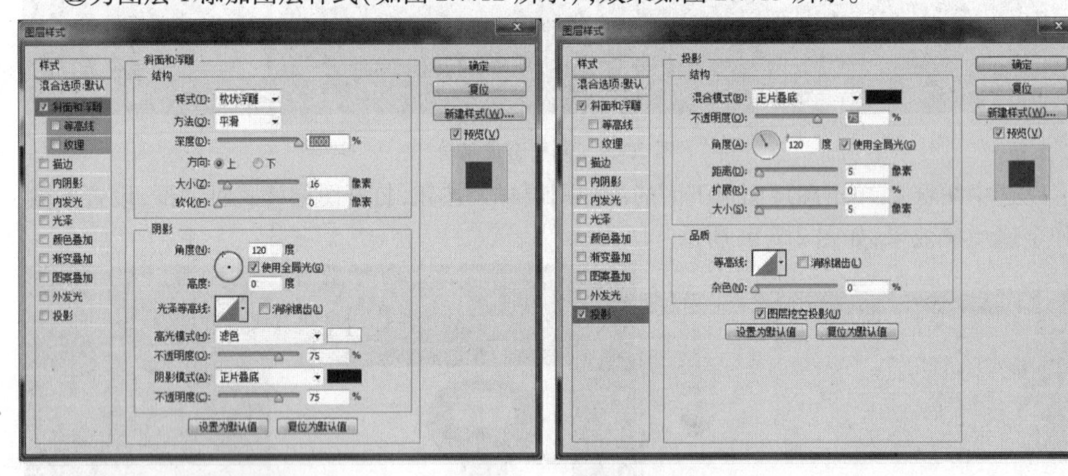

图 2.7.12　图层样式

⑫先将 Logo 图形复制，执行“图像”→“编辑”→“色相饱和度”命令，调整其颜色为白色，然后再调整大小并放到合适位置，如图 2.7.14 所示。

⑬执行“图像”→“图像旋转”→“90 度（逆时针）”，用文字工具输入：“碧海云天　私制精宅”的广告语；然后执行“图像”→“图像旋转”→“90 度（顺时针）”命令，如图 2.7.15 所示。

⑭将图层 1 拖至新建图层按钮，新建图层 1 副本，执行“编辑”→“变换”→“水平翻转”命令，用移动工具拖至合适位置；然后复制图层 2，建立图层 2 副本，将其也移到合适位置，如图 2.7.16 所示。

图 2.7.13　效果图

图 2.7.14　添加 Logo 图标

图 2.7.15 添加文字

图 2.7.16 复制图层

⑮选中图层 1 副本,执行"图像"→"调整"→"色相饱和度"命令,调整其颜色,如图 2.7.17 所示。

图 2.7.17　调整图像颜色

⑯在底部添加文字,保存文件,制作完成,效果如图 2.7.18 所示。

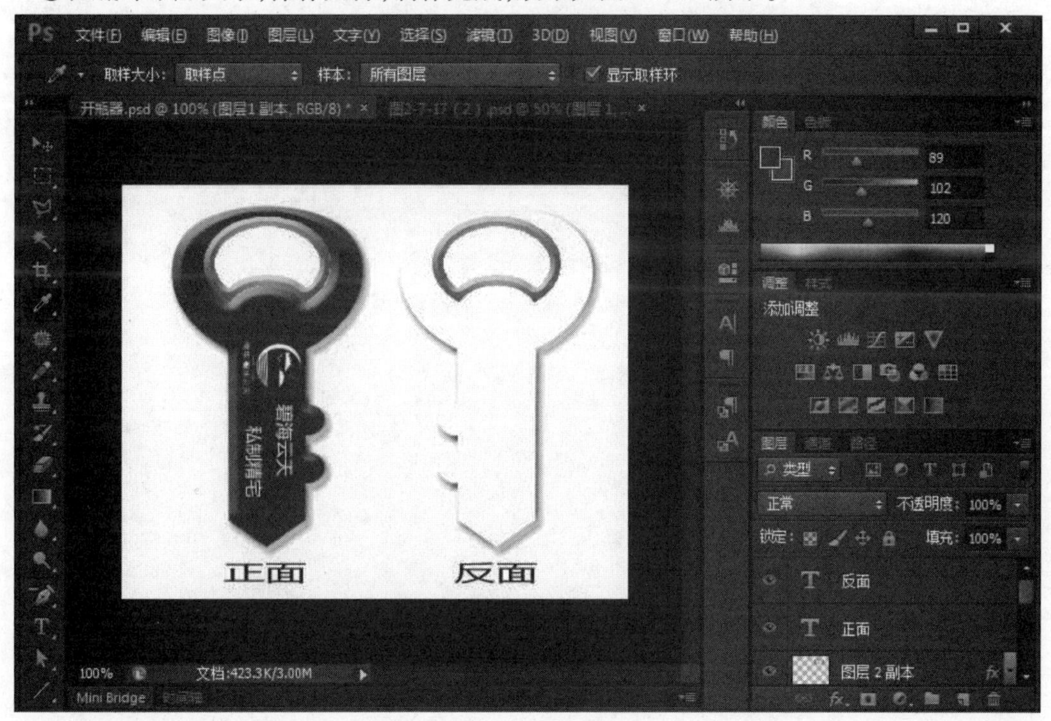

图 2.7.18　效果图

[能力拓展]　设计制作小礼品效果图

1.制作小礼品效果图,如图 2.7.19 所示。

2.根据资料要求,设计制作房地产公司小礼品。

- 房地产公司纸杯设计说明:

  公司名称:华夏房产有限公司。

  电话:(029) 82391836。

- 房地产公司礼品设计要求:

  要有最能表明本外观设计产品的图片,即主视图。

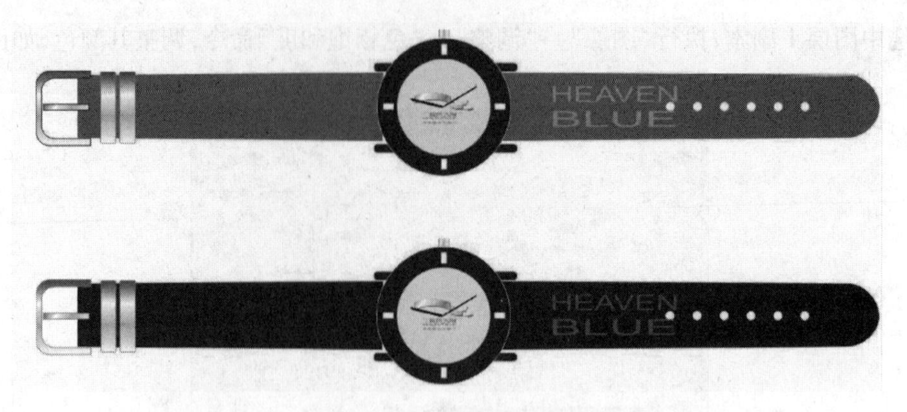

图 2.7.19　小礼品效果图

第三单元
深化形象冲击

课前导读：

本单元以房地产开发项目的“引导试销期”所涉及的广告业务，由浅入深，阶梯式展开，详细地介绍了使用 Photoshop CS6 处理图像的方法和技巧，其中包括图像色彩调整高级应用、图层的高级应用和蒙版的使用。通过本单元的学习，学员能够掌握图像色彩调整高级应用和图层的应用，为后续学习打下坚实的基础。

知识目标：

1.熟悉色彩和色调的高级应用；

2.掌握图层的使用方法；

3.熟悉图层面板使用；

4.掌握蒙版的使用方法。

能力目标：

1.能熟练调整色调；

2.能熟练使用变形图形及文字；

3.会熟练运用各种工具绘制图形；

4.能够灵活运用图层、蒙版等工具完成一定难度的设计任务。

3.1 房地产指示牌设计

3.1.1 知识准备

1) 去色

使用“去色”命令可以去掉图像中的所有颜色值，并将其转换为相同色彩模式的灰度图像。快捷键是“Ctrl+Shift+U”，效果如图 3.1.1 所示。

2) 匹配颜色

使用“匹配颜色”，可以将一个图像文件的颜色与另外一个图像文件的颜色相匹配，从而使这两张色调不同的图像自动调节成为统一协调的颜色。

(a)原图

(b)修改后

图 3.1.1　去色

打开两张图片,如图 3.1.2 所示。选择图片 1,执行“图像”→“调整”→“匹配颜色”命令,弹出对话框,如图 3.1.3 所示。

图 3.1.2　两张图片

匹配对话框设置如下:

• 目标图像:当前选中的图片的名称、图层以及颜色模式。

• 图像选项:可以通过对“亮度”“颜色强度”“渐隐”选项来调整颜色匹配的效果。

“亮度”:可以增加或减少目标图层的亮度,最大值是 200,最小值是 1。

“颜色强度”:可以调整目标图层中颜色像素值的范围,最大值是 200,最小值是 1。

“渐隐”:可以控制应用于图像的调整量。

• 中和:可以使源文件和将要进行匹配的目标文件的颜色进行自动混合,产生更加丰富的混合色。

• 图像统计:如果在源文件中建立选区并希望与选区中的颜色进行匹配,选中“使用源选区计算颜色”选项。

• 源:在下拉列表中选择需要进行匹配的目标文件。

单击“确定”按钮,得到匹配结果,如图 3.1.4 所示。

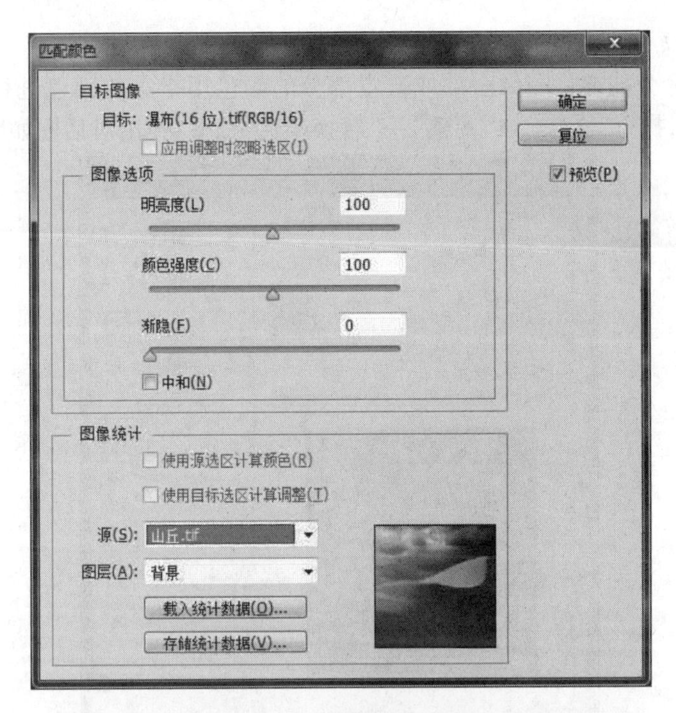

图 3.1.3　匹配颜色对话框

图 3.1.4　匹配结果

3)替换颜色

“替换颜色”命令能够将图像全部或选定部分的颜色用指定的颜色进行替换。操作方法是:打开一幅图片,执行“图像”→“调整”→“替换颜色”命令,弹出对话框如图 3.1.5 所示。

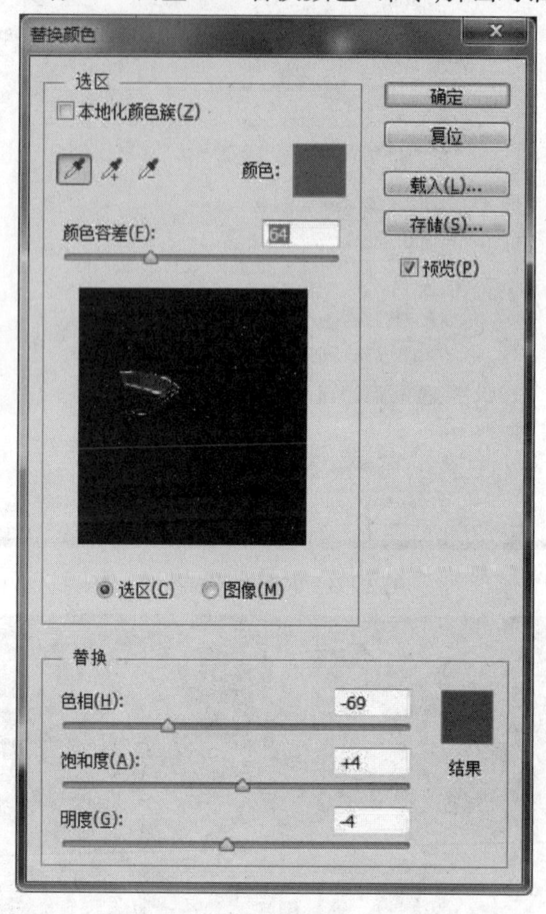

图 3.1.5　替换颜色

●吸管工具 :在图像中吸取需要替换颜色的区域,并确定需要替换的颜色, 可以连续地吸取颜色。

●颜色容差:选定颜色的选取范围,值越大,选取颜色的范围越大。

●替换:通过对色相、饱和度和明度的调整来进行图像颜色的替换。

●结果:单击该选项,在弹出“拾色器”对话框中可以选择一种颜色作为替换色,从而精确控制颜色的变化,效果如图 3.1.6 所示。

4)可选颜色

“可选颜色”命令可以对 RGB、CMYK 和灰度等色彩模式的图像进行分通道的颜色调节,以此来校正图像颜色的平衡。

执行“图像”→“调整”→“可选颜色”命令,打开对话框,如图 3.1.7 所示。

●颜色:在下拉列表中,选择所要调整的颜色通道,然后拖动下面的颜色滑块来改变颜色的组成。

●“方法”后面的“相对”选项:选中后,调整图像时将按图像总量的百分比来更改现有的

(a)原图　　　　(b)修改后

图 3.1.6　替换颜色

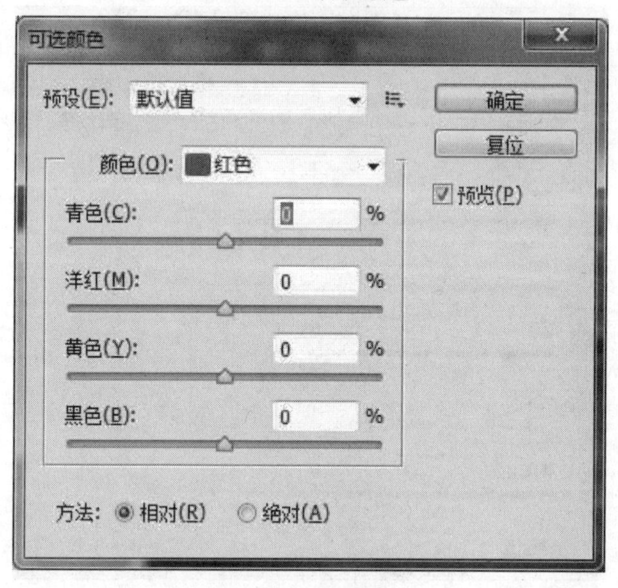

图 3.1.7　可选颜色

青色、洋红、黄色或黑色。例如，将 30%的红色减少 20%，则红色的总量为 30%×20%＝6%，结果就是红色的像素总量变为 24%。“绝对”选项：调整图像时将按绝对的调整值来特定图像颜色中增加或减少的百分比数值。例如图像中有 40%的洋红，如果增加了 20%，则增加后的洋红数值为 60%。

利用“可选颜色”命令可调整图像前后的变化，如图 3.1.8 所示。

5）通道混合器

通道混合器可以实现从细致的颜色调整到图像的基本颜色的彩色变化，但只能用于 RGB 和 CMYK 颜色模式的图像。

执行“图像”→“调整”→“通道混合器”命令，弹出对话框如图 3.1.9 所示。

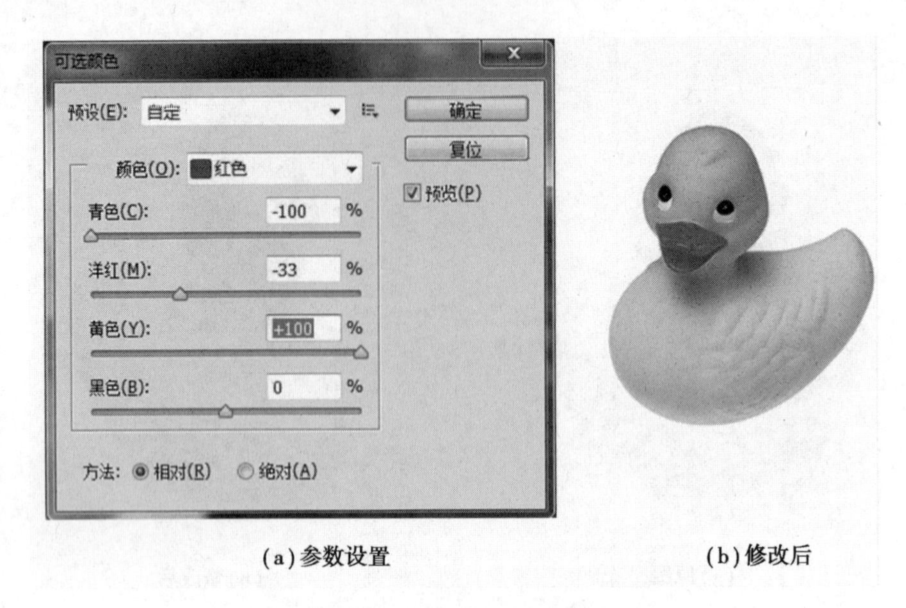

(a)参数设置 (b)修改后

图 3.1.8 "可选颜色"命令的效果

图 3.1.9 通道混合器对话框

- 输出通道:在下拉列表中选择需要调整的输出通道。
- 源通道下面的各颜色滑块:拖动各滑块,可以调整相应颜色在输出通道中所占的比例。向左拖动滑块或在对话框中输入负值,可以减少该颜色通道在输出通道中所占的比例。
- 常数:拖拽滑块,可以增加该通道的补色,即可以添加具有各种不透明度的黑色或白色通道。
- 单色:可以创建只包含灰度值的彩色图像。

通道混合器的效果如图 3.1.10 所示。

6)渐变映射

"渐变映射"命令用来将图像中相等的灰度范围映射到所设定的渐变填充色中。默认情

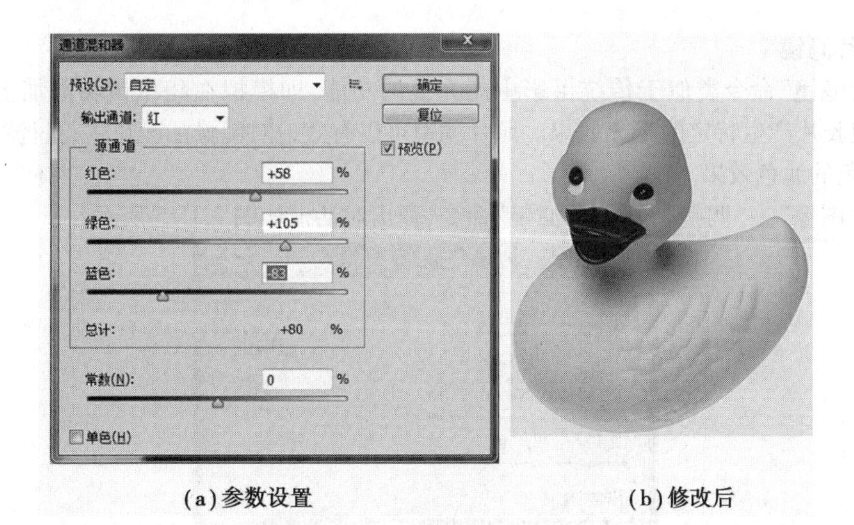

(a) 参数设置　　(b) 修改后

图 3.1.10　通道混合器的效果

况下,图像的暗调、中间调和高光分别映射到渐变填充的起始颜色、中间端点和结束颜色。

打开一幅图片,执行“图像”→“调整”→“渐变映射”命令,弹出对话框如图 3.1.11 所示。

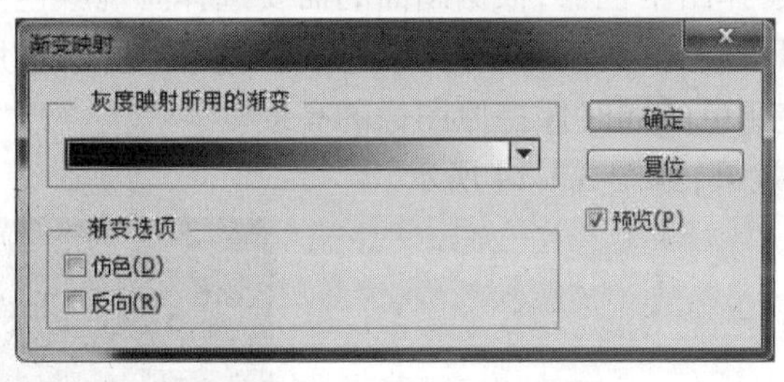

图 3.1.11　渐变映射对话框

单击渐变条右侧的三角形,打开下拉列表,选择或编辑渐变填充样式。

- 仿色:使色彩过渡更平滑。
- 反向:可以使现有的渐变色逆转方向。

使用“渐变映射”的效果如图 3.1.12 所示。

(a) 参数设置　　(b) 修改后

图 3.1.12　“渐变映射”命令的效果

7) 照片滤镜

“照片滤镜”命令类似于传统摄影中滤光镜的功能，即模拟在相机镜头前加上彩色滤光镜，从而使胶片产生特定的曝光效果。照片滤镜可以有效地对图像的颜色进行过滤，使图像产生不同颜色的滤色效果。

执行“图像”→“调整”→“照片滤镜”命令，弹出对话框如图 3.1.13 所示。

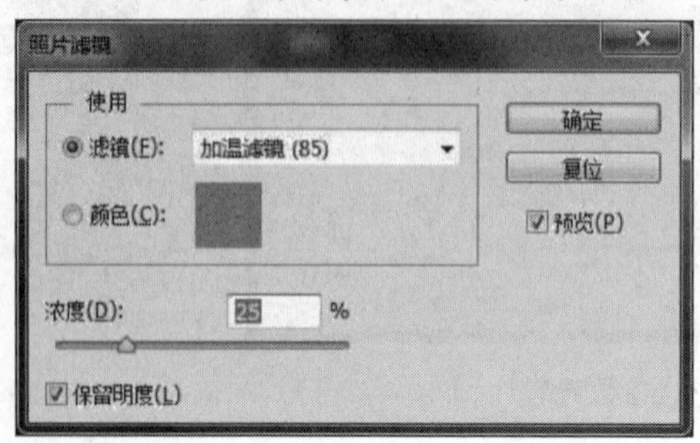

图 3.1.13　照片滤镜对话框

- 滤镜：可以在下拉列表中选取滤镜的效果。
- 颜色：点击该色块，弹出拾色器，根据画面的需要选择滤镜颜色。
- 浓度：拖动滑块以便调整应用于图像的颜色数量，数值越大，应用的颜色调整越人。
- 保留颜色：在调整颜色的同时保持原图像的亮度。

使用“照片滤镜”的效果，如图 3.1.14 所示。

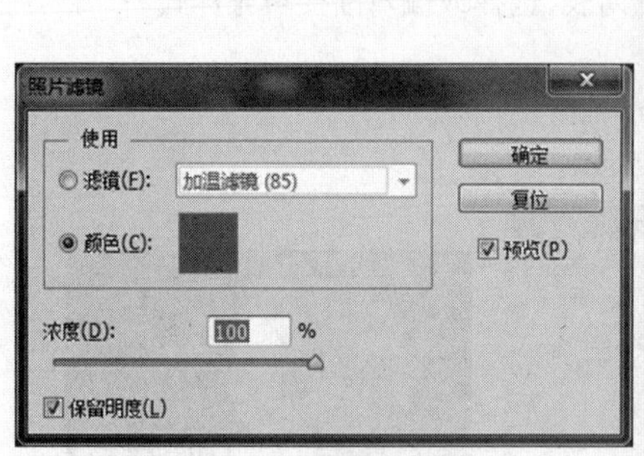

(a) 参数设置　　(b) 修改后

图 3.1.14　“照片滤镜”的效果

8) 阴影/高光

“阴影/高光”命令可以处理图片中过暗或过亮的图像，并尽量恢复其中的图像细节，保证图像的完整性。

执行“图像”→“调整”→“阴影/高光”命令，打开对话框如图 3.1.15 所示。

选择对话框中的“显示其他选项”，可以打开扩展项，如图 3.1.16 所示。

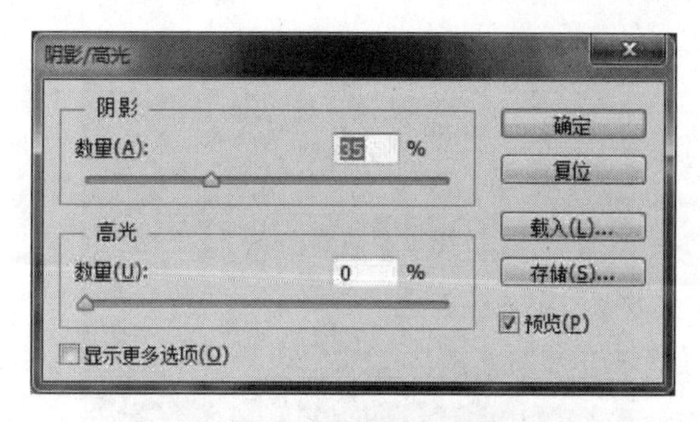

图 3.1.15　阴影高光对话框

该对话框扩展后,除了包含原有的两个基本参数外,又扩展出了多个高级参数,下面依次来讲解这些参数:

- 数量:在“暗调”和“高光”区域中拖动该滑块,可以对图像暗调或高光区域进行调整,该数值越大则调整的幅度也越大。
- 色调宽度:在“暗调”和“高光”区域中拖动该滑块,可以控制图像暗调或高光部分的修改范围,该数值越大则调整的范围也越大。
- 半径:在“暗调”和“高光”区域中拖动该滑块,可以控制每个像素周围的局部相邻像素的大小,该大小用于确定像素是在暗调还是在高光中,即确定哪些区域是暗调,哪些区域是亮调。向左移动可以指定较小的区域,向右移动可以指定较大的区域。
- 色彩校正:此选项仅适用于彩色图像。拖动滑块或在数值框中输入数值,可以对图像的颜色进行微调,数值越大则图像中的颜色饱和度越高,反之饱和度则降低。

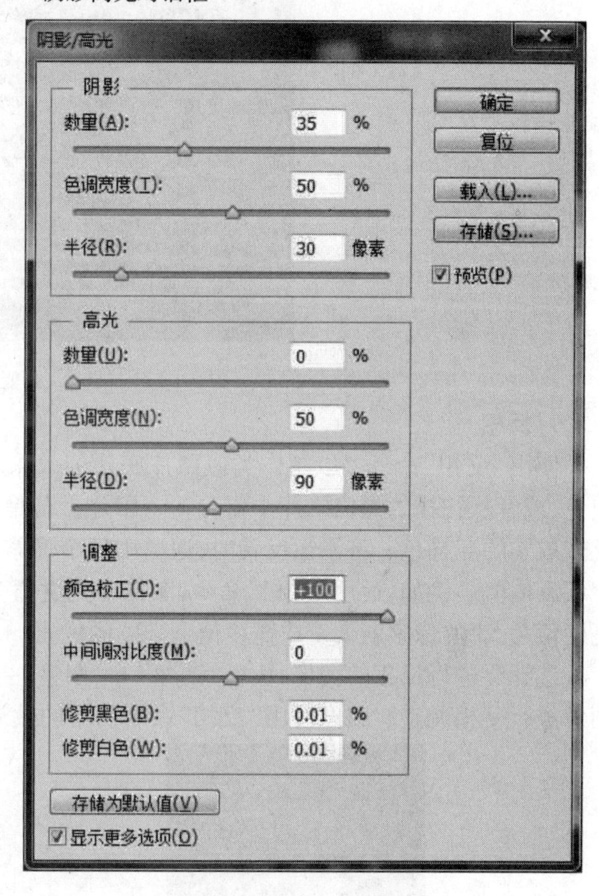

图 3.1.16　扩展项

- 中间调对比度:此选项用来调整中间调中的对比度。拖动滑块或在数值框中输入数值,调整位于暗调和高光部分之间的中间色调,使其与调整暗调和高光后的图像相匹配。
- 修剪黑色、修剪白色:在数值框中输入数值,可以确定新的暗调截止点(设置“修剪黑色”数值)和新的高光截止点(设置“修剪白色”数值),这两个数值设置得越大则图像的对比度越强。

“阴影/高光”的效果,如图 3.1.17 所示。

图 3.1.17 “阴影/高光”的效果

9)反相

使用“反相”命令可以制作类似照片底片的效果,它可以对图像进行反相,即将黑色变为白色,或者从扫描的黑白阴片中得到一个阳片。若是一幅彩色的图像,它能够将每一种颜色都反转成它的互补色。将图像反转时,通道中每个像素的亮度值都会被转换成 256 级颜色刻度上相反的值。例如,运用“反相”命令,图像中亮度值为 255 的像素会变成亮度值为 0 的像素,亮度值为 55 的像素就会变成亮度值为 200 的像素。

选择要进行反相的图像,执行“图像”→“调整”→“反相”命令,快捷键为“Ctrl+I”,即可对图像进行反相调整。图像使用“反相”命令前后的效果对比,如图 3.1.18 所示。

(a)反相前

(b)反相后

图 3.1.18 反相效果

10）色调均化

使用“色调均化”命令，可查找图像中最亮和最暗的像素，并以最暗处像素值表示黑色（或相近的颜色），以最亮处像素值表示白色，然后对图像的亮度进行色调均化。当扫描的图像显得比原稿暗且要平衡这些值以产生较亮的图像时，使用此命令，能够清楚地显示亮度的前后比较结果。

打开需要调整的图像，执行“图像”→“调整”→“色调均化”命令，将自动对原始图像中像素的亮度值进行调整，如图 3.1.19 所示。

（a）原图

（b）修改后

图 3.1.19　色调均化效果

11）阈值

使用“阈值”命令，可以将一幅灰度或彩色图像转换为高对比度的黑白图像。使用该命令可以制作黑白风格的图像效果，它能将一定的色阶指定为阈值，所有比该阈值亮的像素都会被转换成白色，所有比该阈值暗的像素都会被转换成黑色。

打开需要调整的图像，执行“图像”→“调整”→“阈值”命令，弹出对话框如图 3.1.20 所示。

通过设置“阈值色阶”参数，可以使图像转换为高对比度的黑白图像。

12）色调分离

“色调分离”命令可以定义色阶的多少。在灰阶图像中可以用此命令来减少灰阶数量。

打开一幅图片，执行“图像”→“调整”→“色调分离”命令，弹出对话框如图 3.1.21 所示。

图 3.1.20　阈值

图 3.1.21　色调分离

“色阶”数值框中的数值确定了颜色的色调等级，数值越大，颜色过渡越细腻；数值越小，图像的色块效果越明显，如图 3.1.22 所示。

(a)原图

(b)设置“色阶”为2时的效果

(c)设置“色阶”为5时的效果

(d)设置“色阶”为8时的效果

图 3.1.22 色调分离效果

13)变化

利用变化命令可以非常直观地调整图像的颜色、对比度和饱和度。执行“图像”→“调整”→“变化”命令,弹出对话框如图 3.1.23 所示。

- 当前挑选:对话框左上方的两个缩略图代表原图像和调整后的图像状态,单击“原稿”缩略图可以将图像恢复至调整前的状态。
- 暗调、中间色调、高光:选择对应的选项,可以分别调整图像的暗调、中间色调、高光区域的色相和亮度。将三角形拖向“精细”,表示调整的程度较小;拖向“粗糙”,表示调整的程度较大。
- 饱和度;选择该选项,在对话框左下方显示 3 个缩略图。单击“低饱和度”或“饱和度更高”缩略图可以使图像饱和度降低或提高饱和度。

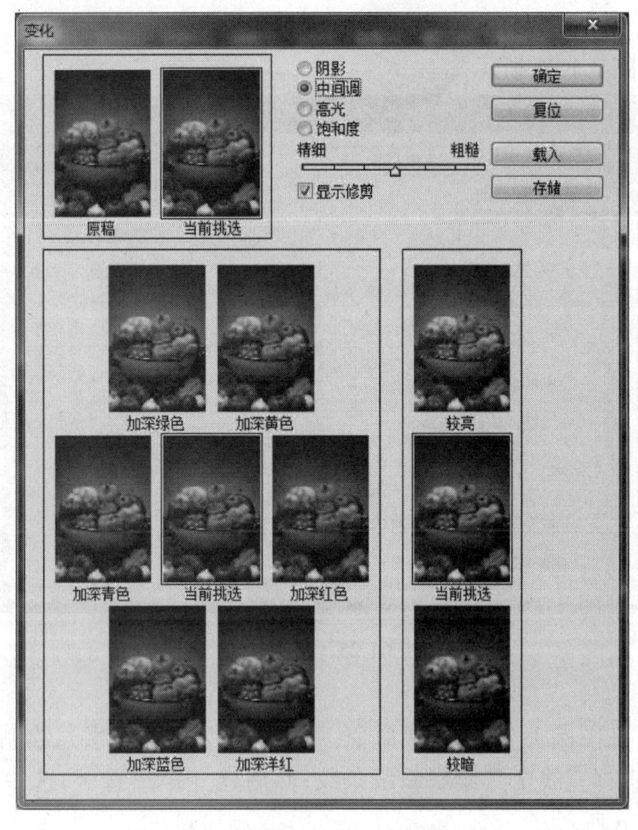

图 3.1.23　变化对话框

• 较亮、当前挑选、较暗：只有在选择“暗调、中间色调或高光”3 个选项之一时，该区域才会被激活，分别单击“较亮”“较暗”两个缩略图，可以增亮、加暗图像。

• 缩调整色相：对话框中有 7 个缩略图，中间的“当前挑选”和对话框左上方的“当前挑选”缩略图的作用是一样的。另外 6 个缩略图分别可以用来改变图像的 RGB 和 CMYK 6 种颜色。单击其中任一缩略图，都可以增加与该略图对应的颜色。

3.1.2　实战演练——指示牌设计

1）指示牌设计要点

指示牌的设计技巧很多，概括说来要注意以下几点：

• 保持视觉平衡，讲究线条的流畅，使整体形状美观；

• 用反差、对比或边框等强调主题；

• 选择恰当的字体；

• 注意留白，给人想象空间；

• 色彩的搭配要得当。

2）房地产指示牌设计

房地产指示牌效果如图 3.1.24 所示。

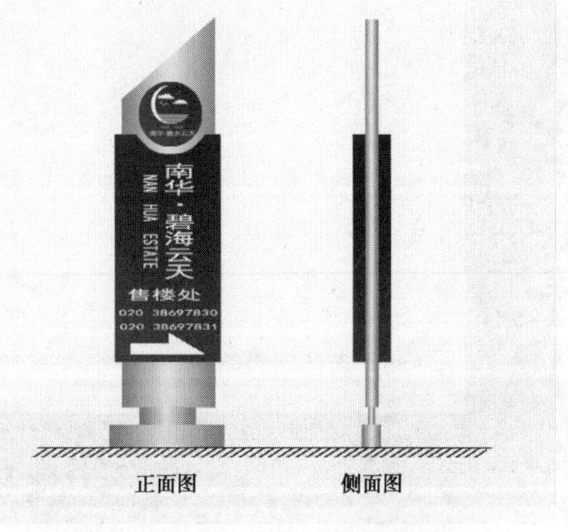

图 3.1.24　房地产指示牌效果图

操作步骤：

①新建文件,如图 3.1.25 所示。

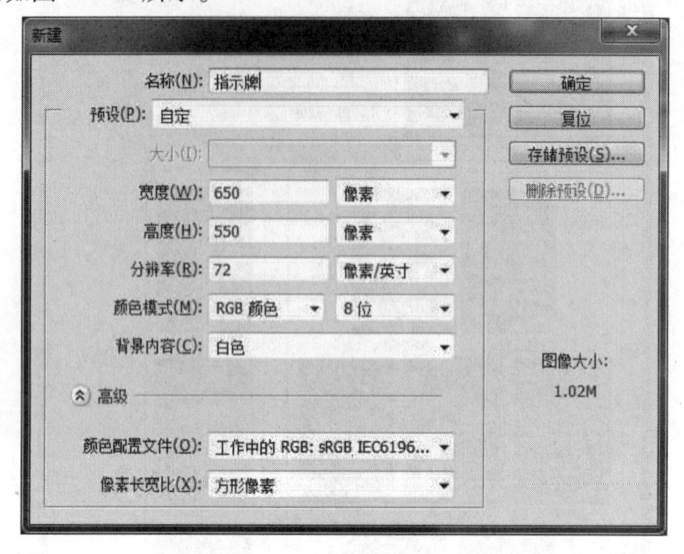

图 3.1.25　新建文件

②新建图层 1。在图层 1 上,用直线命令(属性设置为填充像素),绘制地平线。

③新建图层 2,选择直线工具绘制斜线条纹;然后建立矩形选区,选中条纹,反选后,清除多余部分,如图 3.1.26 所示。

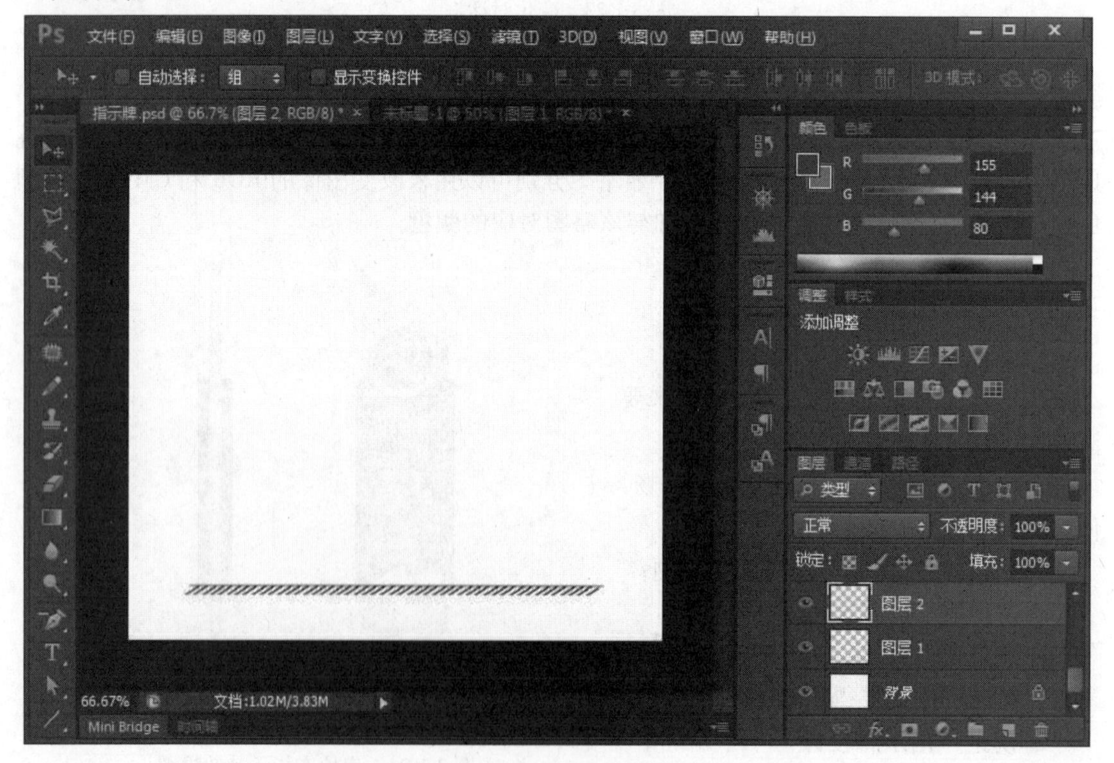

图 3.1.26　绘制地面

④新建3个图层,在不同图层上建立选区,填充渐变色(灰色到白色到灰色),用线性渐变填充选框,如图3.1.27所示。

图3.1.27　绘制图形

⑤新建图层,在其上建立矩形,填充渐变色,填充色设置为(#860973,#ca22ac),如图3.1.28所示。

⑥新建图层,在图层上建立正圆选区,用渐变色填充,如图3.1.29所示。

⑦执行“选择”→“修改”→“扩展”命令,将选区扩展8个像素,然后选择矩形所在图层,清除选中的区域内容,如图3.1.30所示。

⑧再次调节矩形大小,如图3.1.31所示。

⑨复制Logo图形,用“图像”→“调整”→“色饱和度”命令将其调整成白色;调整该层顺序使其在最上层,如图3.1.32所示。

⑩选择直排文字工具,设置颜色为白色,输入文字“南华·碧海云天”“售楼处”及电话等信息,并用移动工具调整至合适位置。接着将图层合并为背景图层、图层1(地平线)和图层2(指示牌),如图3.1.33所示。

⑪新建图层3,选择自定义形状工具,属性栏上设置为填充像素,形状选择为实心的箭头,在新建图层3上绘制图形,如图3.1.34所示。

⑫利用矩形选框工具选中箭头图形的一半,然后将其余部分清除,如图3.1.35所示。

⑬新建图层4,用矩形选区工具建立选区,如图3.1.36所示。

⑭在图层4上矩形选区中填充渐变色(线性渐变),填充色设置为(#860973,#ca22ac),如图3.1.37所示。

⑮新建图层5,在新建图层5上建立矩形选框,用灰色→白色→灰色的渐变色填充,如图3.1.38所示。

图 3.1.28　填充图形

图 3.1.29　绘制圆形并填充

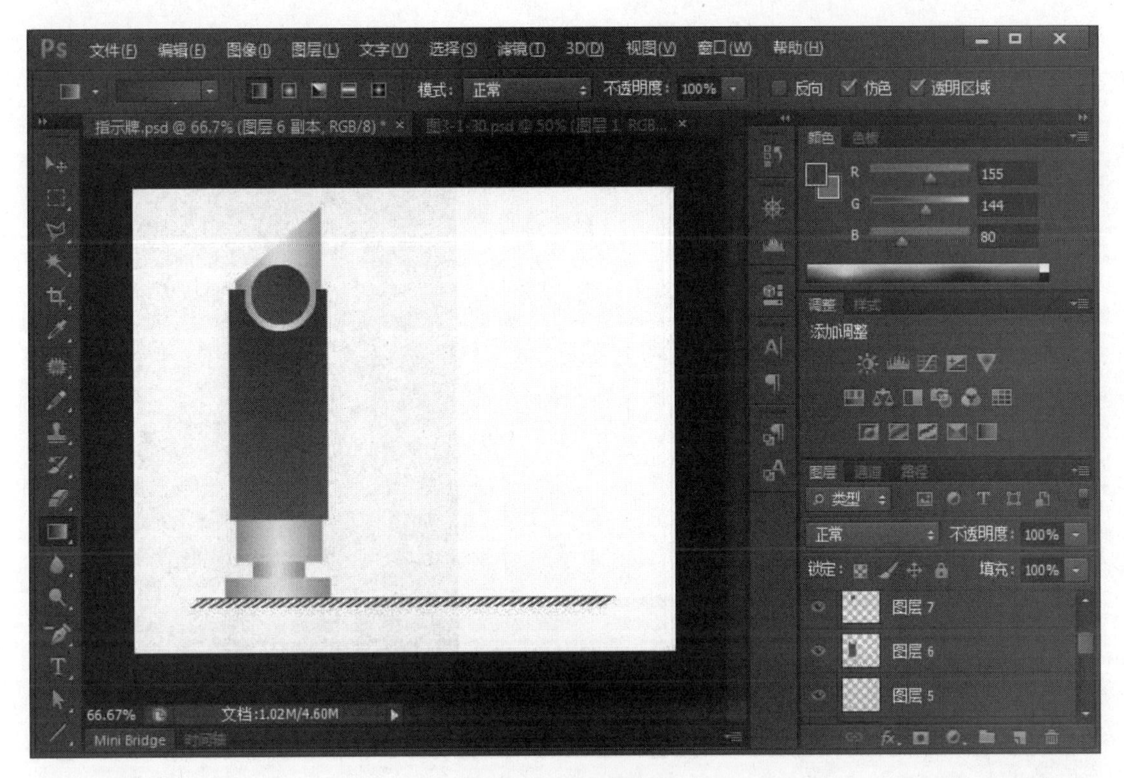

图 3.1.30　清除图像

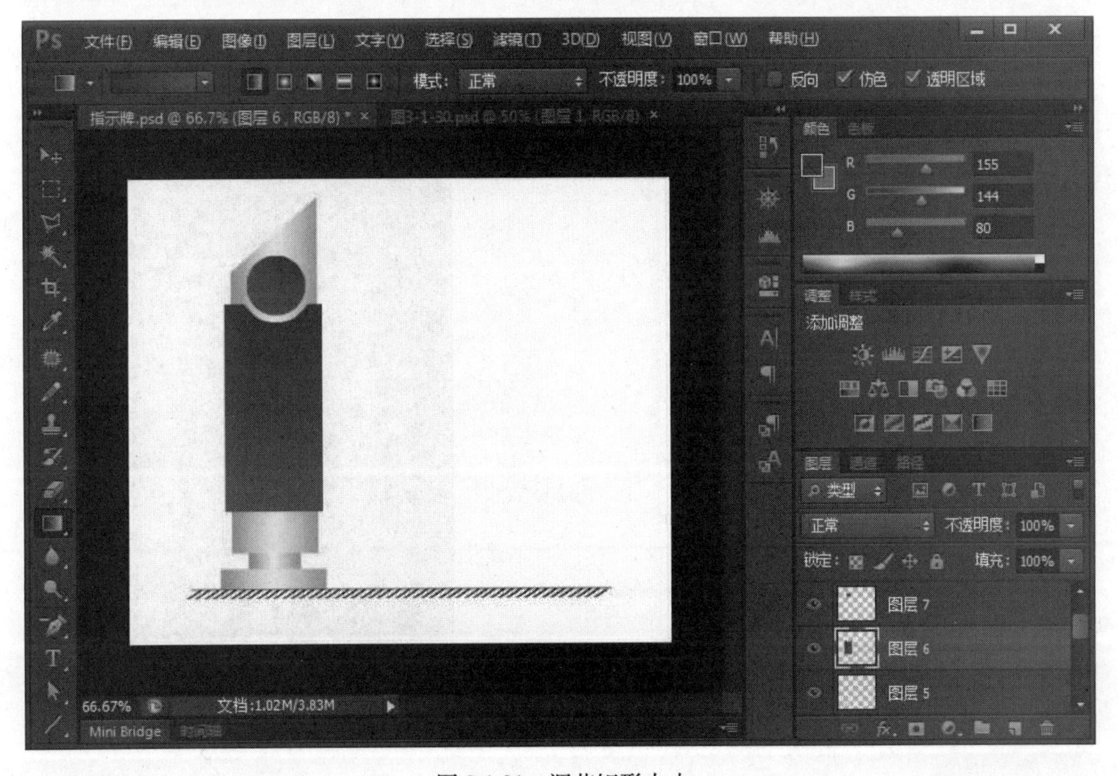

图 3.1.31　调节矩形大小

图 3.1.32　添加 Logo 图标

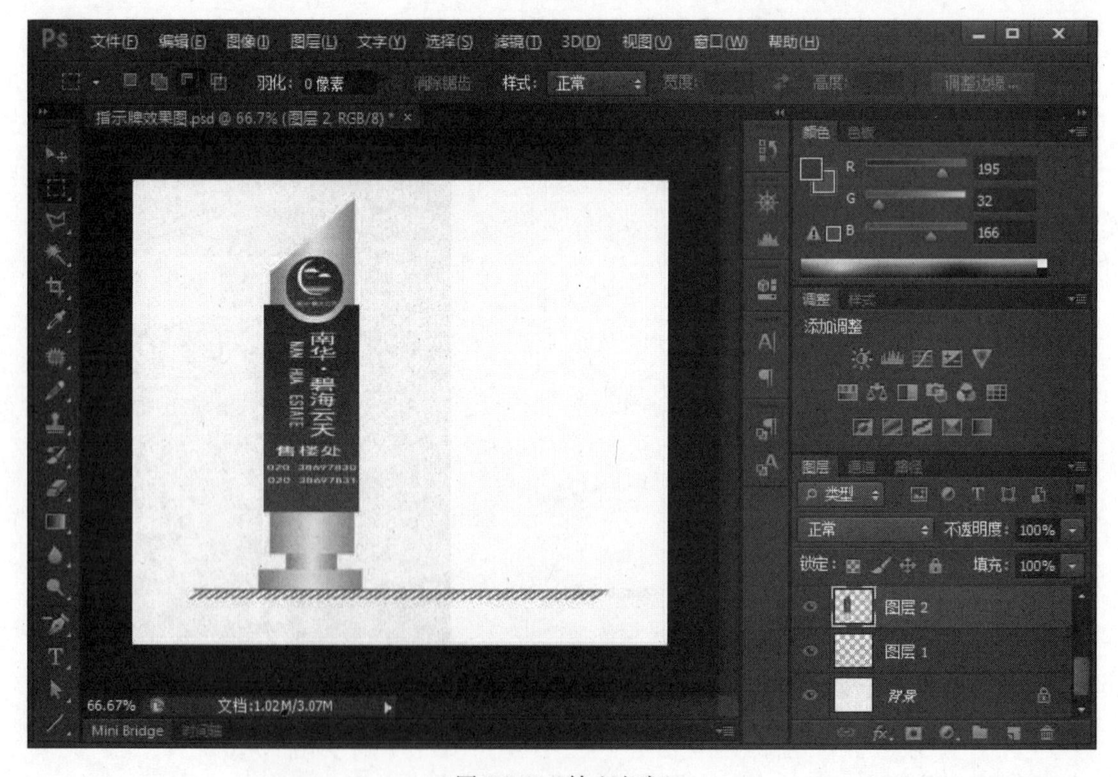

图 3.1.33　输入文字

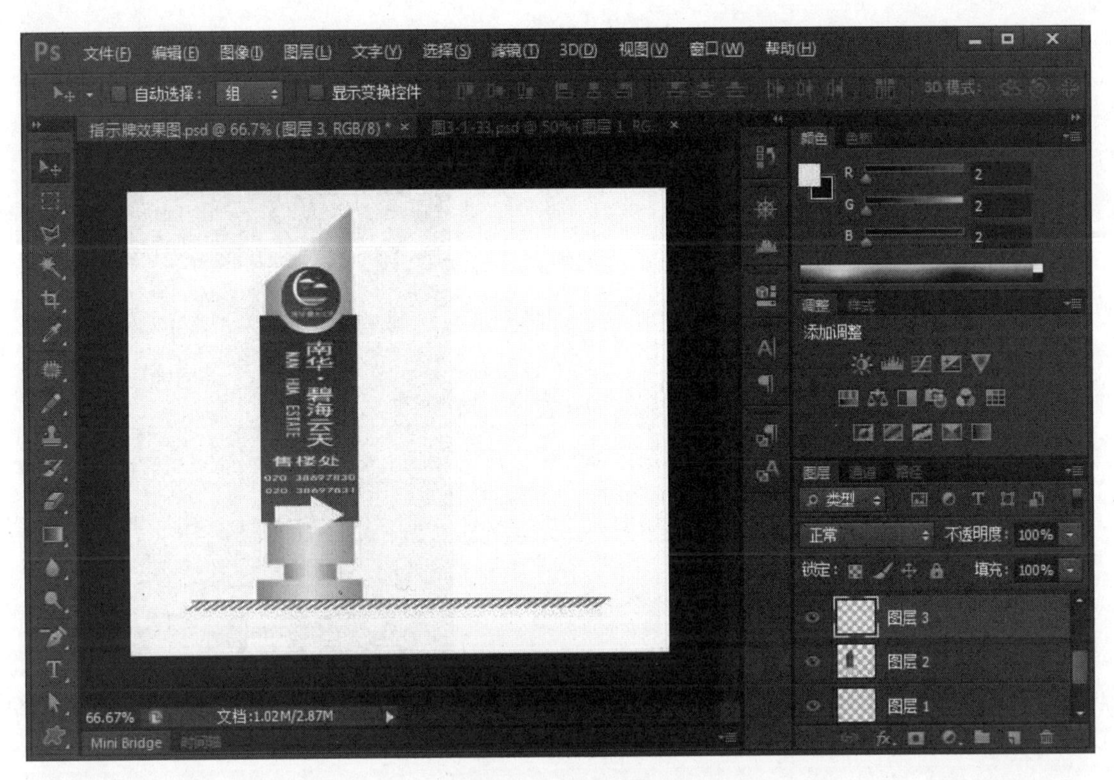

图 3.1.34　绘制箭头

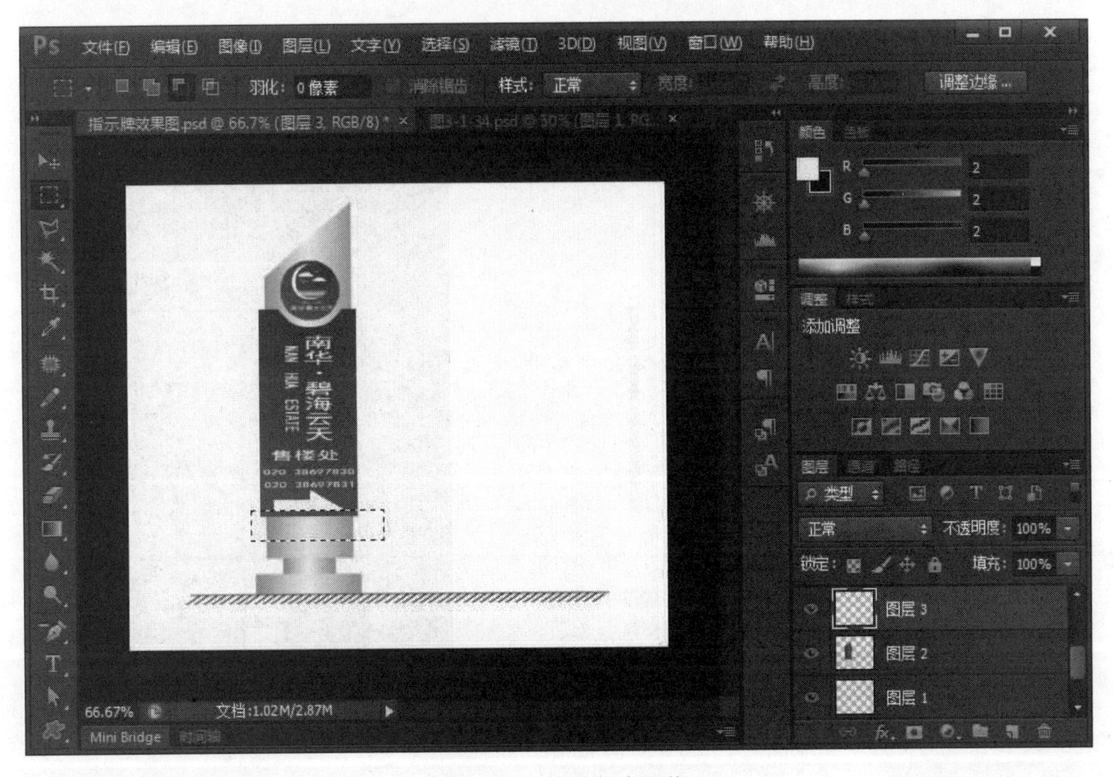

图 3.1.35　清除多余图像

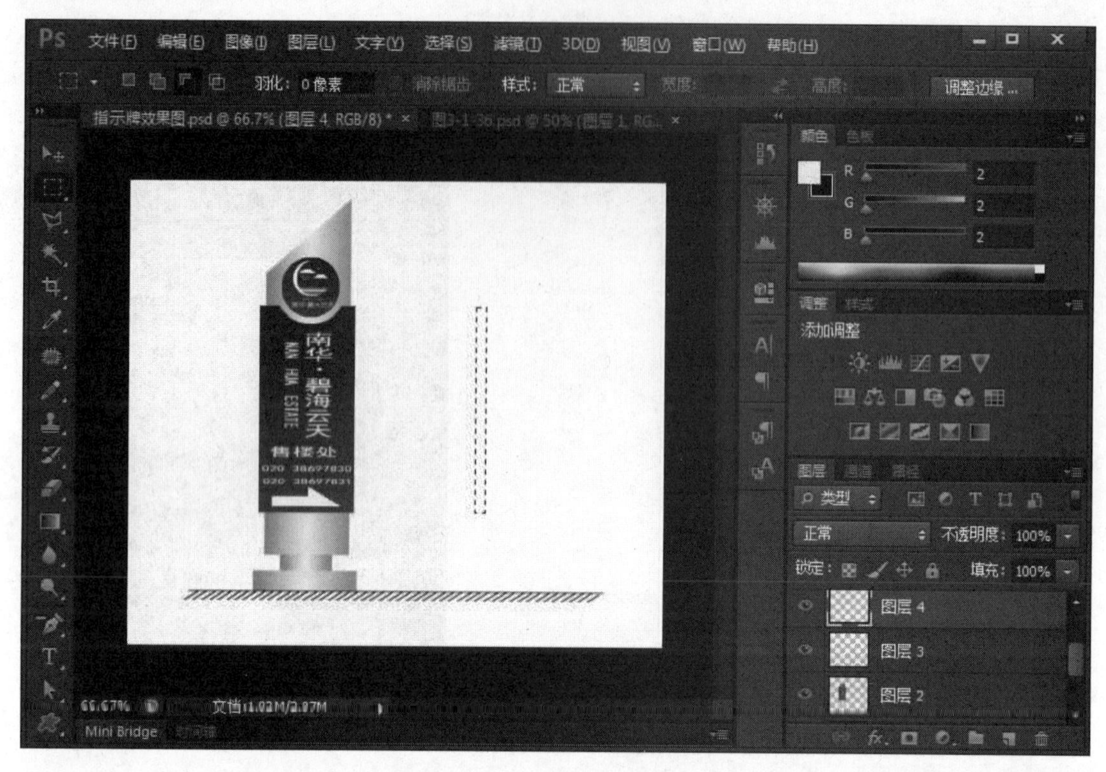

图 3.1.36　建立矩形选区

图 3.1.37　复制图像

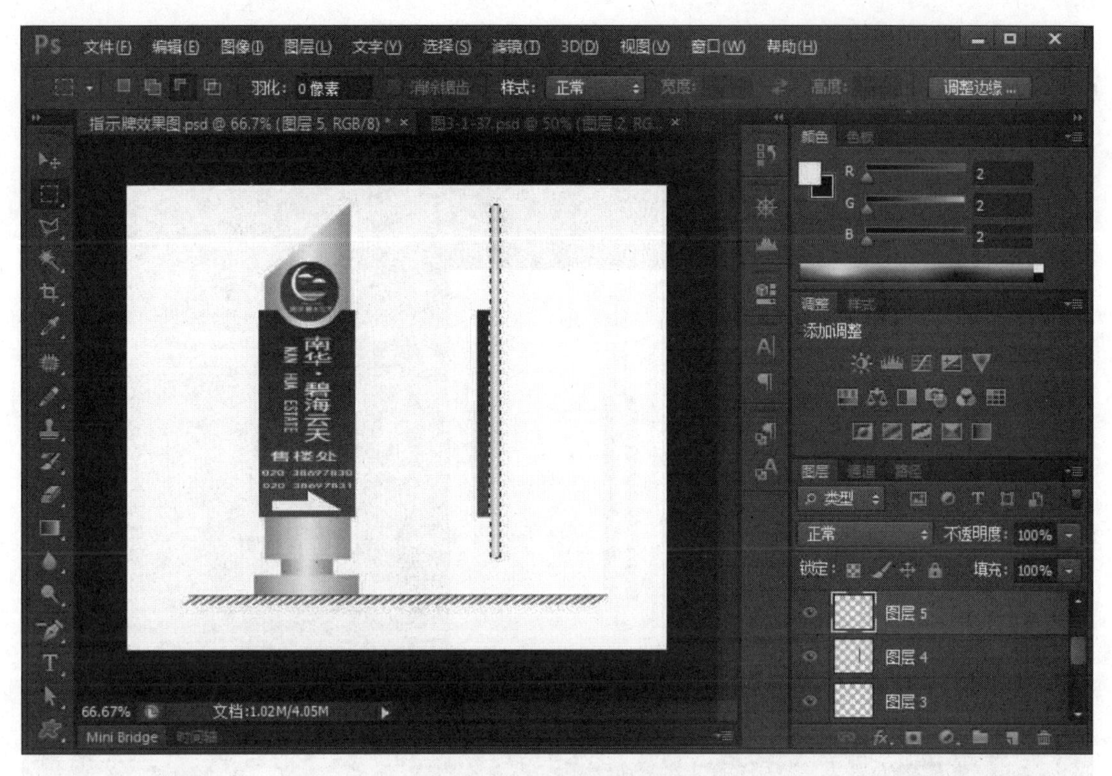

图 3.1.38　建立选区并填充

⑯用同样的方法制作出其他部分,如图 3.1.39 所示。

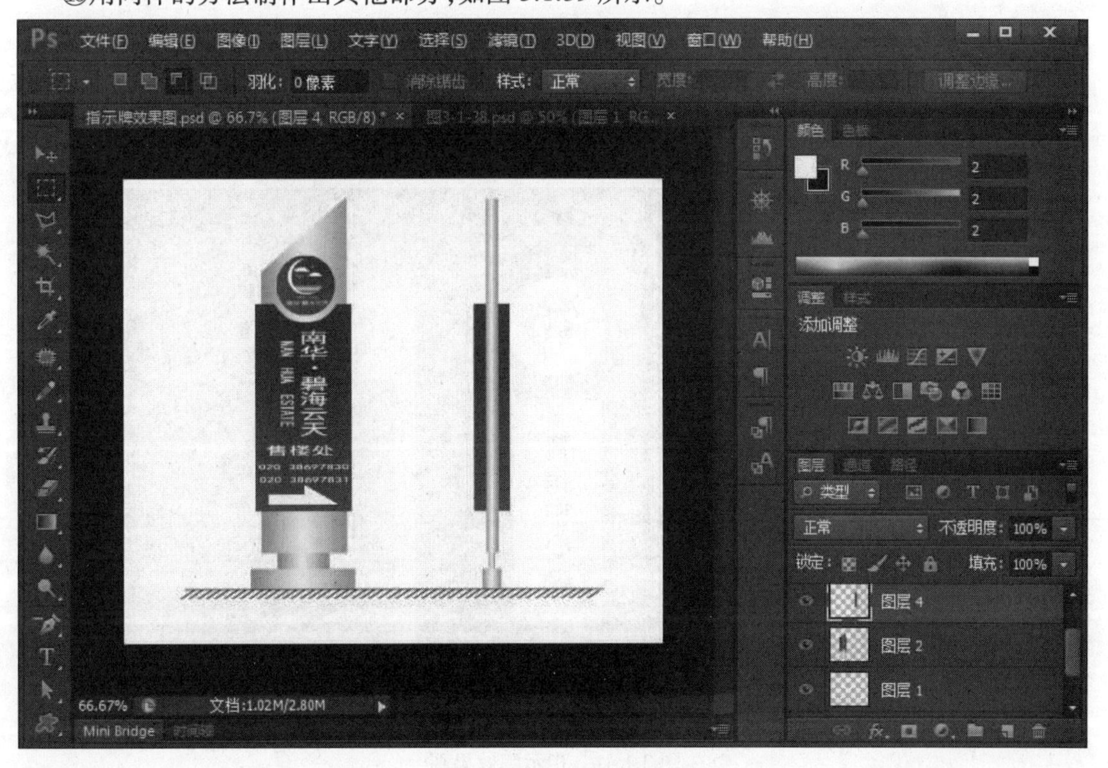

图 3.1.39　绘制底座

⑰将左面的图形相关图层合并至一层，右边图形也合并到一层，然后用移动工具调整其位置，在图的下面输入文字“正面图”“侧面图”，如图 3.1.40 所示。

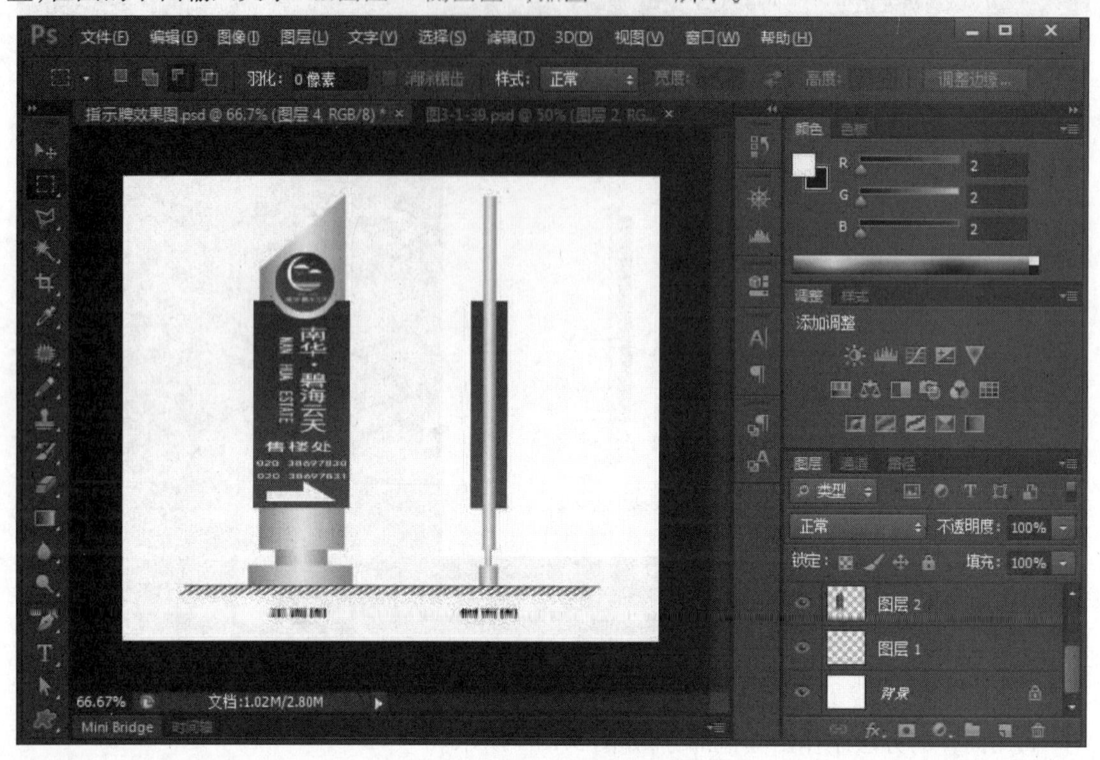

图 3.1.40 输入文字

⑱保存文件“房地产指示牌.psd”。指示牌制作完成。

[能力拓展] 设计制作指示牌效果图

1.制作指示牌效果图，如图 3.1.41 所示。

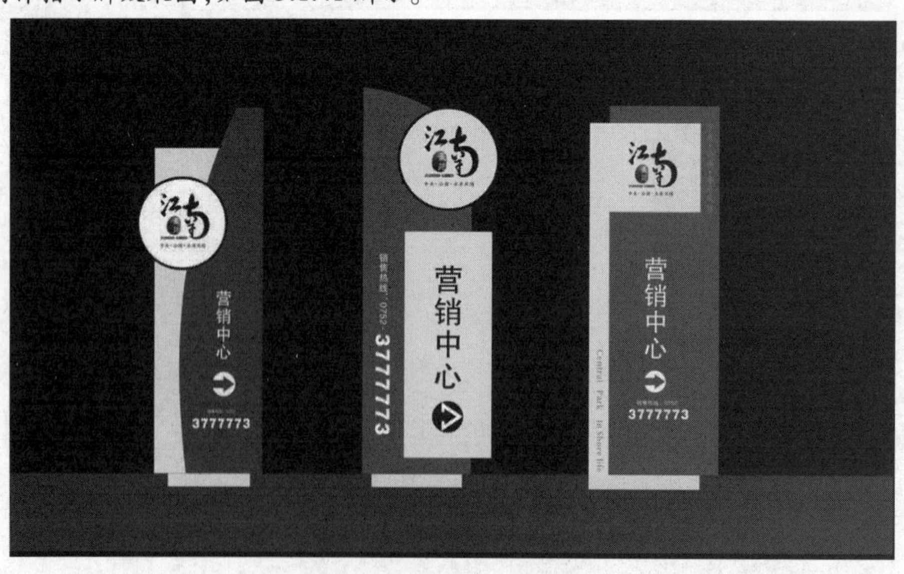

图 3.1.41 指示牌效果图

2.根据资料要求,设计制作房地产公司售楼处指示牌。

- 房地产公司售楼处指示牌设计说明:
  公司名称:华夏房地产有限公司。
  电话:(029) 82391836。
- 房地产公司售楼处指示牌设计要求:
  简洁、大气,颜色搭配协调美观,字体设置大方得体醒目。

3.2　道旗设计

3.2.1　知识准备

1)将文字转换为路径

如果需要使用文字根据路径进行描边或其他操作,可以执行"图层"→"文字"→"转换为文字"命令,直接把已写好的文字由文本图层转到该文本图层的路径,如图3.2.1所示。

(a)原文字

(b)转换为路径

(c)利用路径描边的效果

(d)路径修改后的效果

图3.2.1　路径

除了对文字生成的路径进行描边等操作外,还可以用选择工具对路径的节点、路径线进行编辑,从而得到更多的文字变化效果。

2)将文字转换为形状

执行"图层"→"文字"→"转换为形状"命令,可以将文字转换为与其轮廓相同的形状,如

图 3.2.2 所示。

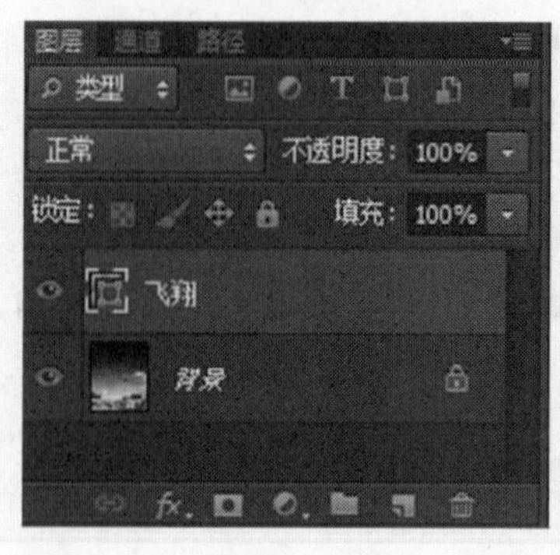

图 3.2.2　编辑节点的文字效果

3）将文字转换为图像

在 Photoshop CS6 中，文字图层是不能使用滤镜、色彩调节等效果命令的，如果想使用这些效果，只有将文字图层转换为普通图层。

执行"图层"→"栅格化"→"文字"命令，可以将文字图层转换为普通图层，如图 3.2.3 所示。转换后的图层不再具有文字图层的属性，不能改变文字的字体、字号等属性，变成普通图层。

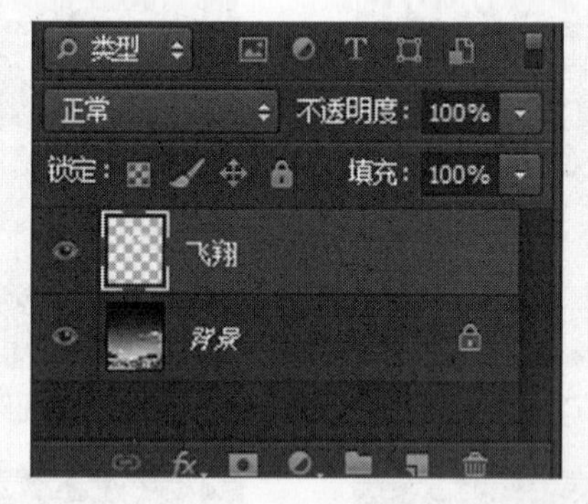

图 3.2.3　文字图层转换为普通图层

4）路径放置文字

使用钢笔、直线或形状等工具绘制路径，然后沿着路径输入文字，还可以根据需要移动或更改路径的形状，使文字顺应新的路径或形状进行排列，如图 3.2.4 所示。

图 3.2.4　文字沿路径放置

3.2.2　实战演练——道旗设计

1）道旗设计要点

道旗就是悬挂或竖立在马路（主干道、高架、某个场馆周边道路等）两侧的旗帜，且旗帜上的内容有明显体现某个品牌或某项活动等 Logo、标语及其他主要信息。

设计要点：

- 必须保证画面有足够的吸引力；
- 道旗所悬挂覆盖面的庞大。

2)房地产道旗设计实例

房地产道旗效果如图 3.2.5 所示。

操作步骤：

①新建文件,大小为 700 px×800 px,白色背景。

②新建图层 1,选择渐变填充工具,设置渐变颜色灰色→白色→灰色(灰色颜色 #a0a0a0),如图 3.2.6 所示。

图 3.2.5　房地产道旗效果图

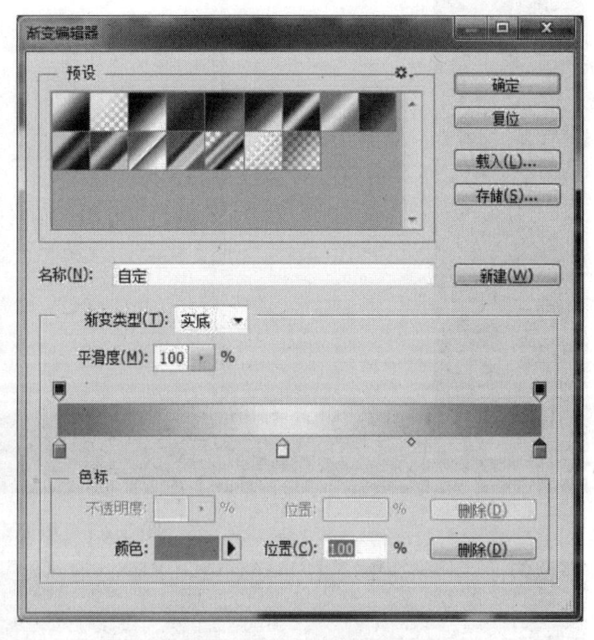

图 3.2.6　设置渐变颜色

③在图层 1 上建立矩形选区并渐变填充(线性填充),如图 3.2.7 所示。

④新建图层 2,在图层 2 上建立选区并填充。保持选区不变,新建图层 3,然后利用移动工具将选区平移到合适位置,再渐变填充,调整图层顺序,如图 3.2.8 所示。

⑤将图层 1、图层 2、图层 3 合并到一层,并命名图层为旗杆。在旗杆图层建立一个圆形选区,然后选择渐变填充工具,调整颜色为白色到浅灰色的渐变,在圆形选区内渐变填充(径向填充),如图 3.2.9 所示。

⑥在图层面板上双击“背景图层”,将它转换为普通图层,用黑色填充。新建图层,命名为“右旗”。在此图层上建立矩形选框,设置前景色为 RGB(R:255,G:254,B:223),然后用前景色填充选区,如图 3.2.10 所示。

⑦建立右边旗帜图层副本,将其改名为“左边旗帜”,用移动工具将其移到合适位置,如图 3.2.11 所示。

⑧选择渐变工具,设置渐变色,如图 3.2.12 所示。

⑨按下“Ctrl”键,单击“左边旗帜”图层,建立选区后渐变填充(对称渐变),如图 3.2.13 所示。

⑩打开道旗素材文件,将素材选中,复制过来生成新的图层 1,调整图层大小,如图 3.2.14 所示。

图 3.2.7　填充渐变色

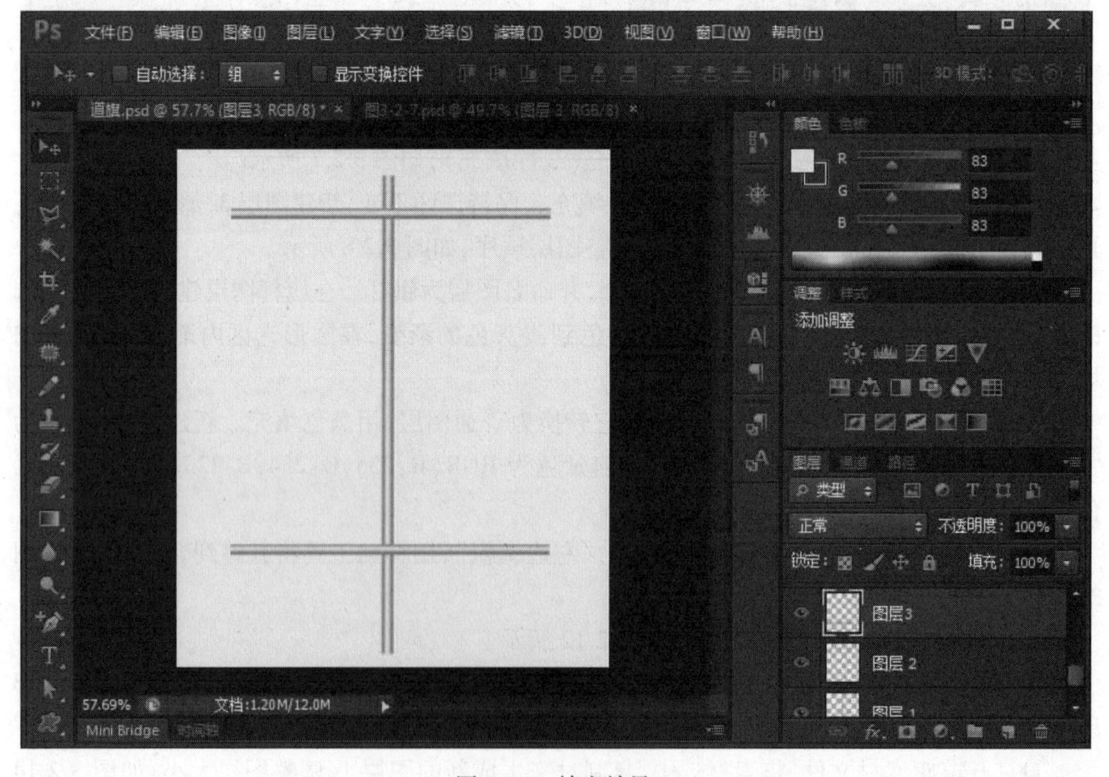

图 3.2.8　填充效果

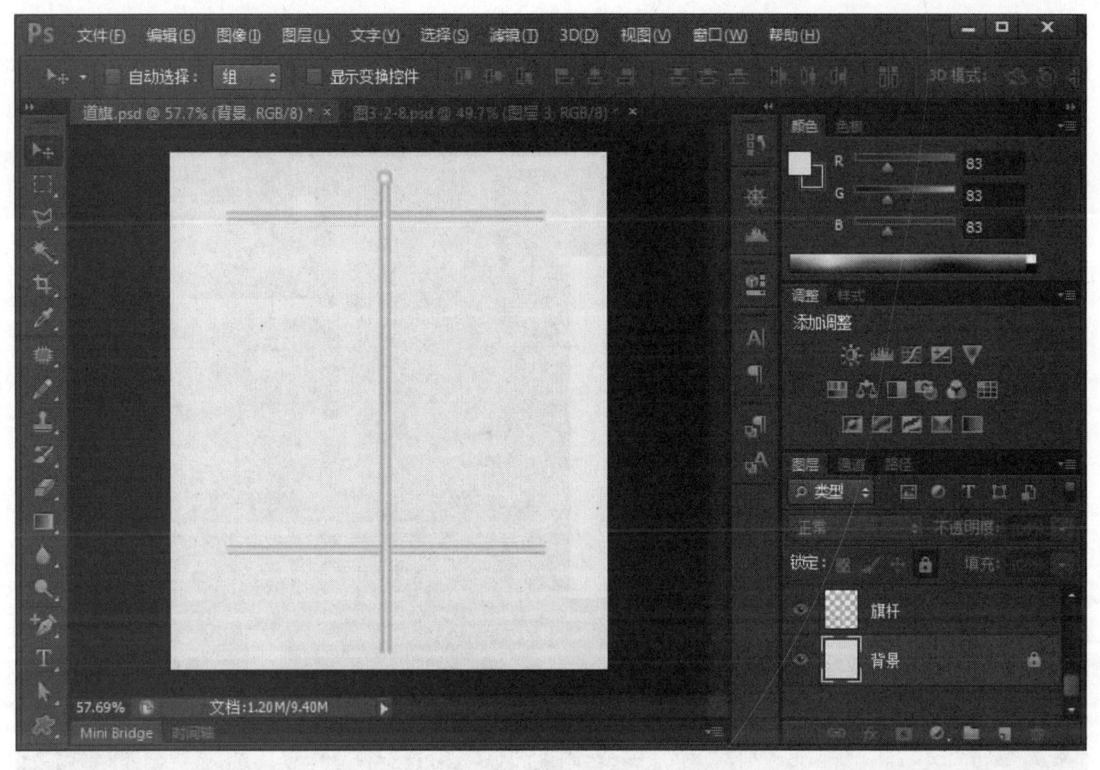

图 3.2.9　填充圆形

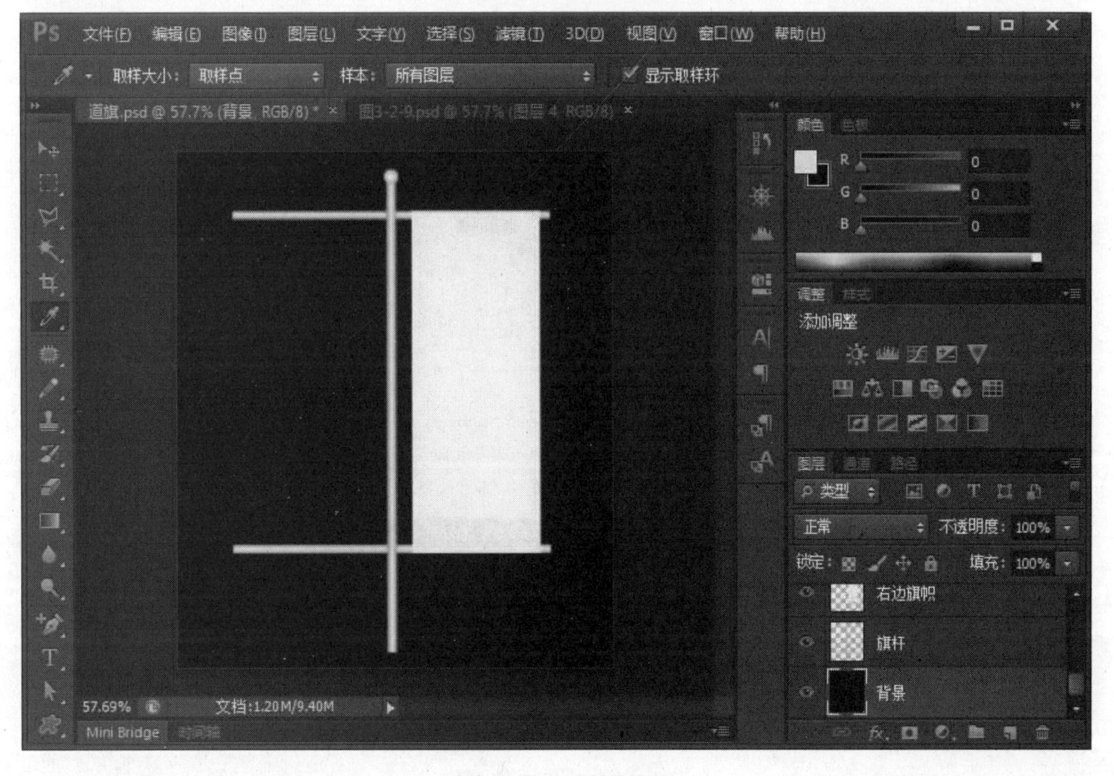

图 3.2.10　填充矩形

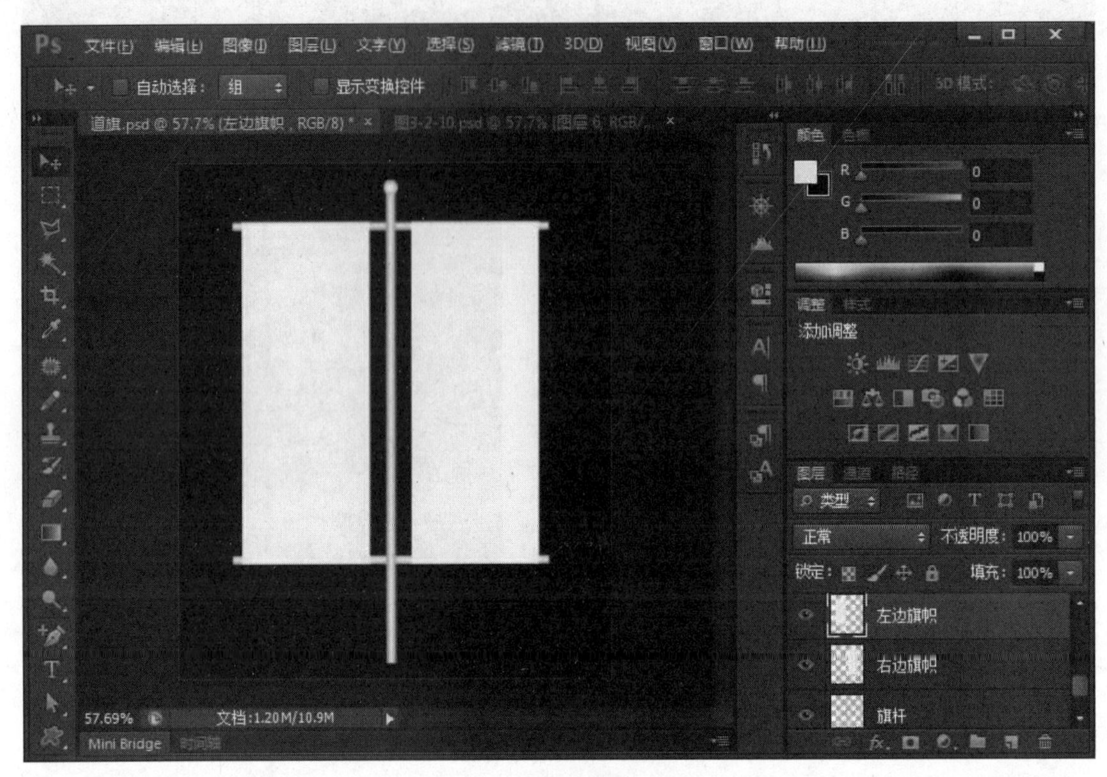

图 3.2.11　填充矩形

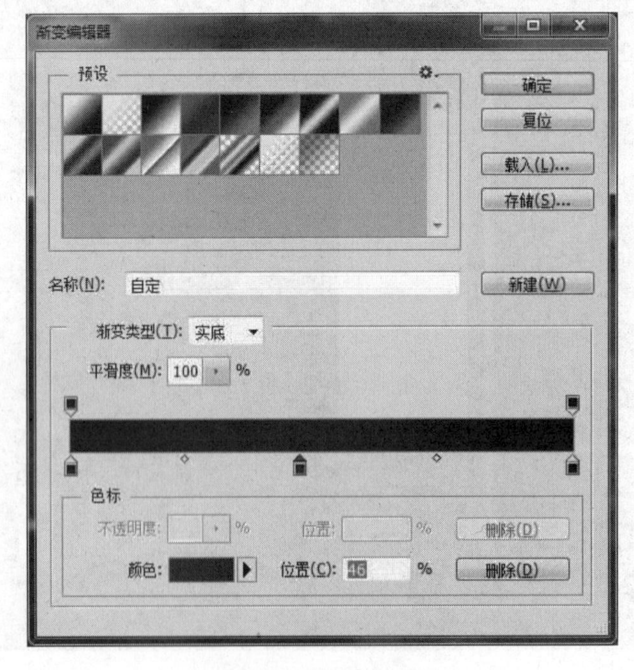

图 3.2.12　设置渐变色

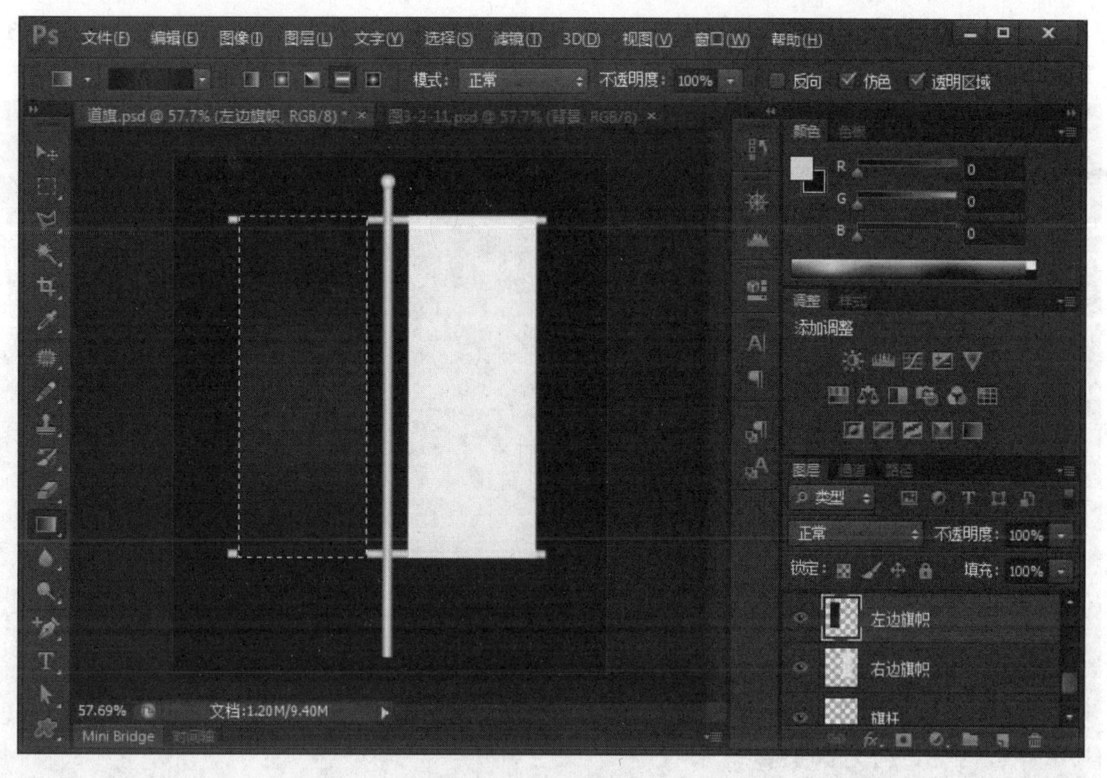

图 3.2.13　填充渐变色

图 3.2.14　复制素材文件

⑪将房地产 Logo 素材图复制过来,生成新图层 2,调整大小和颜色,放到合适位置,如图 3.2.15所示。

图 3.2.15　添加 Logo

⑫新建图层 3,调整前景色为红色 RGB(R:182,G:55,B:46),用粗细为 4px 的直线工具,在属性栏上设置为填充模式,然后在图层 3 上绘制一根直线,如图 3.2.16 所示。

⑬前景色设置为白色,选择直排文字工具,设置字体为华文行楷,字号 36 点,字符纵向拉伸 140%,输入文字"碧海云天";然后设置字体为宋体,字号 18 点,字符纵向拉伸 200%,输入文字"现场售楼部",如图 3.2.17 所示。

⑭选择直排文字工具,设置字体颜色为红色 RGB(R:96,G:0,B:0),字体为宋体,字号 30 点。输入文字"演绎都市生活……",然后将此文字层复制新层,将文字选中后更改文字颜色为白色,用移动工具调整位置,将白色文字图层放到红色文字图层下面,让文字有立体感,如图 3.2.18 所示。

⑮再次输入文字"贵宾热线""020-38697830""38697831",并在图层面板上选择这几个文字图层,在右键快捷菜单上选择栅格化文字,然后将这三个文字图层合并,如图 3.2.19 所示。

⑯将电话信息的图层复制副本,按下"Ctrl"键,单击该副本图层的缩略图将其文字载入选区,选择渐变填充工具,设置渐变色(深红→浅红→深红),渐变填充文字区域(对称填充模式),然后调整到合适位置,如图 3.2.20 所示。

⑰效果图制作完成,保存文件"道旗.psd"。

图 3.2.16　绘制直线

图 3.2.17　输入文字

图 3.2.18　输入文字

图 3.2.19　栅格化文字

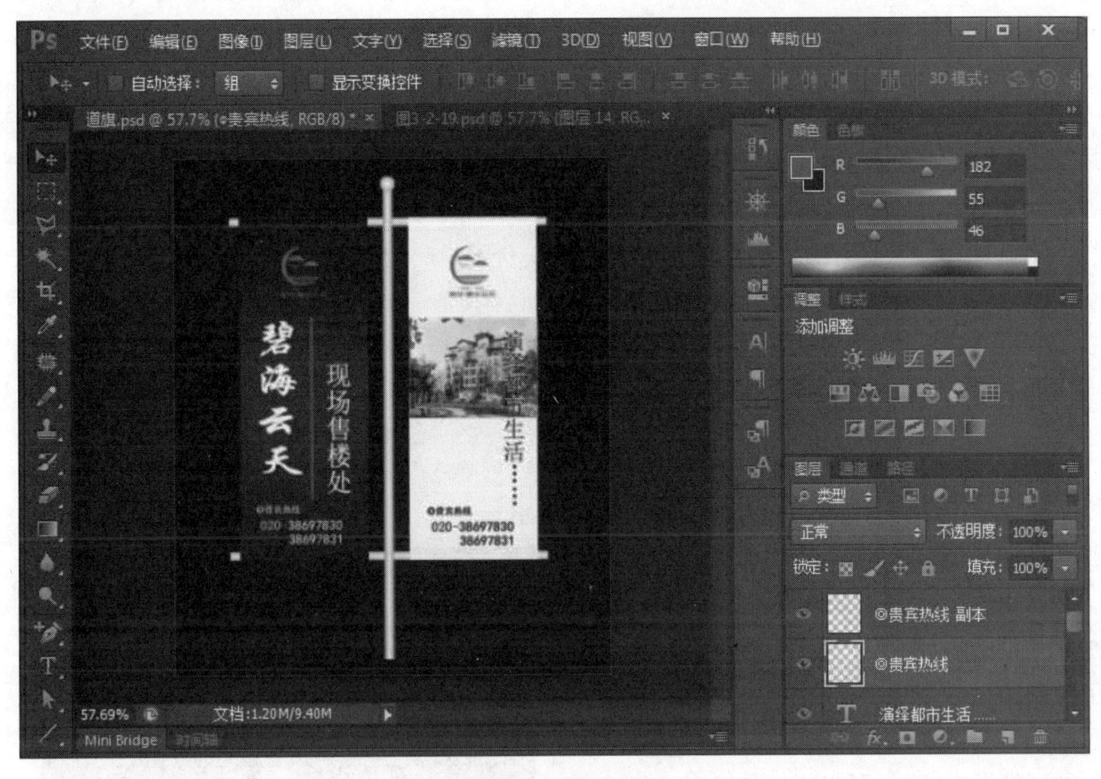

图 3.2.20　输入文字

[能力拓展]　设计制作道旗效果图

1.制作道旗效果图，如图 3.2.21 所示。

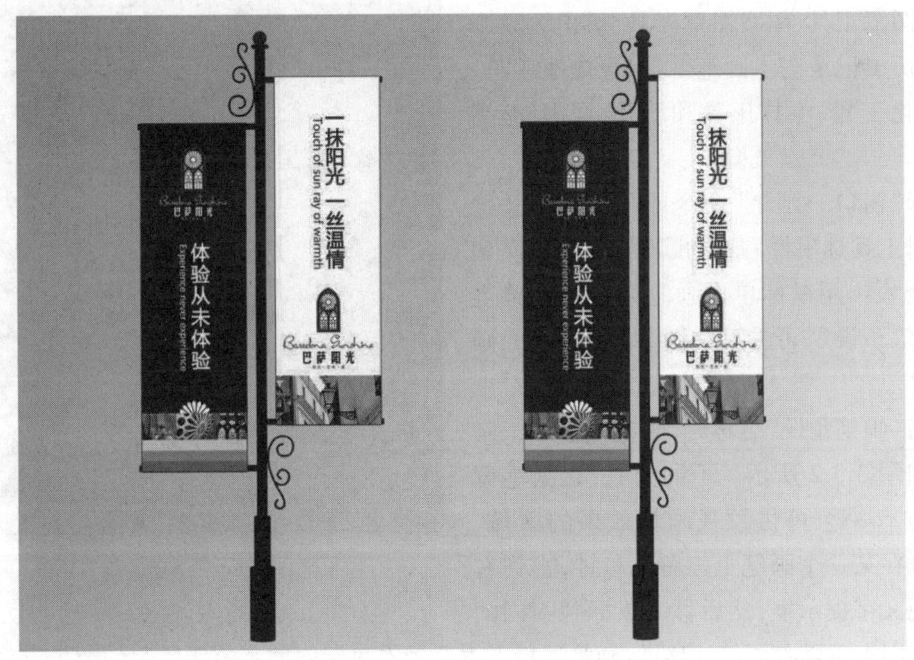

图 3.2.21　道旗效果图

2.根据资料要求,设计制作房地产公司宣传用道旗。

- 房地产公司道旗设计说明:

  公司名称:华夏房地产有限公司。

  电话:(029) 82391836。

- 房地产公司道旗设计要求:

  简洁、大气,颜色搭配协调美观,字体设置大方、得体、醒目。

3.3 户外看板设计

3.3.1 知识准备

1)画笔调板

对于绘图编辑工具而言,选择和使用画笔是非常重要的,所选择的画笔很大程度上决定了绘制的效果。Photoshop CS6 增加了更多的画笔选项的设定,不仅可以选择软件所附带的各种画笔设定,而且可以根据自己的需要创建不同的画笔,从而增强了 Photoshop 的绘画功能。绘图和编辑工具包括:画笔工具、铅笔工具、仿制图章工具、图案图章工具、历史记录画笔工具、历史记录艺术画笔工具、像皮擦工具、模糊/锐化工具、涂抹工具和淡化/烧黑/海绵工具。

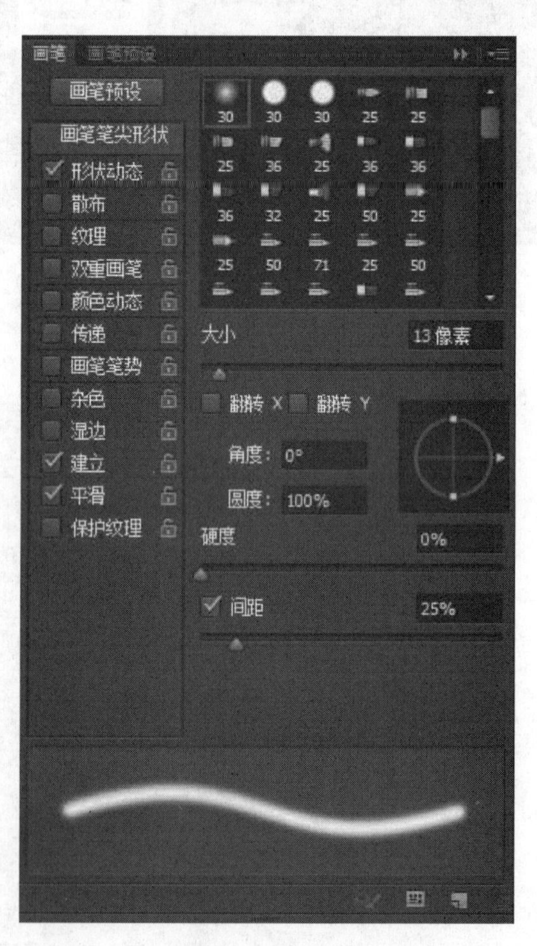

图 3.3.1 画笔调板

选择“窗口→画笔”命令或单击任何一个绘图编辑工具选项栏右侧的▤图标,都可以调出画笔调板。用鼠标单击画笔调板左侧最上面的“画笔预设”,可看到如图 3.3.1 所示的画笔调板。

单击“画笔预设”名称时,画笔调板和工具选项栏如图 3.3.2 所示。不同的是,在画笔调板的下方有一个可供预视画笔效果的区域。将鼠标放在某一个画笔上停留几秒钟,直到右下角出现文字提示框,然后移动鼠标到不同的画笔预览图上。随着画笔的移动,画笔调板下方会动态显示不同画笔所绘制的效果,可以选择不同的预设好的画笔,也可通过拖拉“主直径”上的滑钮改变画笔的直径,也可在数字框中直接输入数字改变画笔的直径。

单击画笔调板或画笔弹出式调板右上角的黑三角，便会出现弹出式菜单，如图 3.3.3 所示。

在弹出式菜单中可选择画笔显示方式：纯文本方式只列出画笔的名字；小或大缩览图可以看到画笔缩览图显示，两个选项的区别在于显示缩览图大小不同；小或大列表可以看到画笔的缩览图连同名称的列表；描边缩览图可以看到用画笔绘制线条的效果显示。

此外，在画笔弹出式调板或画笔调板的弹出菜单中还可以进行如下操作：

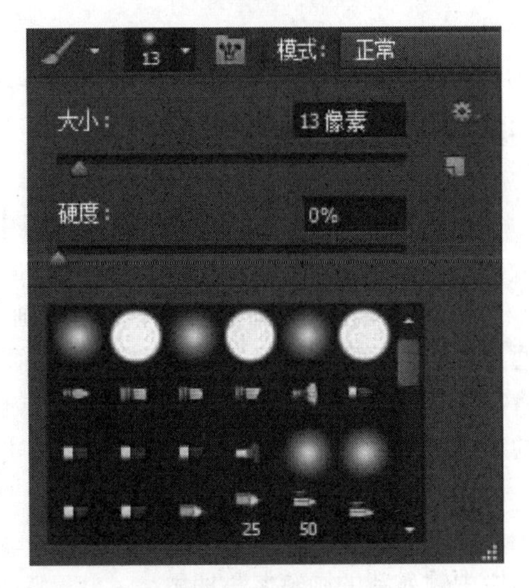

图 3.3.2　工具选项栏

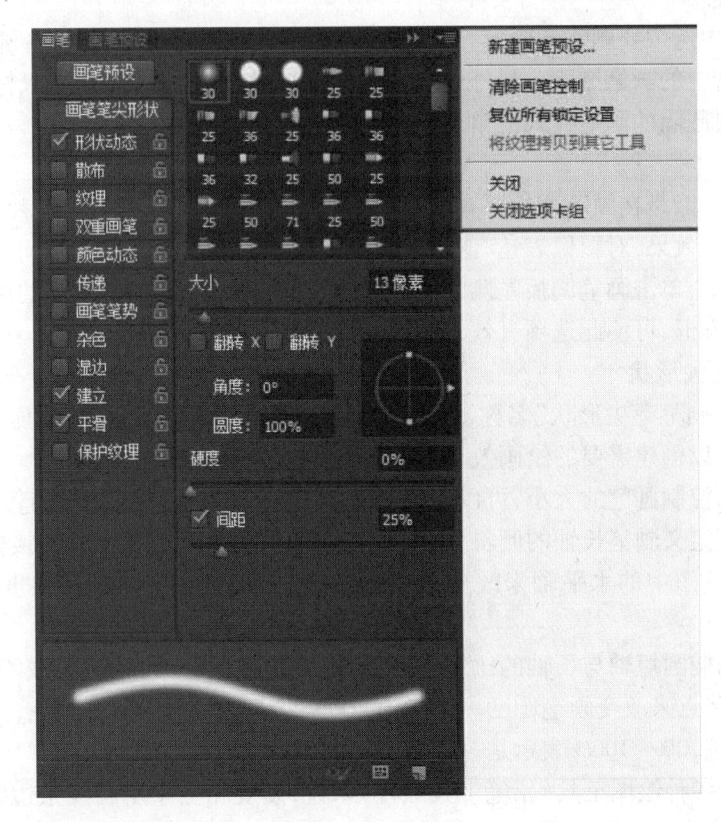

图 3.3.3　菜单

（1）复位画笔

画笔调板在已经改变后，可以选择弹出菜单中的“复位画笔”命令，便可恢复到软件初始的设置。

(2)载入画笔和替换画笔

选择“载入画笔”命令,可在弹出的对话框中选择要加入的画笔;选择“替换画笔”命令,可用其他画笔替换当前所显示的画笔。

(3)存储画笔

执行“存储画笔”命令,可将当前调板中的画笔存储起来。

(4)新画笔

对于已经预存在画笔调板中的各个画笔,可以重新进行各个选项的调整,将调整后的结果通过执行“新画笔”命令将其存储为新的画笔。还可以自定义画笔,方法是:用矩形选框工具将需要定义为画笔的内容以一个选择区域圈选起来,执行“编辑”→“定义画笔”命令;在弹出的新画笔对话框中输入新画笔的名称,单击“确定”按钮,新建立的画笔便出现在画笔调板中。

(5)重命名画笔

在画笔调板中想重新命名画笔时,执行“重命名画笔”命令,在弹出的画笔名称对话框名称栏中输入新的画笔名称即可。

(6)删除画笔

在画笔调板中选中要删除的画笔,执行“删除画笔”命令,或单击鼠标右键选取删除画笔命令,就可以把选中的画笔删除。另外还可在画笔调板中按住 Alt 键,这时鼠标就会变成剪刀的形状,然后在要删除的画笔样式上单击即可。

2)画笔预置

画笔预置的功能是在画笔调板原有画笔的基础上任意地编辑和制定各种画笔,并能够做出许多特殊的笔触效果,对图像表达有很大的帮助,扩大了绘图时的操作空间和创作空间。在打开的画笔调板中,单击画笔调板左侧的选项名称,在右侧就会显示其对应的调节项。只单击不同选项前面的方框,可使此选项有效,但右侧并不显示其选项设置。

(1)画笔的笔尖形状

单击左侧的“画笔笔尖形状”名称,可得到显示笔尖形状图案如图 3.3.4 所示,通过调节各个不同的选项,可以创建需要的绘画效果。

①直径:用来控制画笔的大小,可以通过输入数字或拖拉滑钮来改变画笔大小。

②角度:用于定义画笔长轴的倾斜度,也就是偏离水平的距离。可以直接输入角度,或用鼠标拖拉右侧预览图中的水平轴来改变倾斜的角度。如果画笔为圆时,角度设置没有实际意义。

③圆度:表示椭圆短轴与长轴的比例关系:可以直接输入一个百分比,或用鼠标拖拉垂直轴上的两个黑色节点来改变画笔圆度。圆度为 100%表示是一个圆形的画笔,圆度为 0%表示是一个线形的画笔,0%~100%表示是一个椭圆形的画笔。

④硬度:对于各种绘图工具(铅笔工具除外)来说,硬度相当于所画线条边缘的柔化程度,常以一个百分数来表示。硬度最小(0%)时,表示边缘的虚化由画笔的中心开始;硬度最大(100%)时,表示画笔边缘没有虚边(此时画出的线条好像也粗了一些)。铅笔工具画出的是一种边缘很硬的线条,有明显的锯齿边,更不会出现虚边现象,因此硬度的设置对于铅笔工具来说是无效的。

⑤间距:选定了一种画笔后,画出的标记点之间的距离,它也是用相对于画笔直径的百分数来表示的。当选择铅笔工具,将画笔间距设置为 100%、200%(最大为 999%)等整数时,很

容易看出画笔间距的作用。如果使用毛笔或喷笔等工具,因为其边缘的虚化,会使两点间的间距看起来大于所设间距。通常,画笔间距的缺省设置为25%,它可以确保所画线条的连续性。如果关闭了对话框中的间距控制,即不选择间距参数前的选择开关时,所画出线条的效果会完全依赖于鼠标移动的速度,移动快则两点间的间距大,移动慢则间距小。当鼠标移动得足够快时,画笔会出现跳跃现象。

(2)动态形状

在画笔调板的画笔预设或画笔形状选项中选取一种画笔,再选择动态形状选项如图3.3.5所示,可以设定选项使画笔的粗细、颜色和透明度呈现动态的变化。

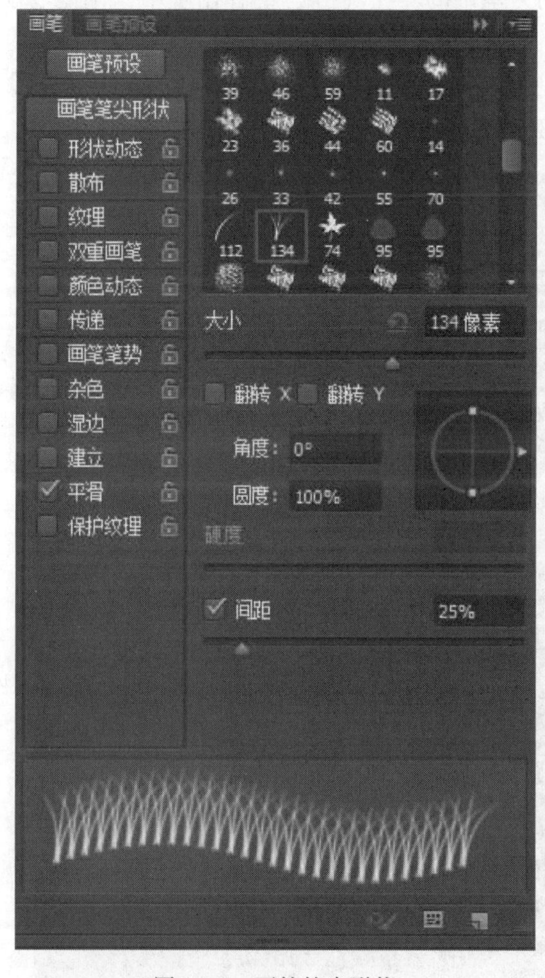

图3.3.4　画笔笔尖形状

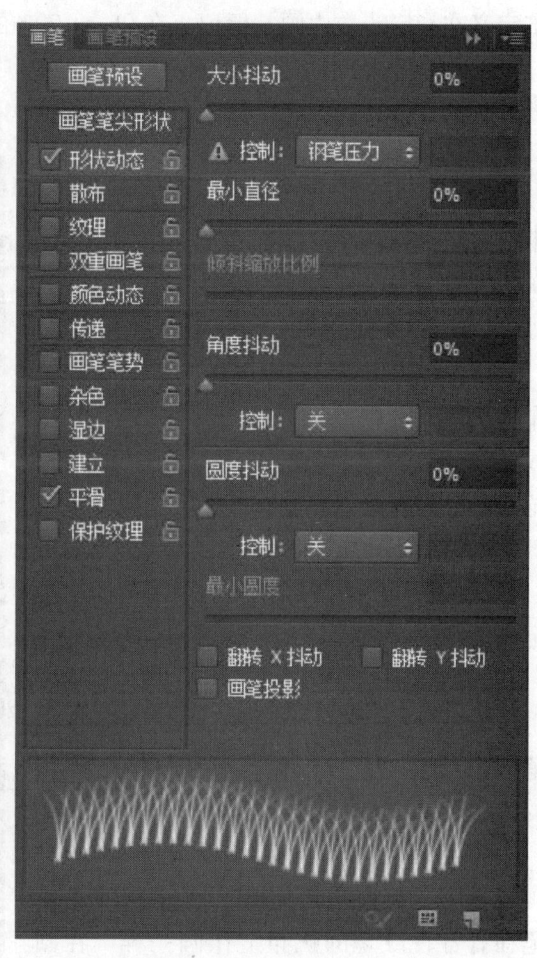

图3.3.5　动态形状

①大小抖动:设置变化百分比,就可以控制动态笔触元素的自由随机度。它的变化范围为0%~100%。若画笔在绘画的过程中,画笔元素不发生变化,可将其数值设为0%;当它的数值为100%时,画笔中的元素具有最大的自由随机度。

②控制:其弹出菜单中的选项用来定义如何控制动态元素的变化。选择"关"表示关掉控制,选择"渐隐"用来定义在指定的步数内初始直径和最小直径之间的过渡,每一步相当于画笔的一个标记点,其数字范围为1~9 999。如果安装了压力敏感的数字化板,还可以指定"钢笔压力""钢笔斜度"和"光笔轮"的控制项。

③最小直径:当选择“大小抖动”并设置了“控制”选项后,用来指定画笔标记点可以缩小的最小尺寸,它是以画笔直径的百分比为基础的。

④拼贴缩放:当“控制”选项设定为“钢笔斜度”时,用来定义画笔倾斜的比例。此选项只有使用压力敏感的数字化板才有效,其数字大小也是以画笔直径的百分比为基础的。

⑤角度抖动和控制:指定画笔在绘制线条的过程中标记点角度的动态变化状况。角度抖动的百分比数值是以360°为基础的。

⑥圆度抖动和控制:指定画笔在绘制线条的过程中标记点圆度的动态变化状况。“圆度抖动”的百分比数值是以画笔短轴和长轴的比例为基础的。在“控制”的弹出项中,“渐隐”用来定义在指定步数内画笔标记点在0%~100%的圆度变化。

⑦最小圆度:当选择“最小圆度”并设置了“控制”选项后,用来指定画笔标记点的最小圆度。它的百分比数值是以画笔短轴和长轴的比例为基础的。

3)散布

画笔的“散布”选项用来决定绘制线条中画笔标记点的数量和位置,如图3.3.6所示。

(1)散布

散布用来指定线条中画笔标记点的分布情况。当选中“两轴”时,画笔标记点是呈放射状分布的;当不选择“两轴”时,画笔标记点的分布和画笔绘制线条的方向垂直。

(2)数量

数量用来指定每个空间间隔中画笔标记点的数量。

(3)数量抖动

数量抖动用来定义每个空间间隔中画笔标记点的数量变化,同样可在“控制”后面的弹出菜单中选中不同的选项。

4)纹理

使用一个纹理化的画笔就好像使用画笔在有各种纹理的帆布上作画一样。在画笔调板的最上方有纹理的预览图,单击右侧小三角,在弹出的调板中可选择不同的图案纹理。单击“反相”前面的选项框可使纹理成为原始设定的反相效果。

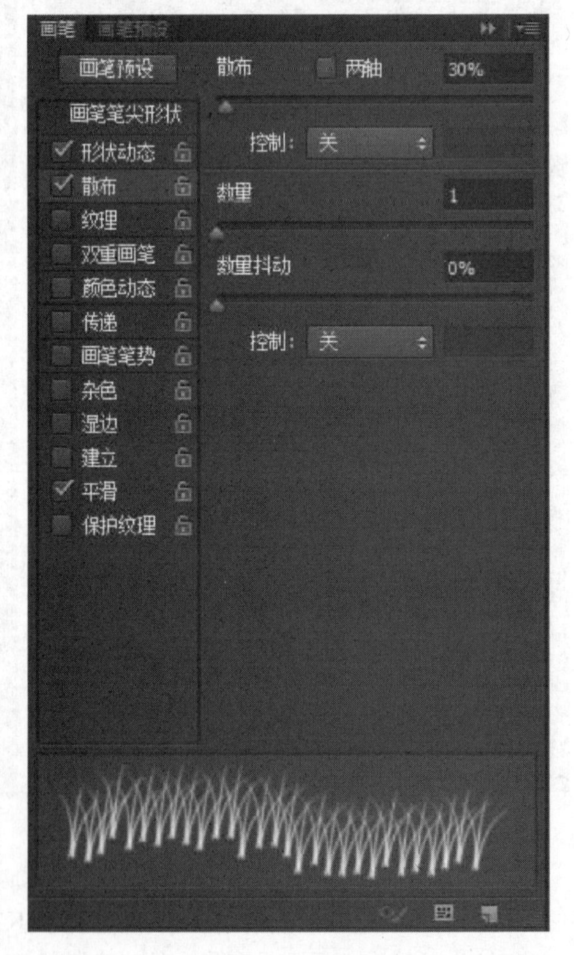

图3.3.6　散布

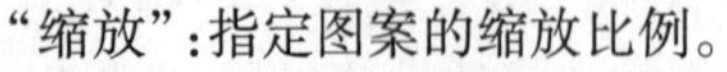
“缩放”:指定图案的缩放比例。

“为每一个笔尖设置纹理”:定义是否对每个画笔标记点都分别进行渲染。若不选择此项,则“最小深度”和“深度抖动”两个选项都是不可选的。

“模式”:定义画笔和图案之间的混合模式。

“深度”:定义画笔渗透到图案的深度。100%时,只有图案显示;0%时,只有画笔的颜色,图案不显示。

“最小深度”:当选择“为每一个笔尖设置纹理”选项时,定义画笔渗透图案的最小深度。

“深度抖动”:当选择“为每一个笔尖设置纹理”选项时,定义绘画渗透图案的深度变化。

5)双重画笔

“双重画笔”即使用两种笔尖效果创建画笔,如图3.3.7所示。

在“模式”弹出菜单中选择一种原始画笔和第二个画笔的混合方式,在下面的画笔预视框中选择一种笔尖作为第二个画笔。

“直径”:控制第二个笔尖的大小。通过拖拉滑钮或输入数字可改变其大小,单击“使用取样大小”按钮可回到最初笔尖的直径。

“间距”:控制第二个画笔在所画线条中标记点之间的距离。

“散布”:控制第二个画笔在所画线条中的分布情况。当选中“两轴”复选框时,画笔标记点是呈放射状分布的;当不选中“两轴”复选框时,画笔标记点的分布和画笔绘制线条的方向垂直。

“数量”:用来指定每个空间间隔中第二个画笔标记点的数量。

6)动态颜色

“动态颜色”中的设定项用来决定绘制线条的过程中颜色的动态变化情况,如图3.3.8所示。

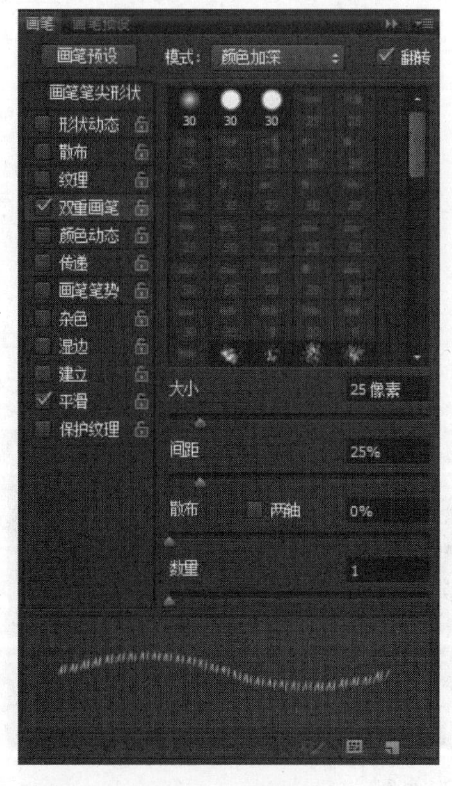

图3.3.7　双重画笔

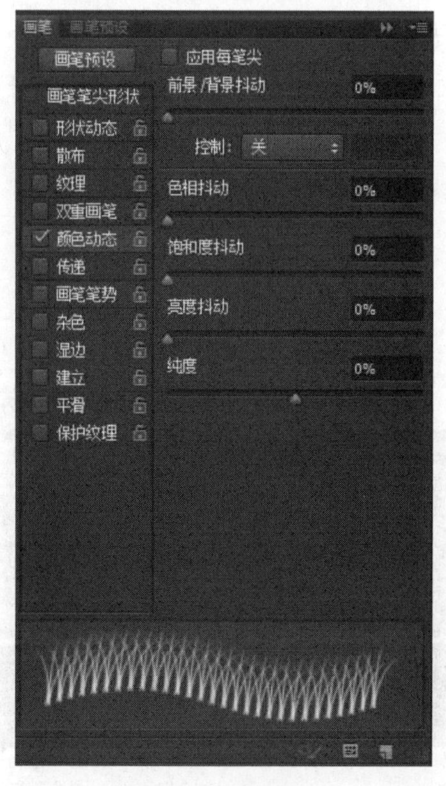

图3.3.8　动态颜色

“前景/背景抖动”:定义绘制的线条在前景和背景之间的动态变化。

“色相抖动”:指定画笔绘制线条的色相的动态变化范围。

“饱和度抖动”:指定画笔绘制线条的饱和度的动态变化范围。

“亮度抖动”:指定画笔绘制线条的亮度的动态变化范围。

“纯度”:用来定义颜色的纯度。当“亮度抖动”为0和“纯度”为-100时,绘出的线条呈白色;当“纯度”为-100时,改变“亮度抖动”的数值,可得到灰阶效果的动态变化效果。

7)其他动态

“其他动态”中的设定项用来决定在绘制线条的过程中“不透明度抖动”和“流量抖动”的动态变化情况。

8)其他选项

在画笔调板中还有一些选项没有相应的数据控制,只需用鼠标单击名称前面的方框将其选中就可以显示其效果。

“杂色”:用于给画笔增加自由随机效果,对于软边的画笔效果尤其明显。

“湿边”:用于给画笔增加水笔的效果。

“喷枪”:模拟传统喷枪,使图像有渐变色调的效果。此选项也可以在“画笔工具”的选项栏中设定。

“平滑”:使绘制的线条产生更顺畅的曲线。此选项对使用数字化板非常有效,缺点是会使绘制的速度减慢。

“保护纹理”:对所有的画笔执行相同的纹理图案和缩放比例。选择此选项后,当使用多个画笔时,可模拟一致的画布纹理效果。

3.3.2 实战演练——户外看板设计

1)户外看板设计要点

①通常为长方形;
②画面简洁;
③图文并茂;
④要与具体的环境协调。

2)房地产户外看板设计

房地产户外看板效果如图3.3.9所示。

图3.3.9 房地产户外看板效果图

操作步骤：

①新建文件，宽度为 73 cm，高度为 21.5 cm，如图 3.3.10 所示。

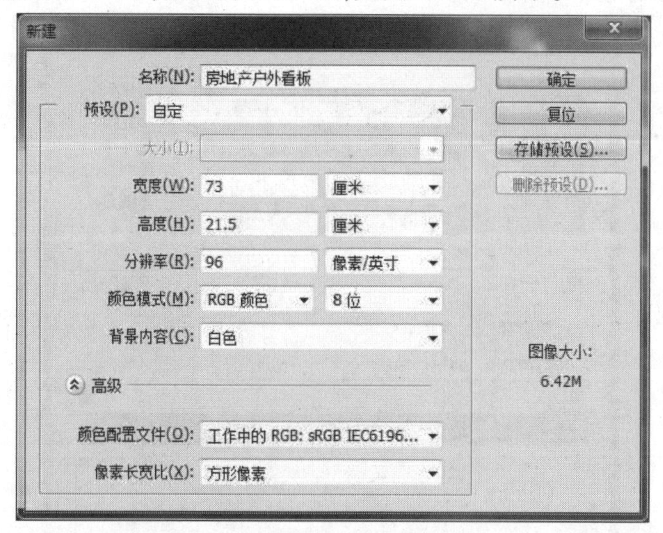

图 3.3.10　新建文件

②打开房地产素材文件，选中后复制到当前文件，按下“Ctrl+T”键进行自由变换并调整为合适大小，利用移动工具将其移动到合适位置，如图 3.3.11 所示。

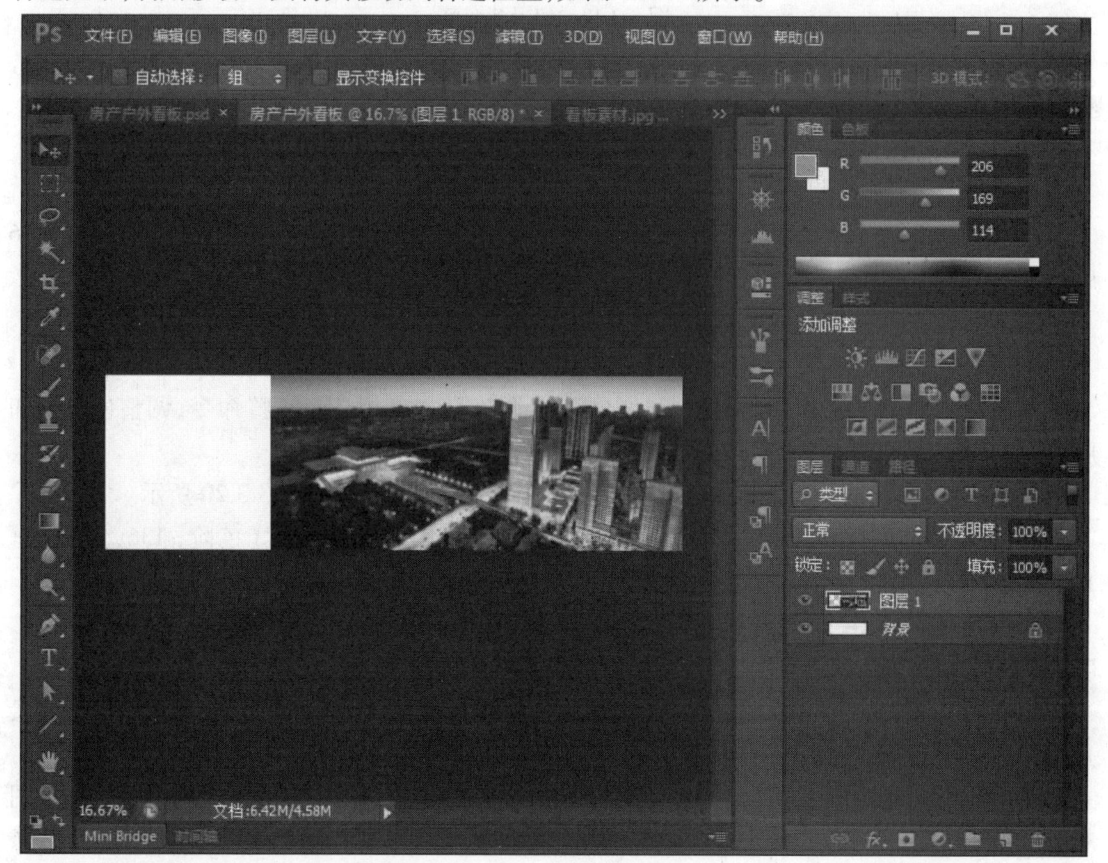

图 3.3.11　复制素材文件

③选择渐变工具，打开渐变编辑器，设置其颜色为红色（#e10019）到暗红色（#670714）的渐变，如图 3.3.12 所示。

图 3.3.12 编辑渐变色

④选择渐变工具，在属性栏上设置为径向填充，在背景图层上由左上向右下拖拽一直线，将背景图层进行填充，如图 3.3.13 所示。

⑤打开飘带图片，用魔术棒工具将白色背景选中后清除，如图 3.3.14 所示。

⑥选择该图片，将其复制到房地产看板文件中，形成新的图层 2，如图 3.3.15 所示。

⑦选中图层 2，选择“编辑”→“变换”→“变形”命令，将飘带进行变形处理，如图 3.3.16 所示。

⑧选中图层 2，在工具栏上选择魔术棒工具，选择左边的透明区域，如图 3.3.17 所示。

⑨在图层面板上选择房地产素材所在的图层 1，按下“Delete”键清除，如图 3.3.18 所示。

⑩在图层面板上选择图层 2，执行“图像”→“调整”→“色相/饱和度”命令，调整色相饱和度（色阶+30，饱和度+49，明度+21），如图 3.3.19 所示。

⑪打开房地产 Logo 素材图片，将其复制过来形成新的图层 3，如图 3.3.20 所示。

⑫执行“图像”→“调整”→“色相/饱和度”命令，调整色相饱和度（色阶-136，饱和度+100，明度+23），如图 3.3.21 所示。

⑬执行“图像”→“调整”→“色相/饱和度”命令，调整色相饱和度（色阶+14，饱和度+68，明度+49），如图 3.3.22 所示。

⑭选择吸管工具，在图片中街道上单击鼠标左键，设置前景色为浅黄色，输入文字“尊贵热线：020—”（字体：宋体，字号：30 点），“38697830 38697831”（字体：Impact，字号：48 点），“广东南华房地产实业有限公司”（字体：华文行楷，字号：30 点，水平缩放：137%）等信息，如图 3. 3.23 所示。

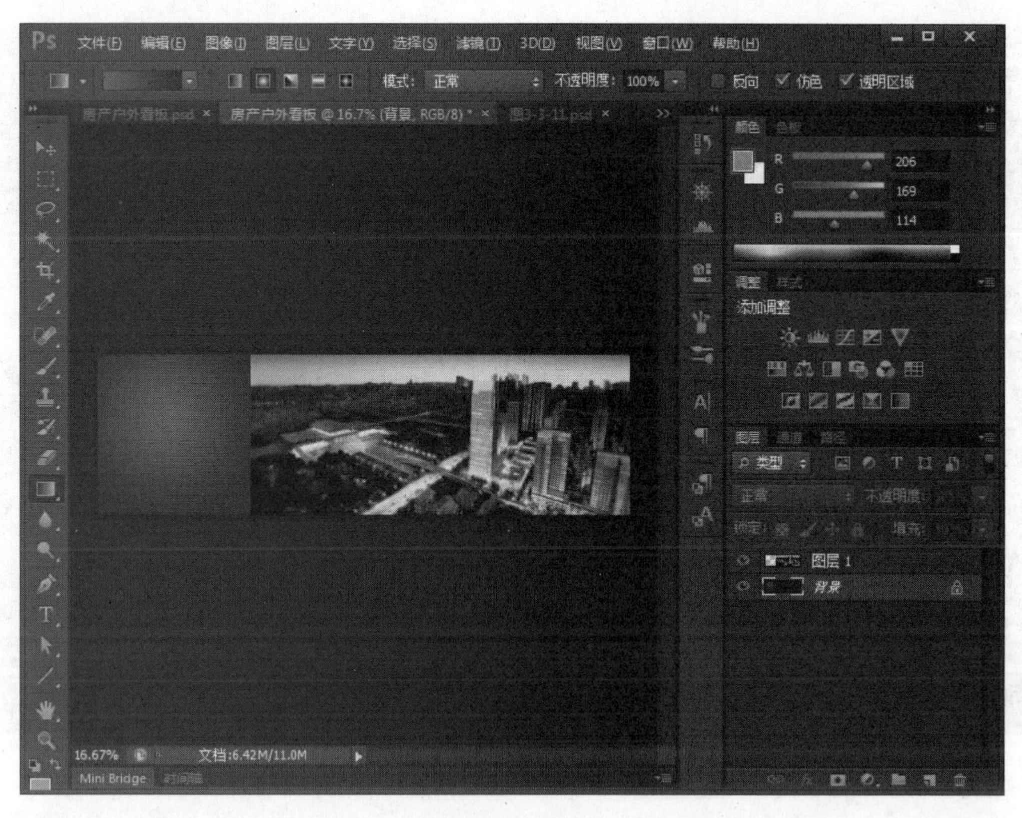

图 3.3.13　填充

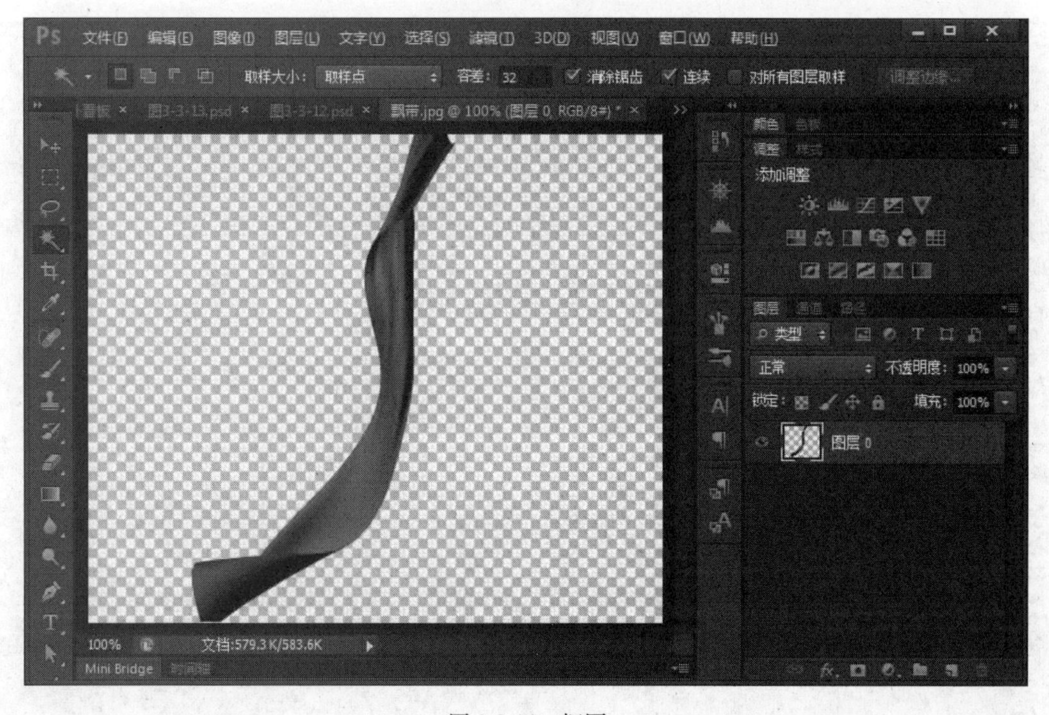

图 3.3.14　抠图

图 3.3.15　复制图像

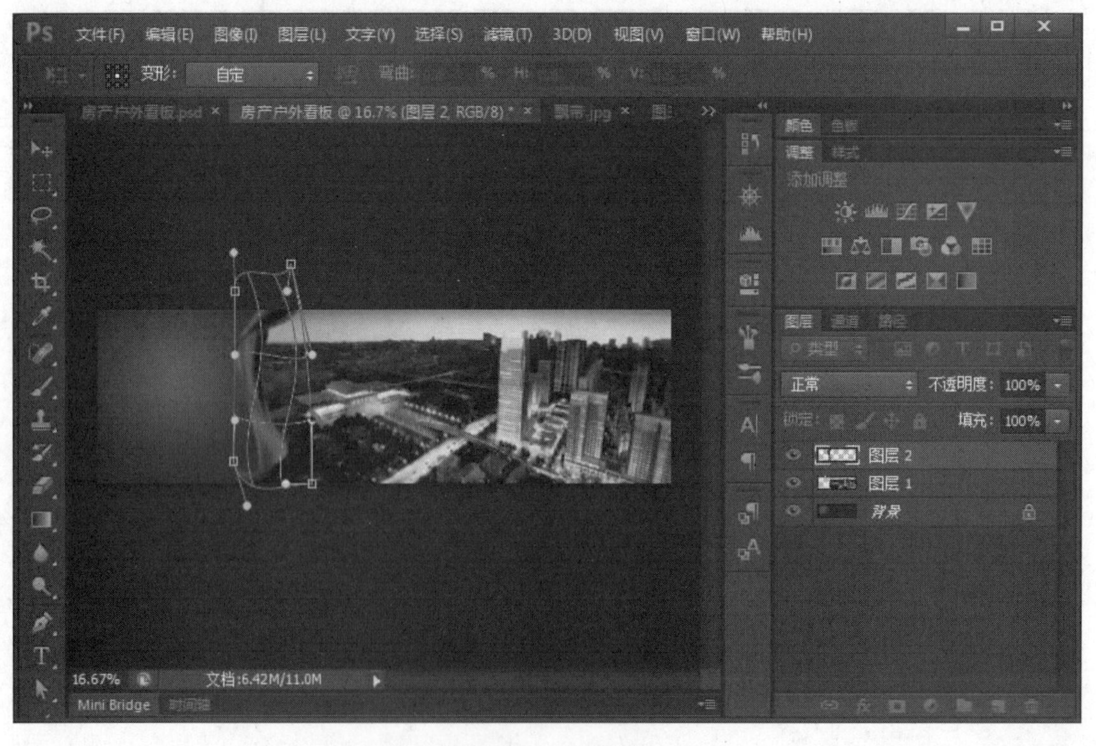

图 3.3.16　变形图像

图 3.3.17　建立选区

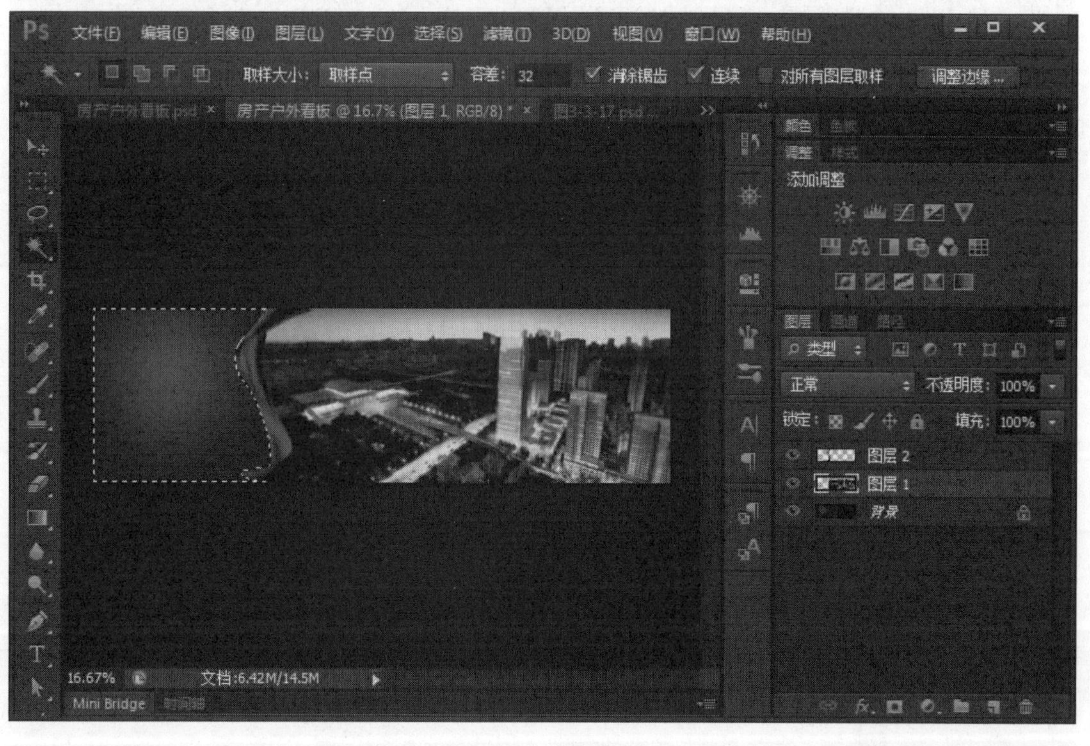

图 3.3.18　清除图像

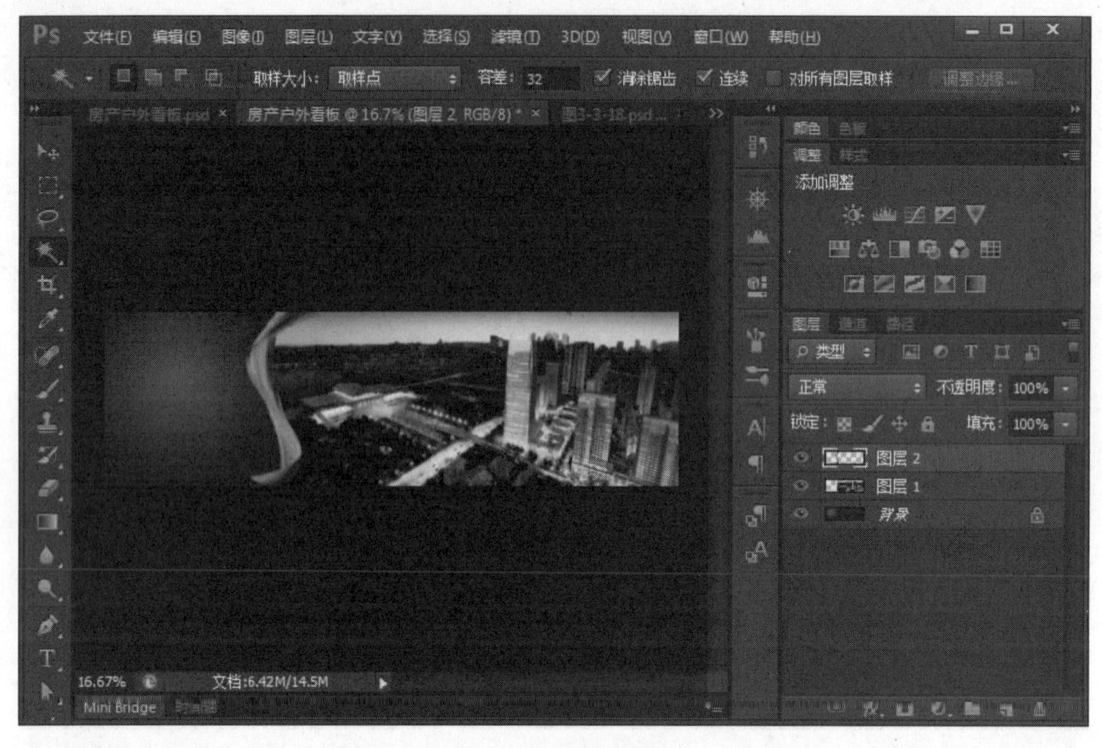

图 3.3.19 调整颜色

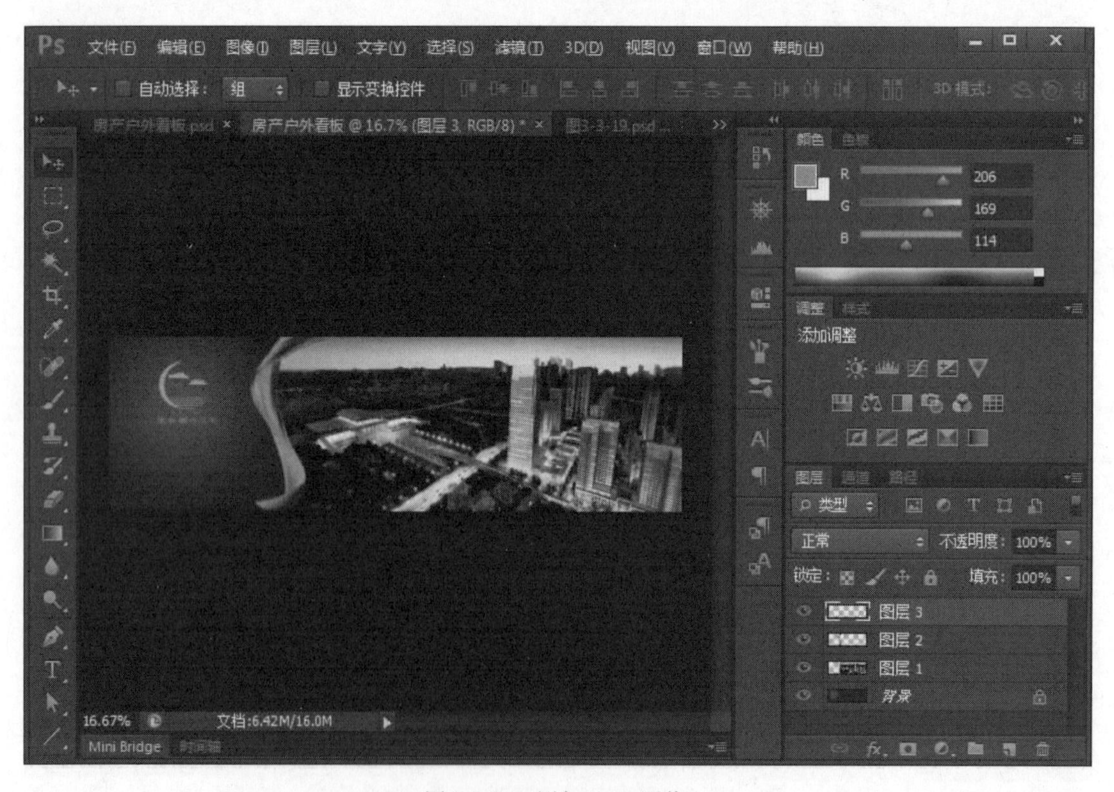

图 3.3.20 添加 Logo 图像

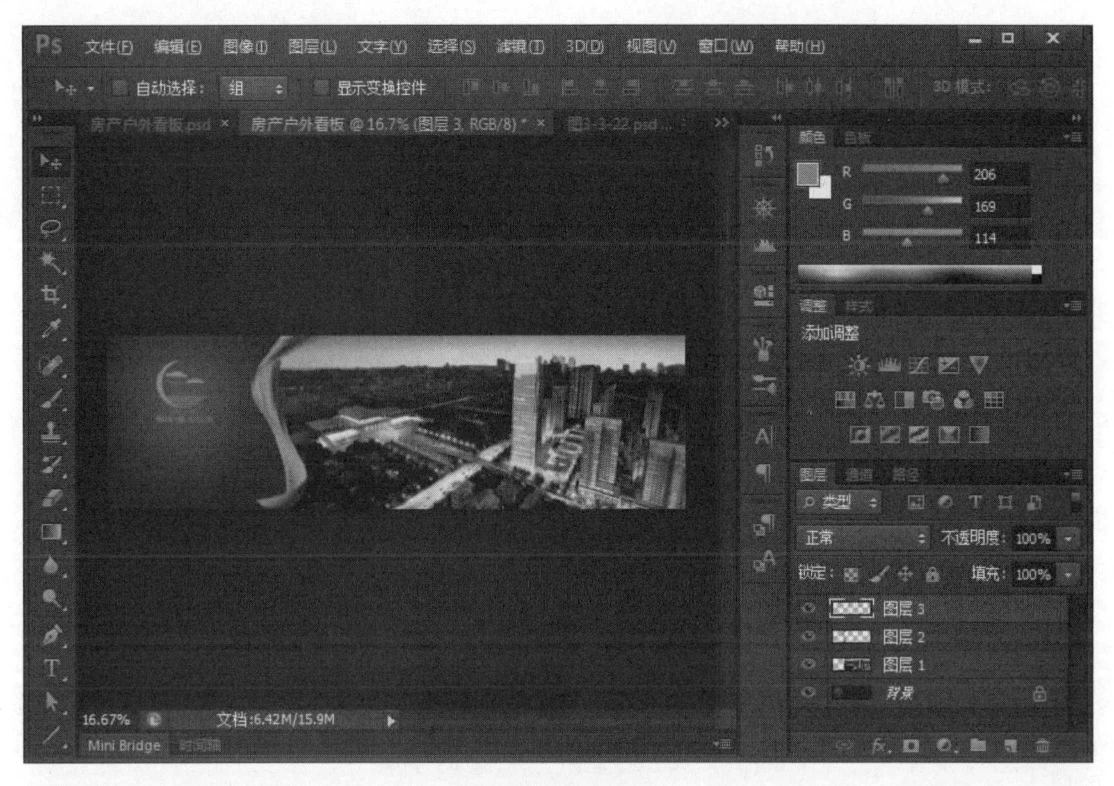

图 3.3.21　调整颜色

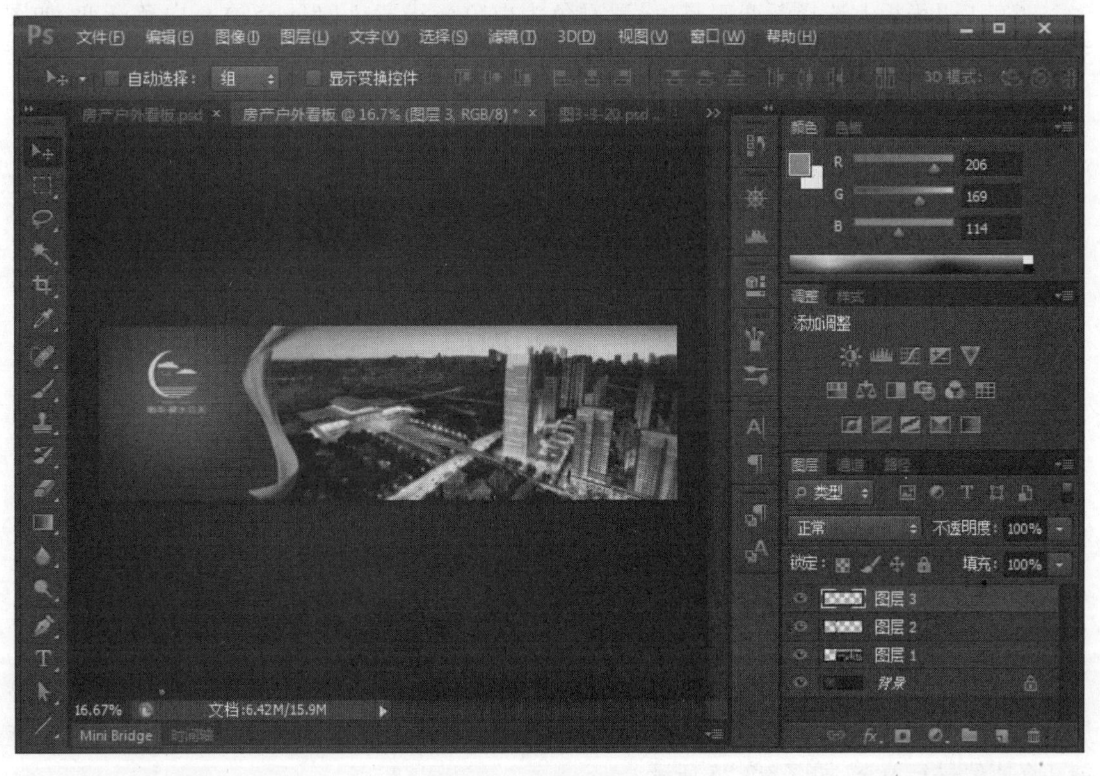

图 3.3.22　调整色相饱和度

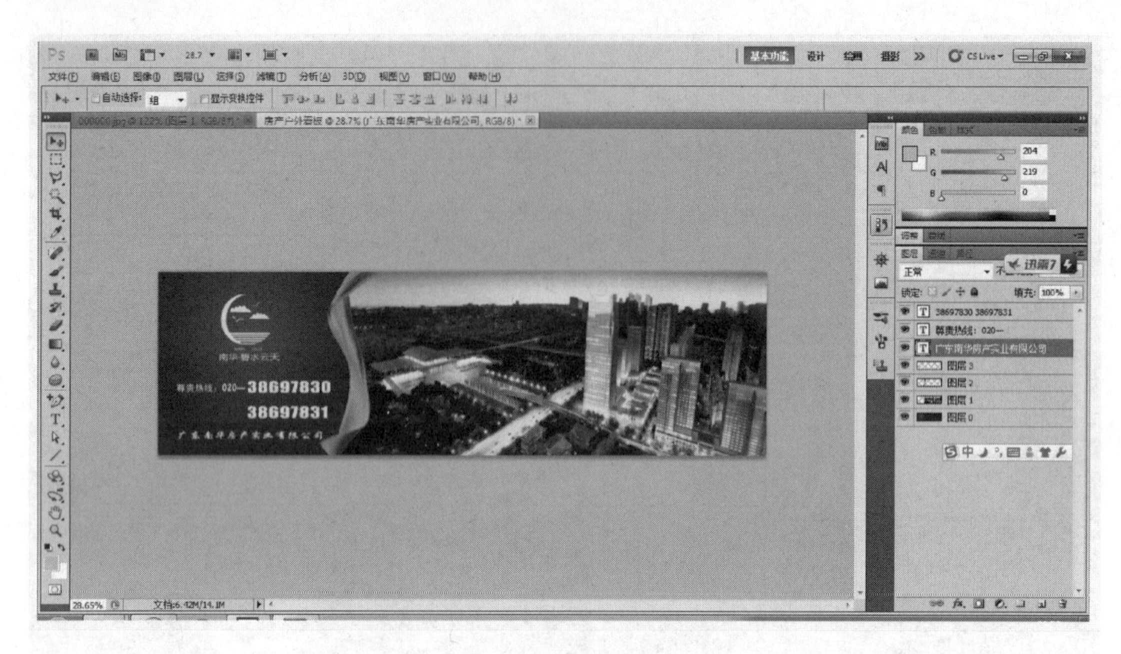

图 3.3.23　输入文字

⑮再次选择文字工具，输入文字“尊享 · 唯美生活”，设置字体为华文行楷，字号 72 点，垂直缩放 240%，水平缩放 200%。选中该图层，右键菜单中选择“栅格化文字”，将其转换成普通图层。

⑯在工具面板上选择渐变工具，设置颜色为白色→浅黄色（#faec55）→白色渐变，如图 3.3.24 所示。

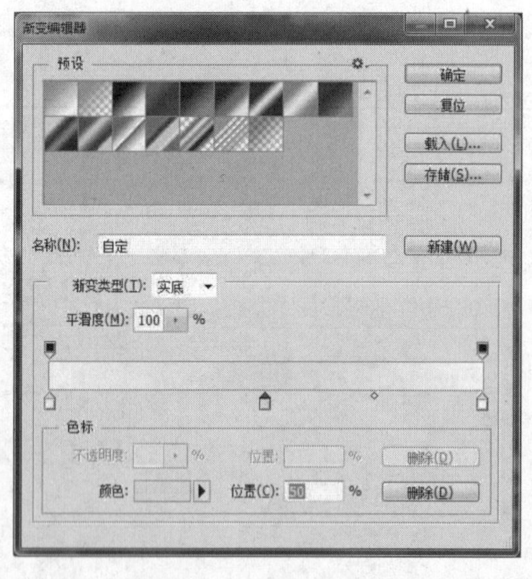

图 3.3.24　编辑渐变色

⑰按下“Ctrl”键，然后在图层面板上点击“尊享 · 唯美生活”文字所在图层的缩略图，将该层的文字载入选区；选中渐变工具，在属性栏中选中对称渐变方式，然后在选区中自上而下拖拽一条直线进行填充，如图 3.3.25 所示。

⑱最后将文件保存为“户外看板.psd”，房地产看板设计图制作完成。

图 3.3.25　渐变填充

[能力拓展]　设计制作看板效果图

1.制作看板效果图,如图 3.3.26 所示。

图 3.3.26　看板效果图

2.根据资料要求,设计制作房地产公司看板。

- 房地产公司看板设计说明:

  公司名称:华夏房产有限公司。

  地址:陕西省西安市碑林区兴庆路 69 号。

  邮编: 710049。

  电话:(029) 82391836。

  传真:(029) 82391079 。

- 房地产公司看板设计要求:

  简洁、大气,颜色搭配协调美观,字体设置醒目。画面文字引人入胜。

3.4 工地围墙设计

3.4.1 知识准备

1) 画笔工具

使用画笔工具可绘出边缘柔软的画笔效果,画笔的颜色为工具箱中的前景色。在画笔工具的选项栏中可看到如图 3.4.1 所示的选项。

单击工具选项栏中画笔后面的预览图标或小三角,可出现一个弹出式调板,可选择预设的各种画笔,选择画笔后再次单击预览图标或小三角将弹出式调板关闭。

图 3.4.1 画笔工具栏

在"模式"后面的弹出菜单中可选择不同的混合模式,并可设定画笔的"不透明度"和"流量"的百分比。

单击工具选项栏中的图标,图标凹下去表示选中喷枪效果,再次单击图标表示取消喷枪效果。选中喷枪效果时,即使在绘制线条的过程中有所停顿,喷笔中的颜料仍会不停地喷射出来,在停顿处出现一个颜色堆积的色点。停顿的时间越长,色点的颜色也就越深,所占的面积也越大。

"流量"数值的大小和喷枪效果的作用力度有关。可以在画笔调板中选择一个直径较大并且边缘柔软的画笔,调节不同的"流量"数值,然后将画笔工具放在图像上,按住鼠标左键不松手,观察笔墨扩散的情况,从而加深理解"流量"数值对喷枪效果的影响。

更多的画笔效果可以通过前面所讲的画笔调板的设定项来实现。如果想使绘制的画笔保持直线效果,可在画面上单击鼠标,确定起始点,然后在按住 Shift 键的同时将鼠标键移到另外一处,再单击鼠标,两个击点之间就会自动连接起来形成一条直线。

2) 铅笔工具

使用铅笔工具可绘出硬边的线条,如果是斜线,会带有明显的锯齿。绘制线条的颜色为工具箱中的前景色。在铅笔工具选项栏的弹出式调板中可看到硬边的画笔,如图 3.4.2 所示。

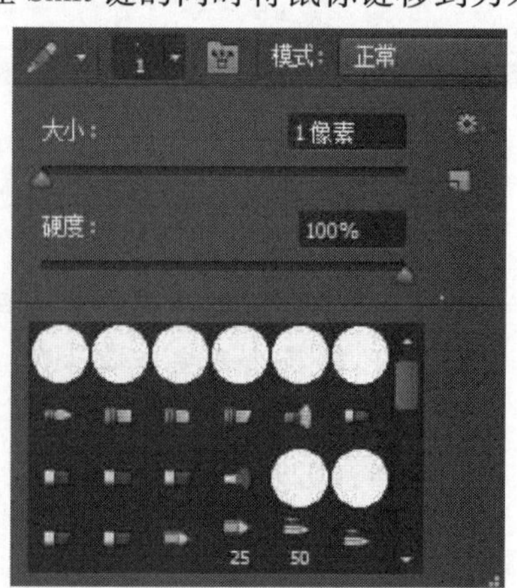

图 3.4.2 铅笔调板

在铅笔工具的选项栏中有一个"自动抹掉"选项。选中此选项后,如果铅笔线条的起点处是工具箱中的前景色,铅笔工具将和橡皮擦工具相似,会将前景色擦除至背景色;如果铅笔线条的起点处是工具箱中的背景色,铅笔工具会和绘图工具一样使用前景色绘图;铅笔线条起始点的颜色与前景色和背景色都不同时，铅笔工具也是使用前景色绘图。

3) **橡皮擦工具**

橡皮擦工具可将图像擦除至工具箱中的背景色，并可将图像还原到历史记录调板中图像的任何一个状态。单击工具箱中的橡皮擦工具，弹出橡皮擦工具选项栏，如图 3.4.3 所示。在"模式"后面的弹出菜单中可选择不同的橡皮擦类型：画笔、铅笔和块。当选择不同的橡皮擦类型时，工具选项栏中的设定项也是不同的。选择"画笔"和"铅笔"选项时，和画笔及铅笔的用法相似，只是绘画和擦除的区别。选择"块"就是一个方形的橡皮擦。

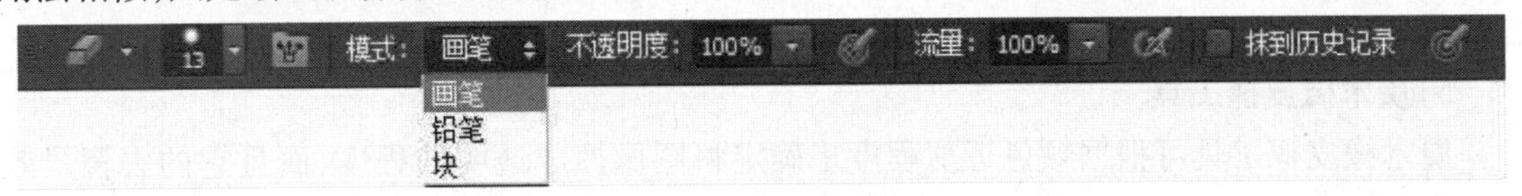

图 3.4.3　橡皮擦工具栏

在橡皮擦工具的选项栏中有一个"抹到历史记录"的选项，选择此选项后，当将橡皮擦工具移动到图像上时则变成图标，可将图像恢复到历史调板中任何一个状态或图像的任何一个"快照"。只需打开历史调板，用鼠标单击历史调板最左侧的方块，使之出现历史画笔的图标 ，如图 3.4.4 所示，表示选中了此状态。此时使用橡皮擦工具就可将图像恢复到此状态。

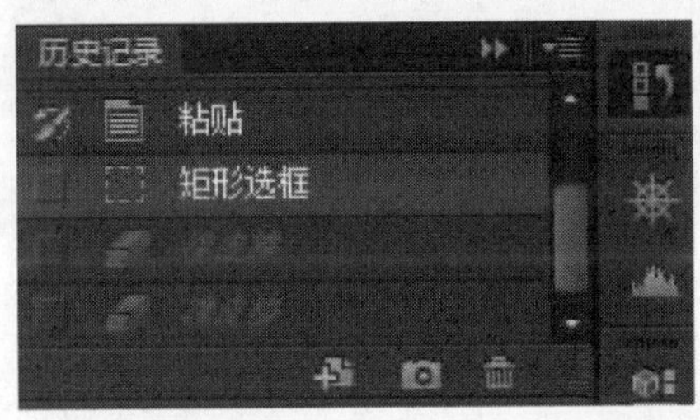

图 3.4.4　历史记录

4) **背景擦除工具**

背景擦除工具可将图层上的颜色擦除成透明。单击工具箱中的背景擦除工具就会出现其选项栏，如图 3.4.5 所示。

图 3.4.5　背景擦除工具选项栏

背景擦除工具可以在去掉背景的同时保留物体的边缘。通过定义不同的"取样"方式和设定不同的"容差"数值，可以控制边缘的透明度和锐利程度。背景擦除工具在画笔的中心取色（当工具移动到图像上时可看到圆形的中心有十字符号，表示取样的中心），不受中心以外其他颜色的影响。另外，它还对物体的边缘进行颜色提取，所以当物体被粘贴到其他图像上时边缘不会有光晕出现。

①"限制"：在"限制"弹出式菜单中，选择"不连续"可以删除所有的取样颜色；选择"邻近"时，只有取样颜色相关联的区域才会被擦除；选择"寻找边缘"，则擦除包含取样颜色相关区域并保留形状边缘的清晰和锐利。

②"容差"：是用来控制擦除颜色的范围，数值越大，则每次擦除的颜色范围就越大；如果

数值比较小,则只擦除和取样颜色相近的颜色。

③“保护前景色”:对于图像不希望被擦除的范围,可以按住 Option(Mac OS)/Alt(Windows)键,此时鼠标会变成吸管工具;单击不希望被擦除的颜色,该颜色会被设定为前景色,此时选中“保护前景色”选项,就可以将前景色保护起来不被擦除。

④“取样”:在“取样”弹出式菜单中可以设定所要擦除颜色的取样方式。

⑤“背景色板”:以背景色作为取样颜色,可以擦除与背景色相近或相同的颜色。

背景擦除工具不受图层调板上透明锁定的影响。使用背景擦除工具后,原来的背景图像自动转化为普通图层。图层的概念将在后面的章节讲解。

5)魔术橡皮擦工具

魔术橡皮擦工具可根据颜色近似程度来确定将图像擦成透明的程度,而且它的去背景效果比常用的路径还要好。

当使用魔术橡皮擦工具在图层上单击,工具会自动将所有相似的像素变为透明,如图 3.4.6 所示。如果当前操作的是背景层,操作完成后变成普通图层,如果是锁定透明的图层,像素变为背景色。

图 3.4.6　擦除效果

单击工具箱中的魔术橡皮擦工具图标,以显示其工具选项栏,如图 3.4.7 所示。

容差: 32　消除锯齿　连续　对所有图层取样　不透明度: 100%

图 3.4.7　工具栏选项

①在工具选项栏中,可以输入颜色的“容差”数值,输入数值越大,代表可擦除范围越广。选择“消除锯齿”选项可以使擦除后图像的边缘保持平滑。

②选择“邻近”选项只会去除图像中和鼠标单击点相似并连续的部分。如果不选择此项,将擦除图像中所有和鼠标单击点相似的像素,不管是否和鼠标单击点连续。

③“用于所有图层”选项和 Photoshop 中的图层有关。当选择此选项后,不管当前在哪个层上操作,所使用的工具对所有的图层都起作用,而不是只针对当前操作的层。

3.4.2　实战演练——工地围墙看板设计

1)设计要点

工地围墙看板设计要点与户外看板设计要点基本相同。

2)房地产工地围墙看板设计

房地产工地围墙看板效果如图 3.4.8 所示。

图 3.4.8 房地产工地围墙看板效果图

操作步骤:

①新建文件,宽度为 1 026 px,高度为 650 px。

②选中背景图层,设置前景色为深红色(R:74,G:0,B:1),按下“Delete+Alt”键将背景图层用深红色填充。

③新建一个图层,选择矩形选框工具,在属性栏上设置样式为固定大小,宽度为 986 px,高度为 158 px;在左侧建立一个矩形选区,然后填充成白色,如图 3.4.9 所示。

④在工具栏上选择渐变工具,在属性栏上单击颜色,打开颜色编辑器,设置颜色为土黄色(R:214,G:183,B:116)到浅黄色(R:245,G:231,B:196)的渐变,如图 3.4.10 所示。

⑤在属性栏上设置为线性填充方式,在新建图层的矩形选框内从左向右拖拽一条直线,完成填充,如图 3.4.11 所示。

⑥撤销选区,在图层面板上将图层 1 拖至新建按钮,生成 2 个图层副本,然后用移动工具将其从上到下依次排开。

⑦用文字工具,设置文字字体为“宋体”,字号为 24 点,颜色为深红色(R:74,G:0,B:1),然后输入文字:“50 万平米爵士乐风情水景理想城邦”“与学校毗邻 让孩子赢在起跑线上”“奢享繁华 核心商圈近在咫尺 ”;再次设置文字字体为“宋体”,字号为 14 点,水平缩放为 14%,输入文字:“500000 square meters of jazz style features an ideal city”“With the double adjacent to let the children win at the starting line”“Enjoy the luxury downtown core values be close by”,如图 3.4.12 所示。

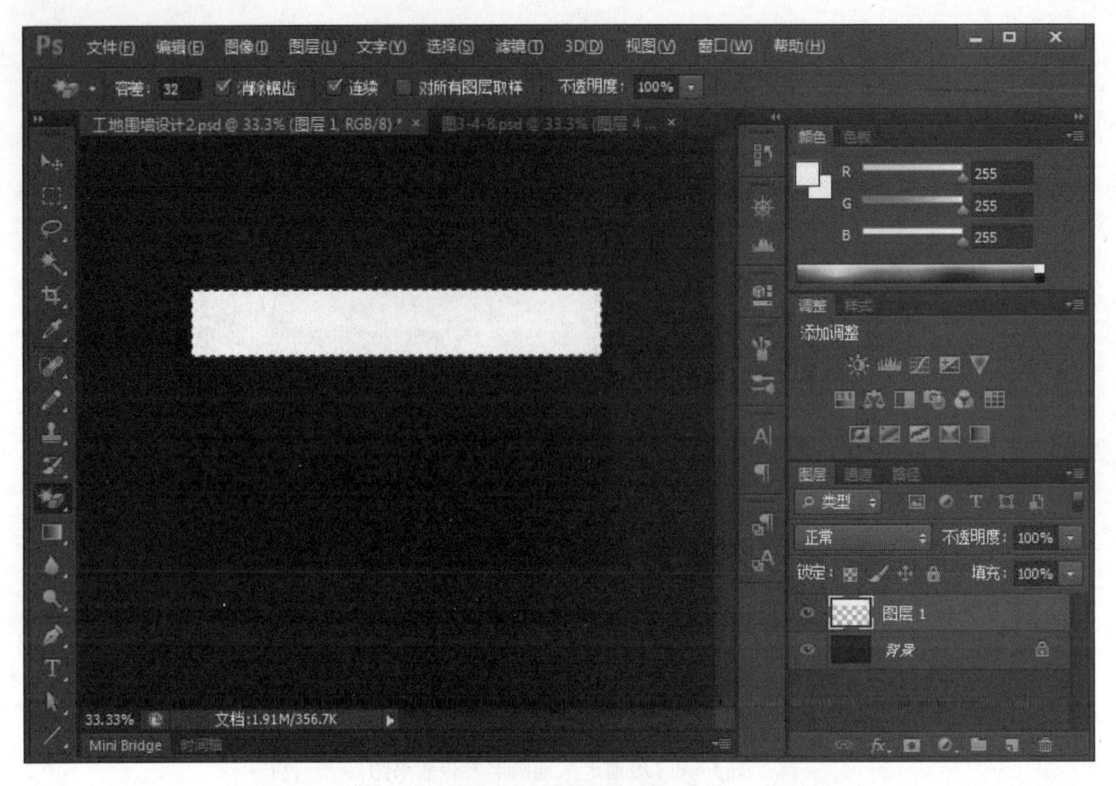

图 3.4.9 填充矩形

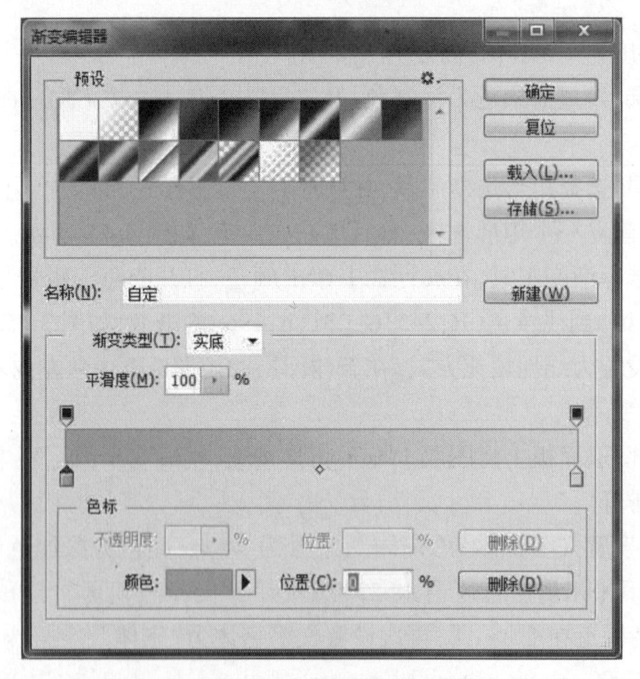

图 3.4.10 编辑渐变色

⑧新建图层 2，选择直线工具，然后在属性栏中设置为填充像素，粗细为 1 px，颜色为深红色不变，然后在合适位置处绘制一条直线，如图 3.4.13 所示。

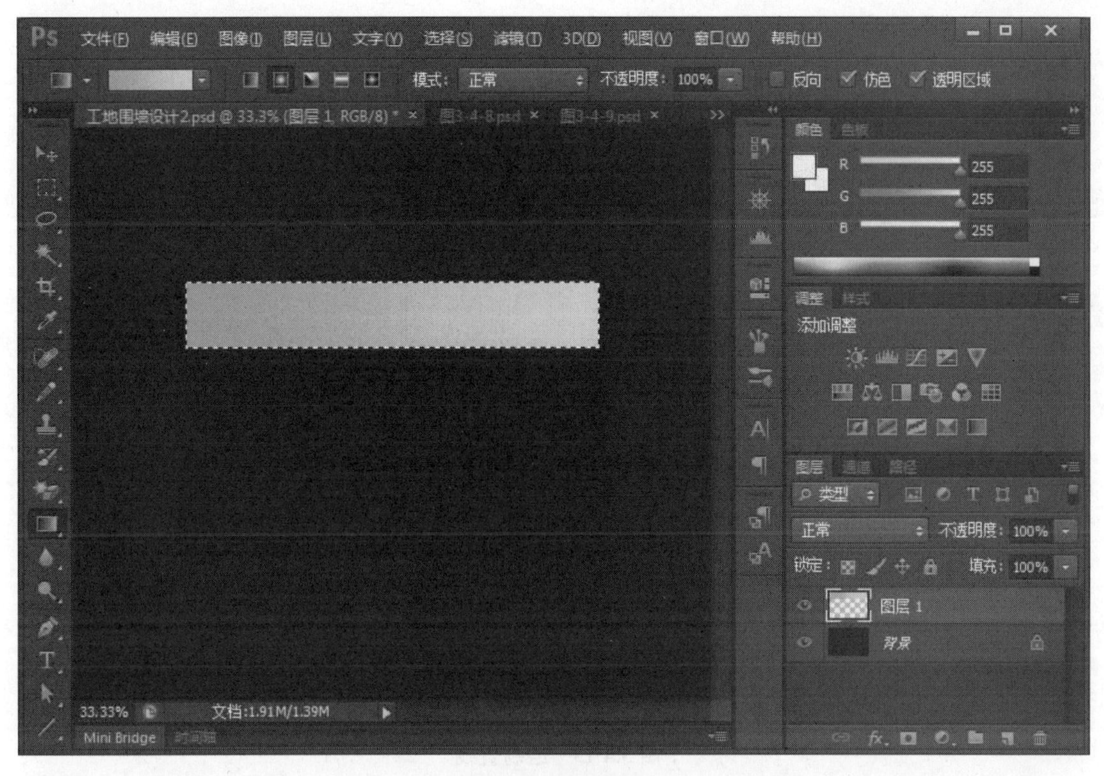

图 3.4.11　渐变填充

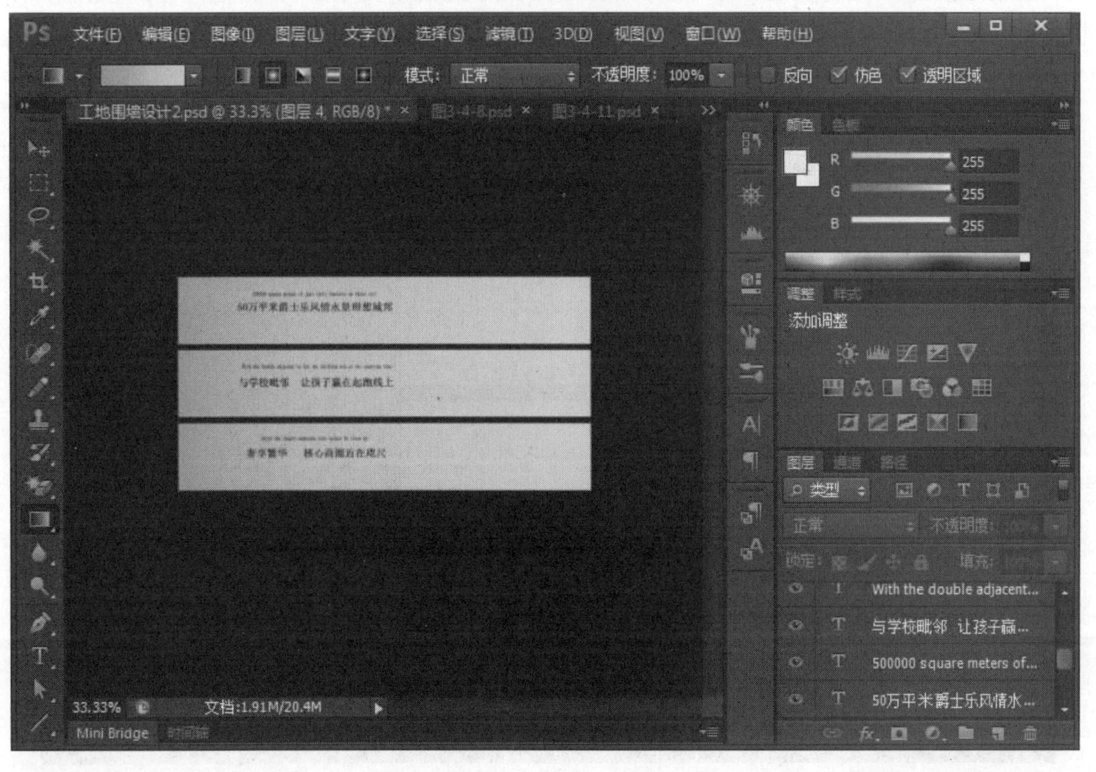

图 3.4.12　输入文字

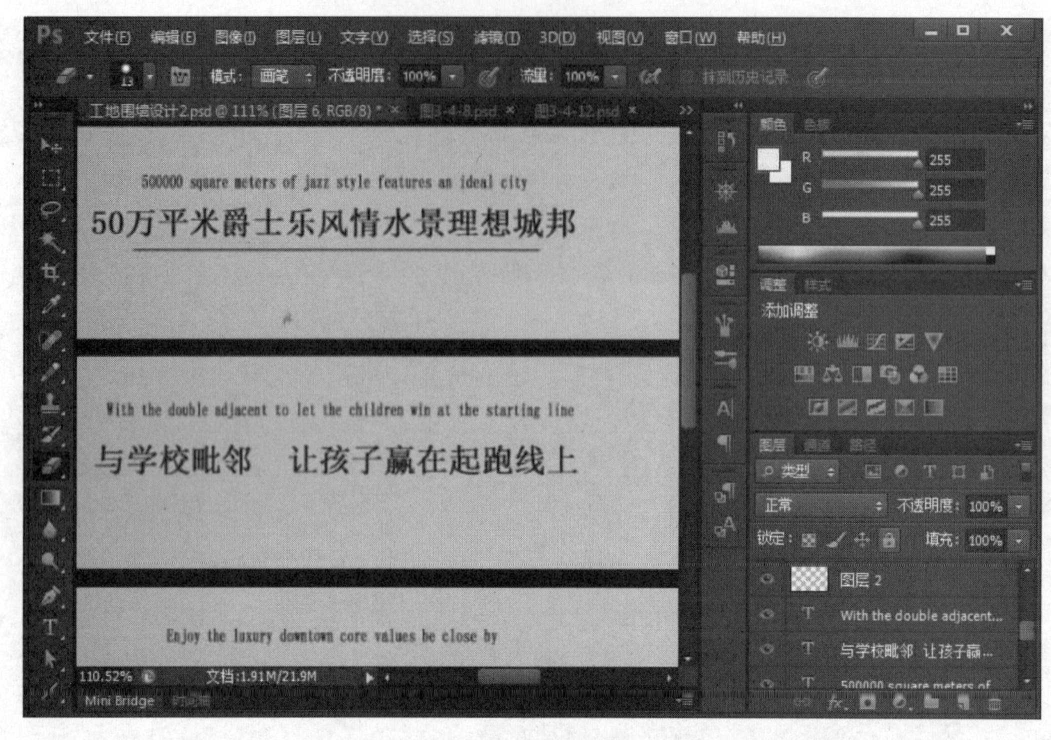

图 3.4.13　绘制直线

⑨新建图层 3,选择自定义形状工具,在属性栏上设置为填充像素,颜色为深红色,选择形状为“装饰 5”,在图层 3 上拖拽出一个图形,如图 3.4.14 所示。

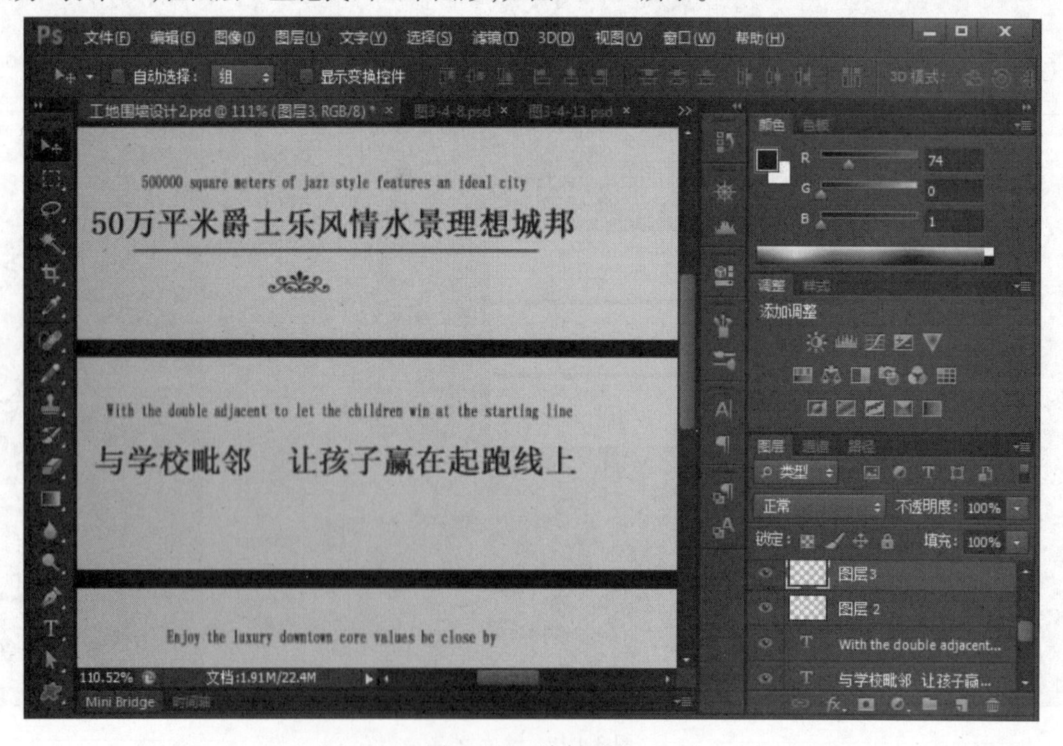

图 3.4.14　绘制图形

⑩用橡皮擦工具将图层 2 上的直线，中间部分擦除，然后调整图层 3 的图形位置，如图 3.4.15所示。

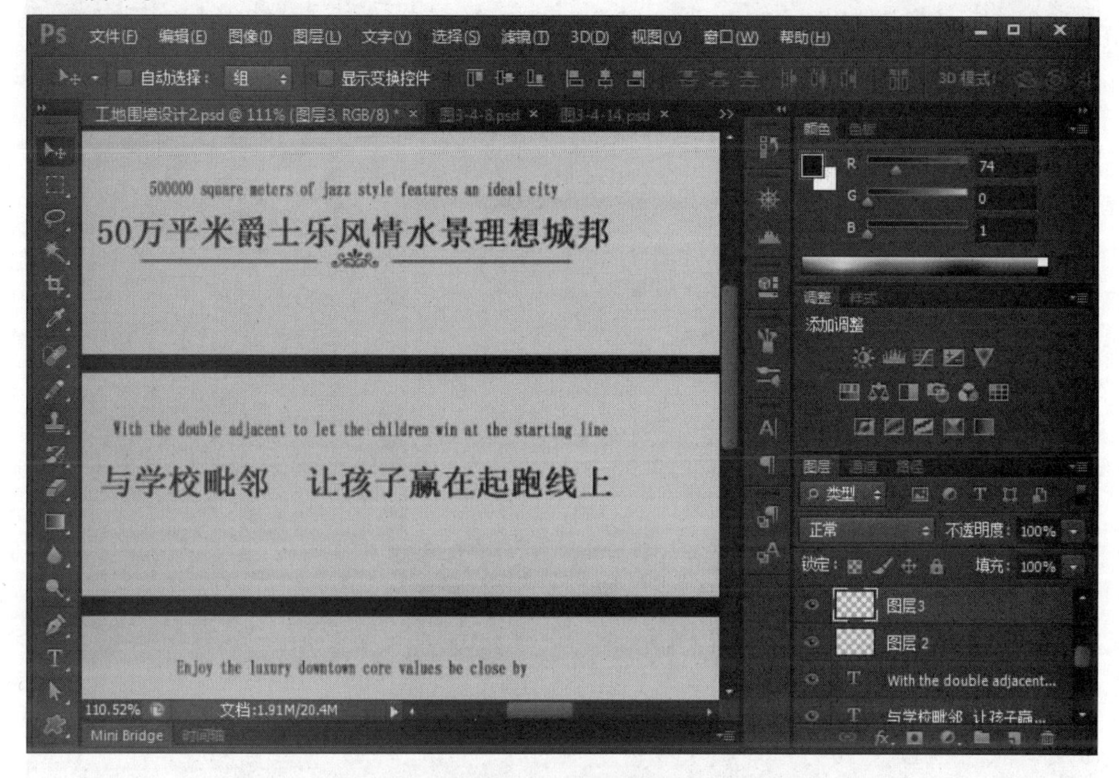

图 3.4.15　擦除图像

⑪将图层 2 和图层 3 合并，并复制出两个副本，分别移到另外两行主文字的下面。

⑫选择文字工具，设置字体为宋体，字号为 14 点，颜色为深红色，输入文字“城市华宅　国际品质　高容积率”“让孩子从小受到文化熏陶”“距离商业步行街仅 5 分钟的路程”，并用移动工具移至合适位置，如图 3.4.16 所示。

⑬打开素材文件，用选框工具建立选区，如图 3.4.17 所示。

⑭然后复制一份，返回正在编辑的图片中，如图 3.4.18 所示。

⑮执行“编辑”→“变换”→“水平翻转”命令，将图形翻转后，调整大小，放到合适位置上，如图 3.4.19 所示。

⑯在图层面板上单击添加蒙版按钮，为新复制过来的图层添加图层蒙版，然后选择工具栏上的渐变填充工具，将颜色编辑为从黑色到白色渐变，然后在图层蒙版上由左至右拖拽进行填充，如图 3.4.20 所示。

⑰打开素材文件 2，用矩形选框工具建立选区，然后将其复制到当前编辑的图像文件中；同上面的操作，添加图层蒙版，效果如图 3.4.21 所示。

⑱打开素材文件 3，用选框工具建立选区，并将选区内容复制新层到编辑的图像文件中，然后同上面的操作，如图 3.4.22 所示。

⑲将对应的图层进行合并，将图层合并成 4 层，如图 3.4.23 所示。

⑳将每个图层都复制出一份，然后将它们分别调整大小，顺次放到下面空白处，如图 3.4.24所示。

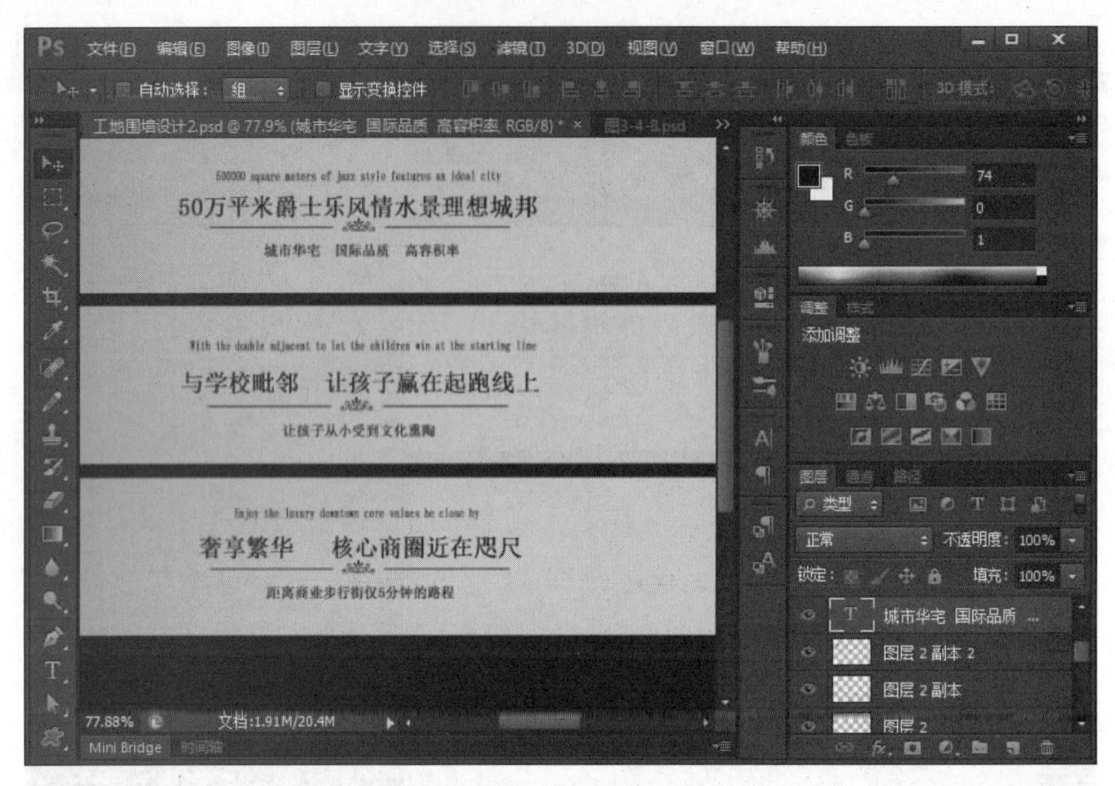

图 3.4.16　输入文字

图 3.4.17　建立选区

图 3.4.18　复制图像

图 3.4.19　调整图像大小

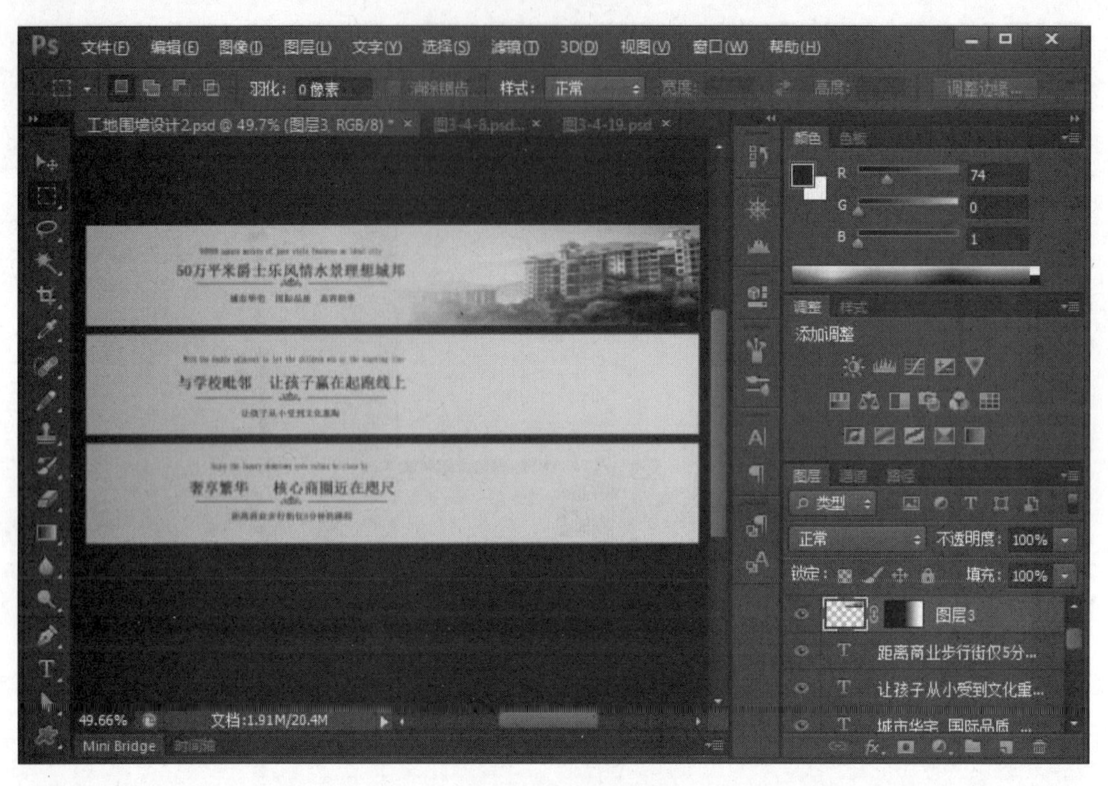

图 3.4.20 添加图层蒙版

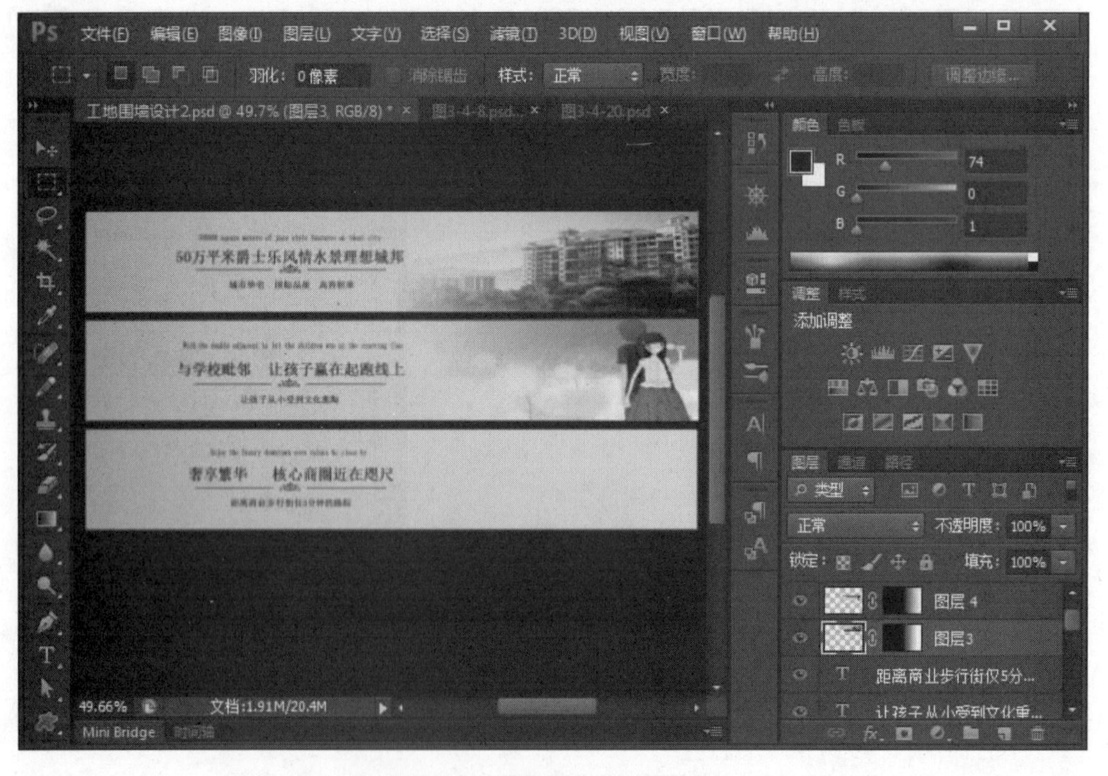

图 3.4.21 添加图像并制作效果

图 3.4.22　添加图像并制作效果

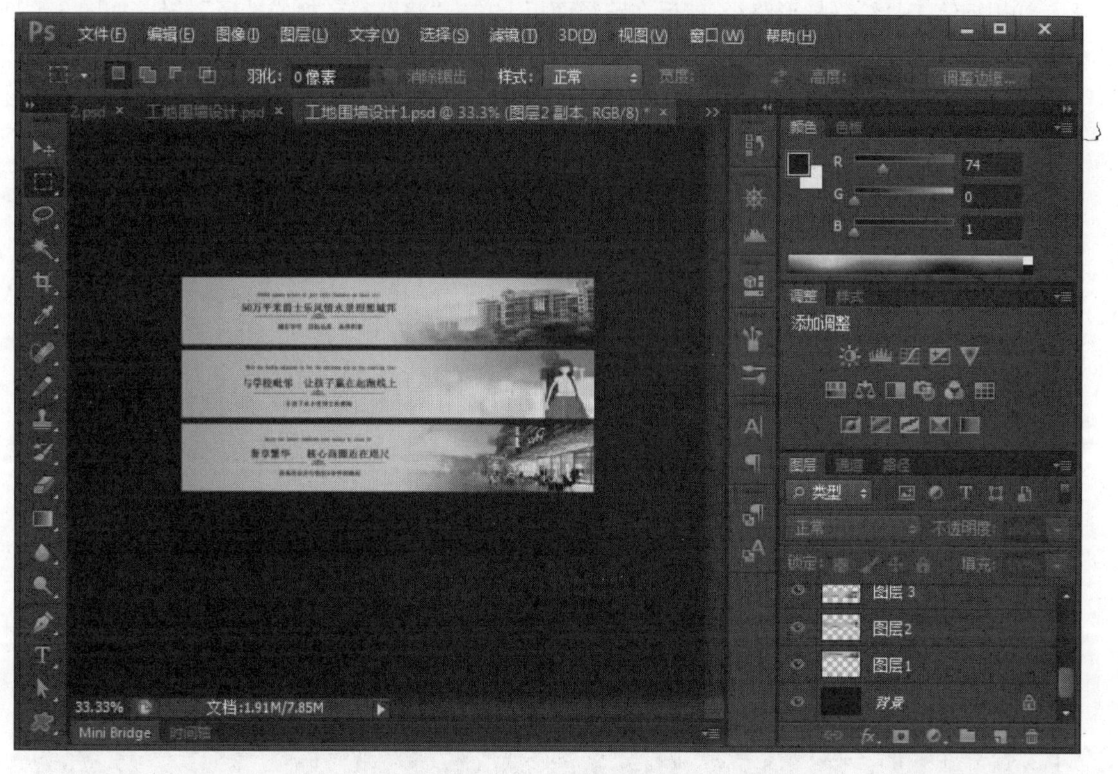

图 3.4.23　合并图层

图 3.4.24　复制图层

㉑用钢笔工具绘制梯形路径,然后在路径面板上单击“将路径转换成选区”按钮,如图 3.4.25 所示。

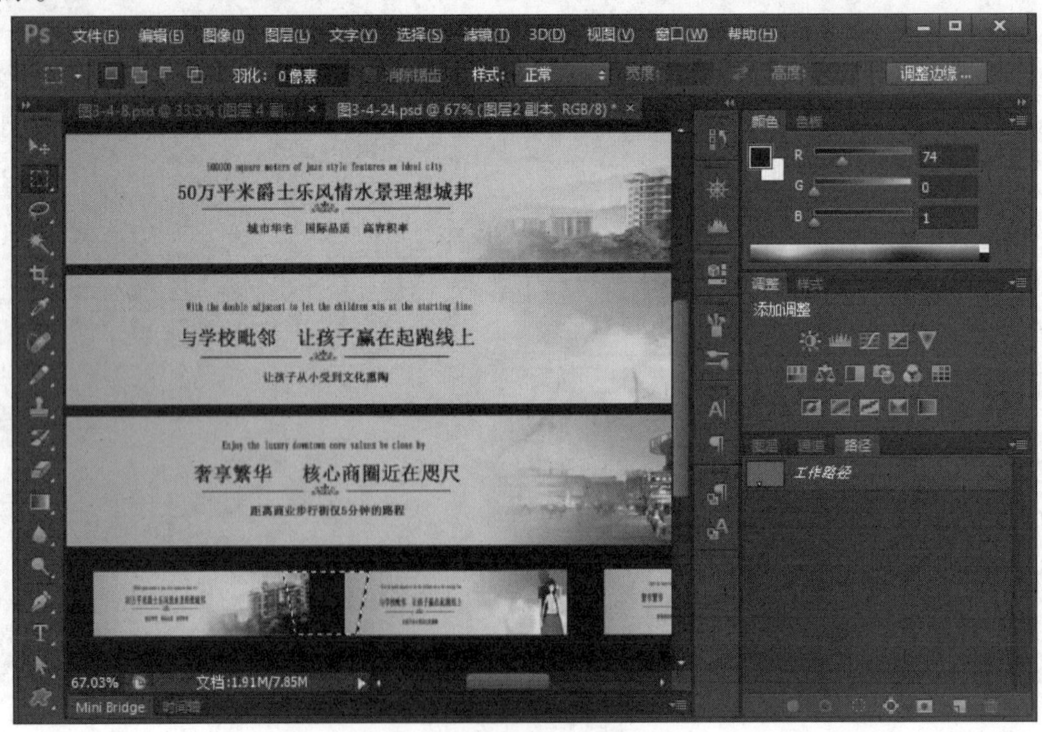

图 3.4.25　建立选区

㉒新建图层 4 选择渐变工具,设置颜色为深红色到暗红色的渐变,在选区内用径向渐变填充,然后插入 Logo 和输入文字“尊贵热线:020-”(宋体,30 点)“08697830.38697831(字体:Impact,48 点)广东华南房地产实业有限公司(华文行楷,30 点,水平缩放 137%)”,如图3.4.26 所示。

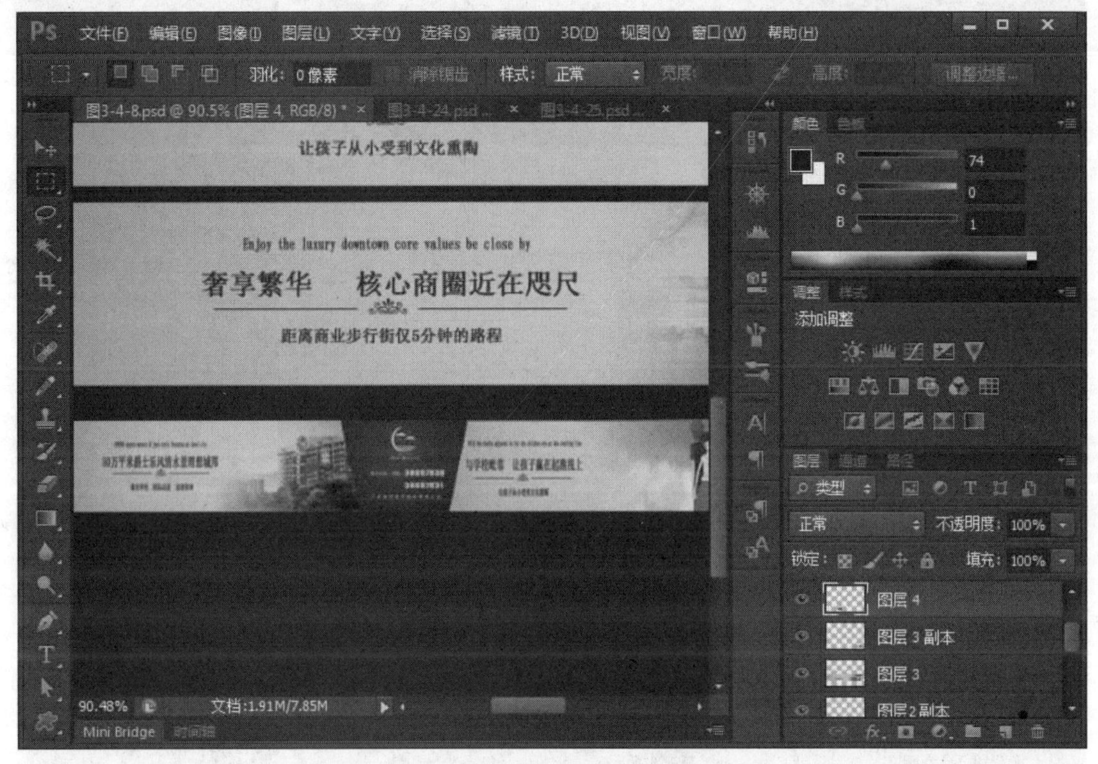

图 3.4.26　填充并输入文字

㉓将文字和梯形图像所在图层合并成一层,然后复制出 3 个,用移动工具放到合适位置,如图 3.4.27 所示。

㉔将下面的几个图层合并至一层,然后用选框工具建立选区,反选后清除多余的内容,如图 3.4.28 所示。

㉕工地围墙设计图制作完成,保存图像文件“工地围墙设计.psd”。

[能力拓展]　设计制作工地围墙效果图

1.制作工地围墙效果图,如图 3.4.29 所示。

2.根据资料要求,设计制作房地产公司看板。

- 房地产公司看板设计说明:

  公司名称:华夏房产有限公司。

  地址:陕西省西安市碑林区兴庆路 69 号。

  邮编:710049。

  电话:(029) 82391836。

  传真:(029) 82391079。

- 房地产建筑工地围墙设计要求:

  设计广告词,文字简洁,设计合理,大气。

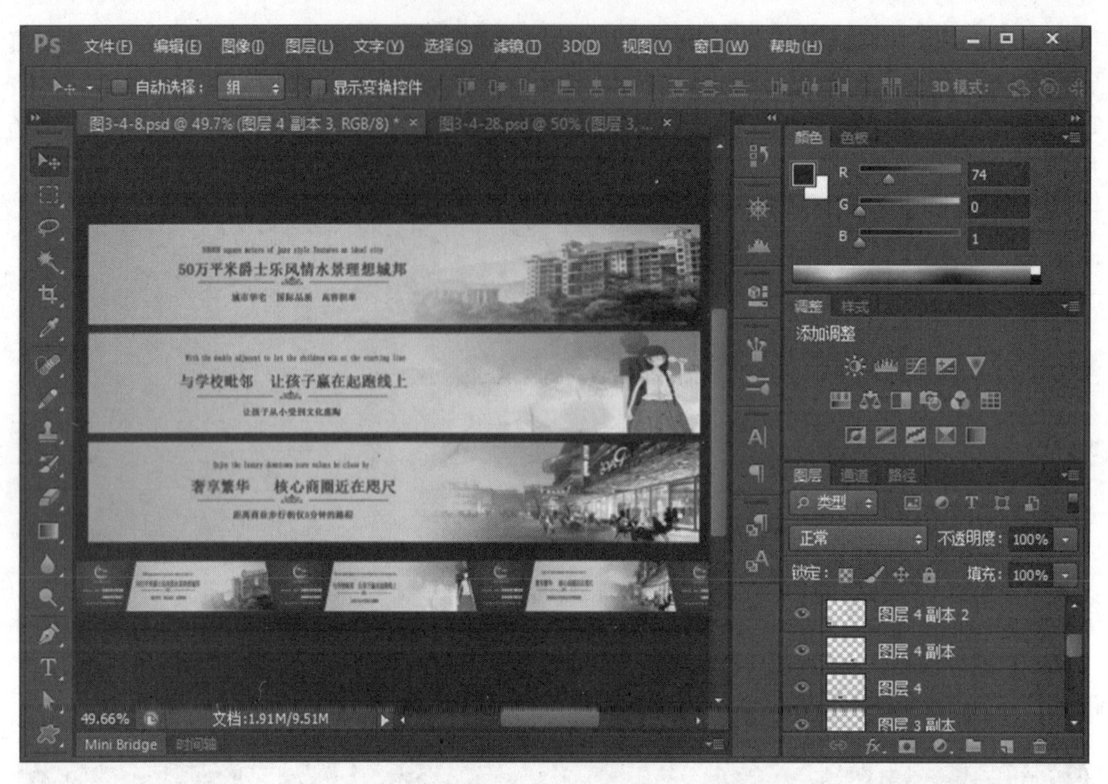

图 3.4.27 复制图层

图 3.4.28 清除多余图像

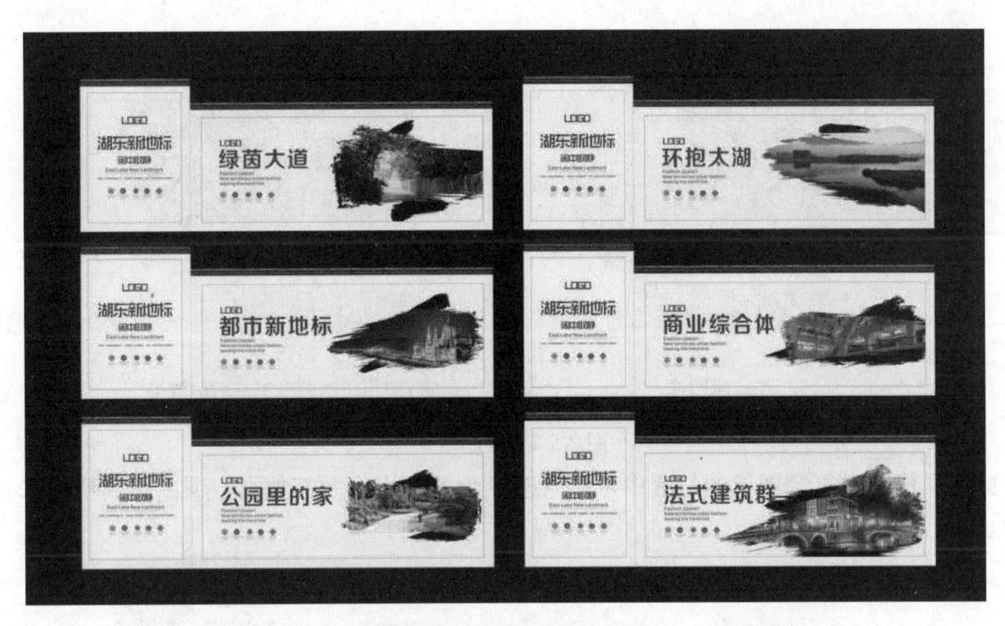

图 3.4.29　工地围墙效果图

3.5　车身广告设计

3.5.1　知识准备

1) 仿制图章工具

使用仿制图章工具可准确复制图像的一部分或全部，它是修补图像时常用的工具。例如，若原有图像有折痕，可用此工具选择折痕附近颜色相近的像素点来进行修复。

单击工具箱中的仿制图章工具，便出现其工具选项栏，如图 3.5.1 所示。在画笔预览图的弹出调板中选择不同类型的画笔来定义仿制图章工具的大小、形状和边缘软硬程序。在"模式"弹出菜单中选择复制的图像以及与底图的混合模式，并可设定"不透明度"和"流量"，还可以选择喷枪效果。

21　模式：正常　不透明度：100%　流量：100%　对齐　样本：当前图层

图 3.5.1　仿制图章工具选项栏

使用方法：

①在仿制图章工具的选项栏中选择一个软边和大小适中的画笔，然后将仿制图章工具移到图像中，按住 Option(Mac OS)/Alt(Windows)键的同时单击鼠标左键确定取样部分的起点。

②将鼠标移到图像中另外的位置，按下鼠标左键时，会有一个十字形符号标明取样位置和仿制图章工具相对应，拖拉鼠标就会对取样位置的图像进行复制，如图 3.5.2 所示。

③仿制图章工具不仅可在一个图像上操作，而且还可以从任何一张打开的图像上取样后复制到现用图像上，但却不能改变现用图像和非现用图像的关系。图 3.5.3 所示的是通过仿制图章工具将左图中的花复制到右图上的效果，但要求两张图像的颜色模式必须一样才可以

(a)原图像　　(b)应用仿制图章工具后的效果

图 3.5.2　复制效果

执行此项操作。在复制图像的过程中可经常改变画笔的大小及其他设定项以达到精确修复的目的。

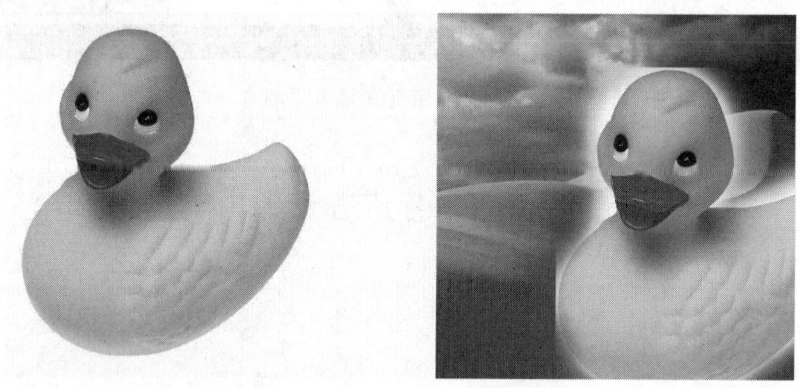

图 3.5.3　不同文件中的复制

几点说明:

①"对齐"。在仿制图章工具选项栏中有一个"对齐的"选项,这一选项在修复图像时非常有用,因为在复制过程中可能需要经常停下来,以更改仿制图章工具的大小和软硬程度,然后继续操作,因此复制会终止很多次。若选择"对齐的"选项,下一次的复制位置会和上次的完全相同,图像的复制不会因为终止而发生错位。图 3.5.3 就是选择了"对齐的"选项得到的复制效果。若不选择"对齐的"选项,一旦松开鼠标左键,表示这次的复制工作结束,当再次按下鼠标左键时,表示复制重新开始,每次复制都从取样点开始,操作起来较麻烦。

②前面所讲的两种情况限于只有一次取样点,若按住 Option(Mac OS)/Alt(Windows)键在不同的位置再一次取样,复制就会从新的取样点开始。

③"用于所有图层"。选择"用于所有图层"选项后再用仿制图章工具,不管当前选择了哪个层,此选项对所有的可见层都起作用。

2)图案图章工具

使用图案图章工具可将各种图案填充到图像中。图案图章工具的选项栏如图 3.5.4 所示,和前面所讲的仿制图章工具的设定项相似,不同的是图案图章工具直接以图案进行填充,不需要按住 Option(Mac OS)/Alt(Windows)键进行取样。具体使用方法如下:

①可以在图案预览图的弹出调板中选择预定好的图案,也可以使用自定义的图案,方法是

图 3.5.4　图案图章工具选项栏

用矩形选框工具(该工具将在后面章节中讲解)选择一个没有羽化设置的区域(羽化值为 0),执行“编辑”→“定义图案”命令,弹出“图案名称”对话框,在“名称”栏中输入图案的名称,单击“好”按钮即可将图案存储起来。在图案图章工具选项栏中的图案弹出式调板中可看到新定义的图案。

②定义好图案后,直接以图案图章工具在图像内绘制,即可将图案逐个整齐排列在图像中。图案图章工具选项栏中同样有一个“对齐的”选项,选择这一选项时,无论复制过程中停顿多少次,最终的图案位置都会非常整齐;而取消这一选项,一旦图案图章工具使用过程中断,再次开始时,图案将无法以原来的规则排列。

③选中图案图章工具选项栏中的“印象派”选项时,用图案图章工具绘制出来的笔触与印象派的效果相似。

3)修复画笔工具

修复画笔工具选项栏如图 3.5.5 所示,可看到和图章工具类似的选项。在画笔弹出调板中选择画笔的大小来定义修复画笔工具的大小;在“模式”后面的弹出菜单中选择复制或填充的像素和底图的混合方式。在画笔弹出调板中只能选择圆形的画笔,如图 3.5.6 所示,只能调节画笔的粗细、硬度、间距、角度和圆度的数值,这是和图章工具的不同之处。

图 3.5.5　修复画笔工具选项栏

在“源”后面有两个选项,当选择“取样”时,和仿制图章工具相似,首先按住 Option(Mac OS)/Alt(Windows)键确定取样起点,然后松开 Option(Mac OS)/Alt(Windows)键,将鼠标移动到要复制的位置再单击或拖拉鼠标;当选择“图案”时,和图案图章工具相似,在弹出调板中选择不同的图案或自定义图案进行图像的填充。

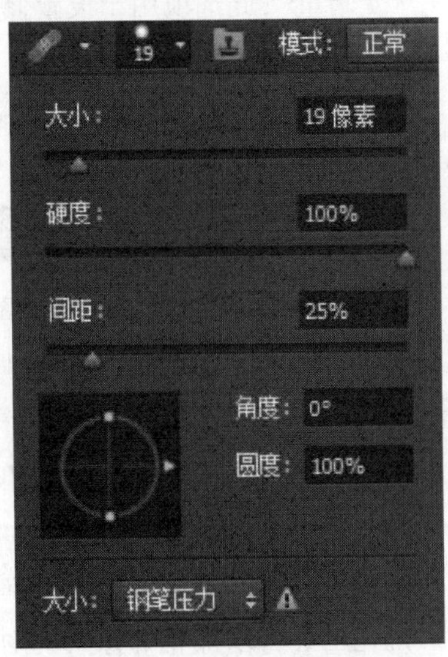

图 3.5.6　修复画笔调板

“对齐的”选项的使用和前面讲到的“仿制图章”工具中此选项的使用完全相同。修复画笔工具用于修复图像中的缺陷,并能使修复的结果自然融入周围的图像。综上所述,与图章工具类似,修复画笔工具也是从图像中取样复制到其他部位,或直接用图案进行填充,但不同的是修复画笔工具在复制或填充图案时,会将取样点的像素信息自然融入到复制的图像位置,并保持其纹理、亮度和层次,使被修复的像素和周围的图像完美结合。

4)修补工具

修补工具可以从图像的其他区域或使用图案来修补当前选中的区域。它和修复画笔工具相同之处是修复的同时也保留图像原来的纹理、亮度及层次等信息。修补工具的工具选项栏如图 3.5.7 所示。

图 3.5.7　修补工具选项栏

在执行修补操作之前,首先要确定修补的选区,可以直接使用修补工具在图像上拖拽形成任意形状的选区,也可以采用其他选择工具进行选区的创建。

"源"与"目标":在修补图像时,选择的区域要尽量小一些,因为这样修补的效果会更好。选择"目标"与选择"源"选项来进行修补的效果是不同的。创建选区后,将选区移动到要修补的区域。

"使用图案":选定区域后,修补工具选项栏中的"使用图案"按钮就会亮显,在图案调板中就可以选择要修补的图案,单击使用图案按钮,就可以将所选择的图案填充到选区内。

5)红眼画笔工具

使用红眼画笔工具能够简化图像中特定颜色的替换,可以用校正颜色在目标颜色上绘画(例如图像中人物的红眼等)。红眼画笔工具的工具选项栏如图 3.5.8 所示。

图 3.5.8　红眼画笔工具选项栏

选择这款工具,在属性栏设置好瞳孔大小及变暗数值,然后在瞳孔位置单击鼠标左键就可以修复。

"瞳孔大小":此选项用于设置修复瞳孔范围的大小。

"变暗量":此选项用于设置修复范围的颜色亮度。

6)模糊/锐化工具

模糊/锐化工具可使图像的一部分边缘模糊或清晰,常用于对细节的修饰。两者在工具选项栏中的选项也是相同的,如图 3.5.9 所示。

图 3.5.9　模糊锐化工具选项栏

其中,可调节"强度"的大小,强度越大,工具产生的效果就越明显,在"模式"后面的弹出菜单中可设定工具和底图不同的作用模式。

当选中"对所有图层取样"选项时,这两个工具在操作过程中就不会受不同图层的影响,不管当前是哪个活动层,模糊工具和锐化工具都对所有图层上的像素起作用。

模糊工具可降低相邻像素的对比度,将较硬的边缘软化,使图像柔和。

锐化工具可增加相邻像素的对比度,将较软的边缘明显化,使图像聚焦。这个工具并不适合过渡使用,因为将会导致图像严重失真。

7)涂抹工具

涂抹工具模拟用手指涂抹油墨的效果。在颜色的交界处使用涂抹工具,会有一种相邻颜色互相挤入而产生的模糊感。涂抹工具不能在"位图"和"索引颜色"模式的图像上使用。

涂抹工具的工具选项栏如图 3.5.10 所示,可以通过"强度"来控制手指作用在画面上的工作力度。默认的“强度”为50%，数值越大，手指拖出的线条就越长，反之则越短。如果“强度”设置为100%时，则可拖出无限长的线条来，直到松开鼠标左键。

图3.5.10　涂抹工具选项栏

当选中“手指绘画”选项时，每次拖拉鼠标绘制的开始就会使用工具箱中的前景色。如果将“强度”设置为100%，则绘图效果与画笔工具完全相同。

“对所有图层取样”选项和图层有关，当选中此选项时，涂抹工具的操作对所有的图层都起作用。

8）减淡/加深/海绵工具

减淡/加深/海绵工具主要用来调整图像的细节部分，可使图像的局部变淡、变深或使色彩饱和度增加或降低。

减淡工具可使细节部分变亮，类似于加光的操作。单击工具箱中的减淡工具，弹出减淡工具选项栏，如图3.5.11所示。在“范围”后面的弹出菜单中可分别选择“暗调”“中间调”和“高光”；可设定不同的“曝光度”，曝光度越高，减淡工具的使用效果就越明显，还可选择喷枪效果。

图3.5.11　减淡工具选项栏

加深工具可使细节部分变暗，类似于遮光的操作。单击工具箱中的加深工具，其工具选项栏和减淡工具相同。

海绵工具用来增加或降低颜色的饱和度。单击工具箱中的海绵工具，海绵工具选项栏如图3.5.12所示。“模式”后面的弹出菜单中可分别选择“饱和”或“降低饱和度”。“饱和”选项用于增加图像中某部分的饱和度；“降低饱和度”选项用于减少图像中某部分的饱和度。“流量”值用来控制增加或降低饱和度的程度。另外也可选择喷枪效果。

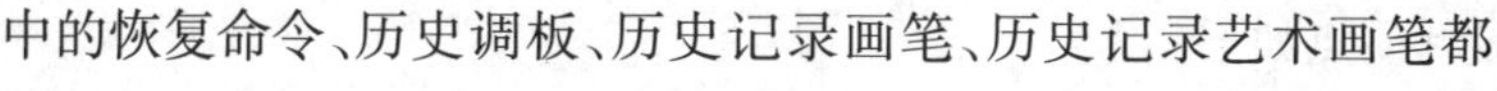

图3.5.12　海绵工具选项栏

如果在画面上反复使用海绵的降低饱和度效果，则可能使图像的局部变为灰度；而使用饱和方式修饰人像面部的变化时，又可起到较好的上色效果。

9）图像的恢复

Photoshop中的恢复命令、历史调板、历史记录画笔、历史记录艺术画笔都可用于图像的恢复。

（1）恢复命令

大多数误操作都可以还原，可将图像的全部或部分内容恢复到上次存储的版本。选择“文件”→“恢复”命令，能将被编辑过的图像回复到上一次存储的状态。

除了恢复命令,还有还原、重复、返回、向前四项命令可以纠正操作中的失误。

选择“编辑”→“还原”命令,可以还原前一次对图像所执行的操作。如果操作不能还原,则此命令将变成灰色的无法还原状态。

选择“编辑”→“重做”命令,则能重新执行前一次操作。

选择“编辑”→“返回”命令,可以对图像所作的修改返回。多次应用此命令,可以一步一步取消已做的操作。而“向前”命令,可重做已取消的操作。

(2)历史记录调板

历史记录调板是用来记录操作步骤的。如果有足够的内存,历史记录调板会将所有的操作步骤都记录下来,可随时返回任何一个步骤,查看任何一步操作时图像的效果。默认情况下,历史记录调板可以记录最近的20步操作状态,当超过这个数量时,软件会自动清除前面的步骤以腾出内存空间,提高工作效率。可以通过第1章讲过的预置来增加历史记录的数目。不仅如此,配合历史记录画笔和历史记录艺术画笔工具的使用,还可以将不同步骤所创建的效果结合起来。

历史记录调板的最左边有一排方框,单击方框,会出现图标,表示此状态作为历史记录画笔的“源”图像,一次只能选择一种状态。图标右边的小图像是当前图像的缩微图,被称为“快照”。当打开一个图像时,只有一个“状态”,表明执行了一个操作步骤,其名称通常是“打开”,在其左边是一个滑标,当执行不同的步骤时,在历史记录调板中会记录下来,并根据所执行命令的名称自动命名,滑标始终随着操作向下移动。可以用鼠标单击任何一个记录的状态,滑标就会出现在选中的状态前面,其下的状态就会变成灰色,名称变成斜体字。

(3)创建图像的新文档

可以对当前任何中间状态创建一个新文件,方法是选中历史记录调板中任何一步的状态,然后单击历史记录调板下面的图标,就会自动生成一个新的图像文件,新文件的名称和原文件选中的状态的名称相同,并且在历史记录调板中自动以“复制状态”命名第一步操作。

也可以在历史记录调板右上角的弹出菜单中选择“新文档”命令,同样会生成一个新的图像文件,然后通过存储命令将文件存储起来。通过历史记录调板提供的此功能,可以很方便地将操作过程中的任何一个状态存储为单独的文件。

3.5.2 实战演练——车身广告设计

1)车身广告设计要点

车身广告又称车体广告。公交车身已成为一种渗透力极强的户外广告媒体。公交车身广告是固定户外广告的延伸,它具有固定户外广告的优点——广告画面冲击力大,广告影响持续不断,能有效地向特定地区特定阶层进行广告宣传的特点。

车身广告设计要点如下:

①图案要简单。车体广告有别于户外招牌广告和墙体广告,如果图案过于复杂,又是移动的,不便于记忆。

②重点要突出。车体广告面积有限,要有意识地取舍广告内容。

2)房地产车身广告设计案例

房地产车身广告设计效果如图3.5.13所示。

操作步骤:

图 3.5.13　房地产车身广告设计效果图

①打开“车身广告素材”文件,如图 3.5.14 所示。

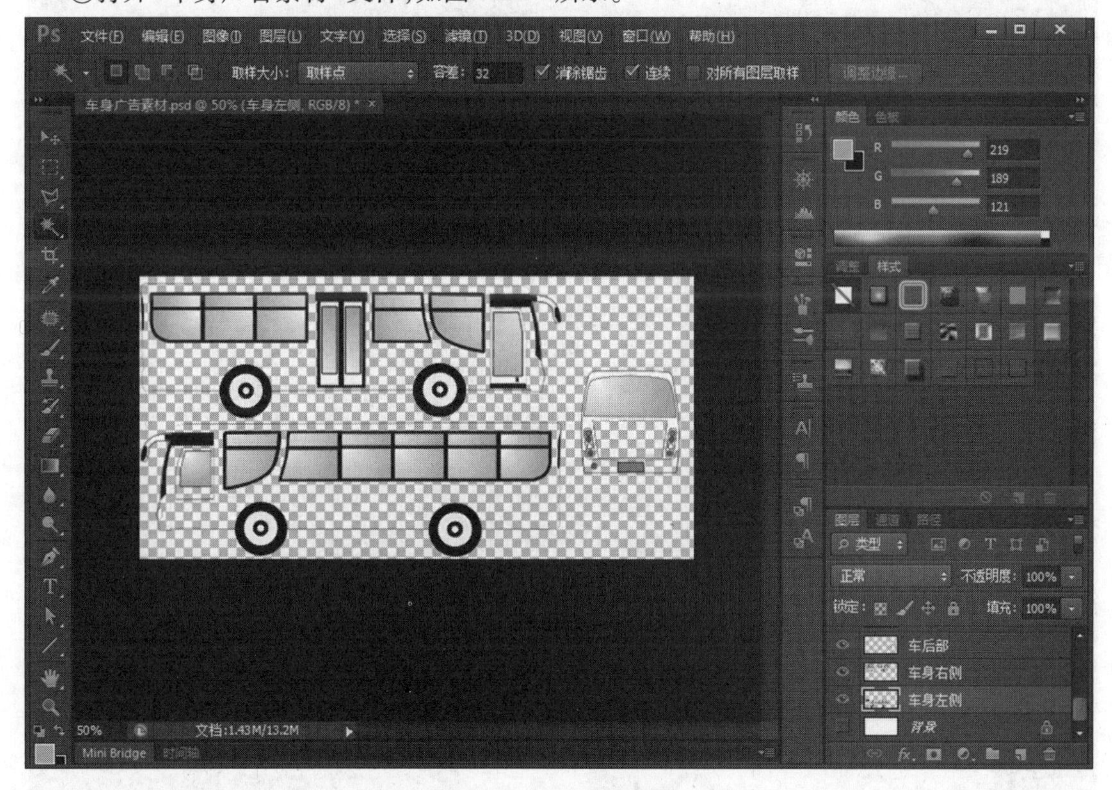

图 3.5.14　打开素材文件

②打开第二个素材文件“素材 2.jpg”,用矩形选框选择其中一部分,如图 3.5.15 所示。

③将选中的图像复制到车身广告素材文件中,生成新的图层 1。

④调整图层 1 的大小,将其放在合适位置处并调整图层顺序,将车身左侧图层放在图层 1 的上面。

⑤将调整好的图层 1 复制,生成图层 1 副本,选中图层 1 副本,然后执行“编辑”→“变换”→“水平翻转”命令,将图像进行水平翻转,然后将其图层顺序调整在车身右侧图层的下面,如图 3.5.16 所示。

图 3.5.15 选择图像

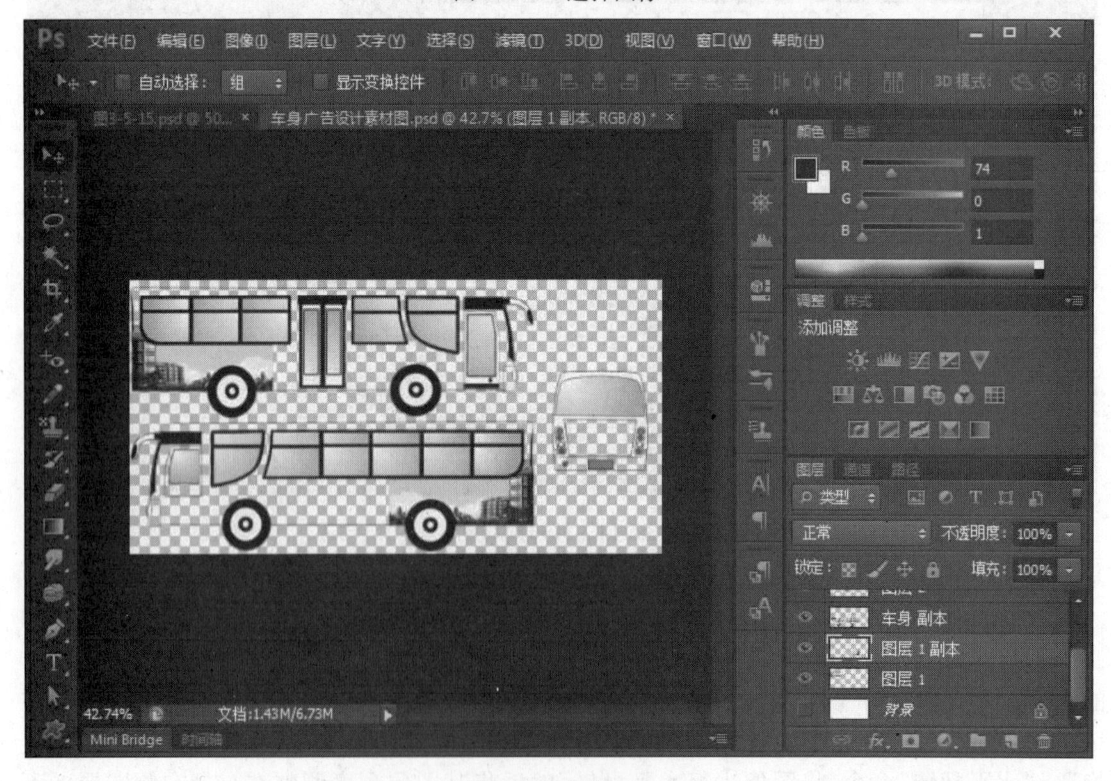

图 3.5.16 添加图像

⑥选中车身左侧图层，在工具栏上选择魔术棒工具后在车身处单击，建立新的图层，并命名为“车身左侧填充”，在该图层上用白色填充车身；同样，在另一个新建图层上，命名为“车身右侧填充”，在该图层上用白色填充车身，如图 3.5.17 所示。

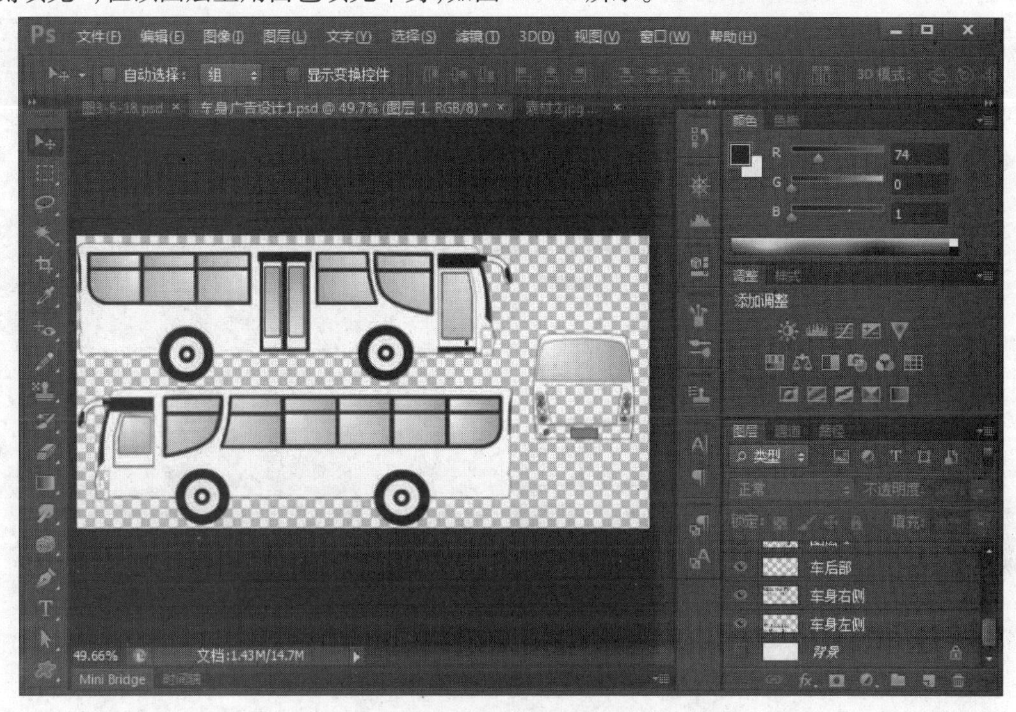

图 3.5.17　填充图像

⑦调整图层顺序，将图层 1 和图层 1 副本放到最上面，如图 3.5.18 所示。

图 3.5.18　复制图层 1 副本

⑧按下“Ctrl”键，在车身右侧填充图层的缩略图上单击鼠标左键，将车身白色填充载入选区；然后按下“Ctrl+Shift+I”键反选，选中图层1，然后按下“Delete”键清除多余部分；同样，将图层1副本的多余图像也清除，如图3.5.19所示。

图3.5.19 清除多余图像

⑨按下“Ctrl”键，在车身右侧填充图层的缩略图上单击鼠标左键，将车身白色填充载入选区；然后新建一个图层，用直线工具，将前景色设置为黑色，粗细为5 px，在合适位置处绘制一根斜线；同样，新建另一个图层，然后绘制一根斜线，如图3.5.20所示。

⑩在工具栏上选择多边形套索工具，在图层1上建立选区，将斜线外的部分清除，用同样方法将图层1副本的多余部分也清除，如图3.5.21所示。

⑪将车身背景图像图层和斜线所在图层合并，并分别命名为“车身右侧图像”图层和“车身左侧图像”图层。

⑫在图层面板中按下“Ctrl”键，单击“车身右侧填充”图层，将其中的图像载入选区；然后在工具面板上选择渐变填充工具，设置颜色为浅绿色(R:52,G:255,B:165)到深绿色(R:63,G:100,B:48)的渐变，设置填充为线性填充；然后在该图层上从左向右拖一条直线进行填充，如图3.5.22所示。

⑬用同样方法将“车身左侧填充”图层也进行反向渐变填充，如图3.5.23所示。

⑭用魔术棒工具和油漆桶工具将车子的前灯处用深绿色填充，如图3.5.24所示。

⑮用魔术棒工具选中车身左侧车门空白部分，用白色填充。

⑯用魔术棒工具和渐变工具将车身后部的相应区域填充深绿色，如图3.5.25所示。

⑰将图层1和车身右侧填充图层合并到一层，将图层1副本和车身左侧填充图层合并到一层。

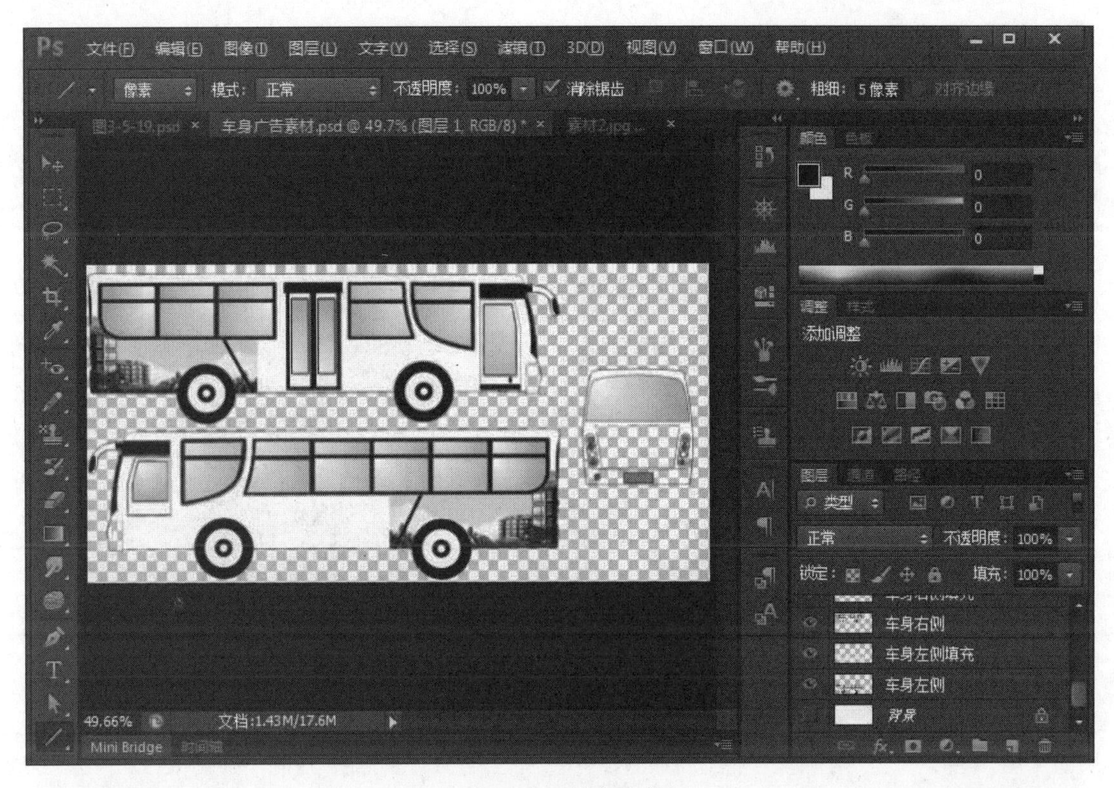

图 3.5.20　绘制直线

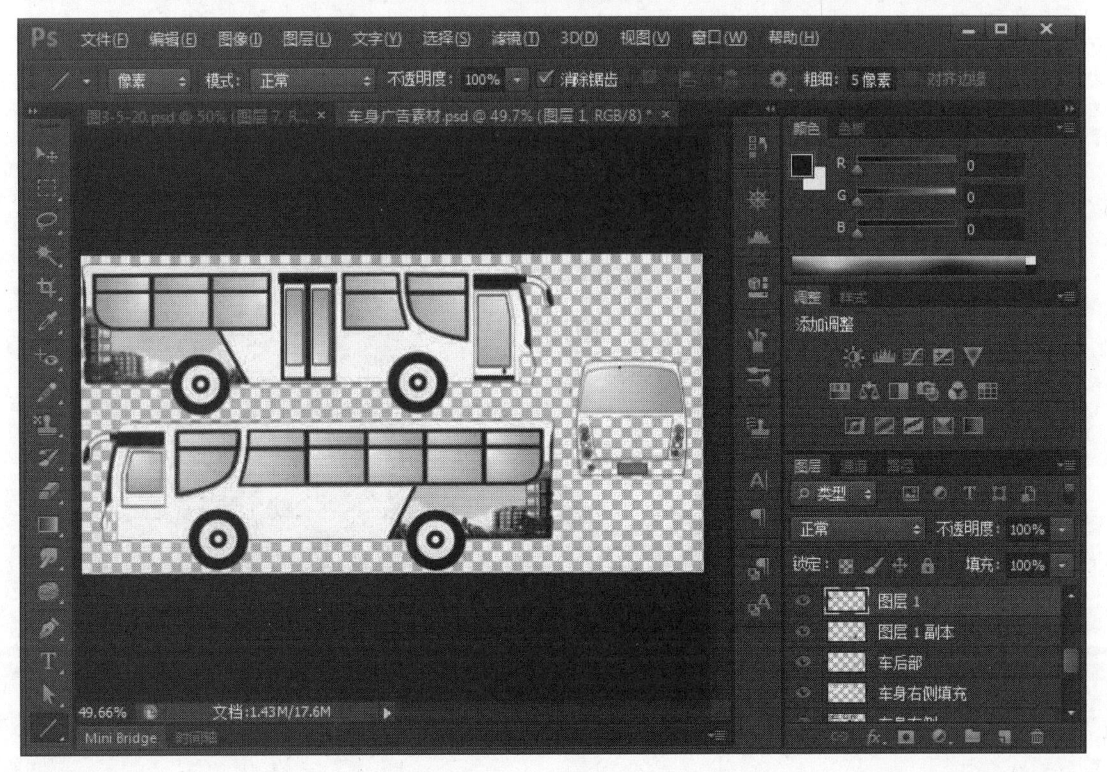

图 3.5.21　绘制直线

图 3.5.22 渐变填充

图 3.5.23 渐变填充

图 3.5.24　填充车灯

图 3.5.25　填充颜色

⑱打开房地产 Logo 素材，将图像全选后复制到本文件中，形成新的图层并更名为 Logo。

⑲调整 Logo 图层图像大小，并执行“图像”→“调整”→“色相/饱和度”命令，设置参数，如图 3.5.26 所示。

图 3.5.26　调整图像色彩

⑳将 Logo 图层复制一层，然后用移动工具移到合适位置，如图 3.5.27 所示。

图 3.5.27　复制 Logo

㉑用文字工具，设置样式为华文行楷，输入文字“尊享 · 唯美生活”，然后将文字图层栅格化处理成普通图层；然后选择渐变填充工具，设置填充颜色（选择预设面板“橙黄橙渐变”），如图 3.5.28 所示。

图 3.5.28　编辑渐变色

㉒完成填充后，将文字所在的图层复制两个，分别调整大小并移到合适位置，如图 3.5.29 所示。

图 3.5.29　填充文字

㉓再次用文字工具输入电话、地址、公司名称和传真等文字信息，分别调整好位置和大小，如图 3.5.30 所示。

图 3.5.30　添加文字

㉔保存文件“车身广告设计.psd”。

[能力拓展]　制作车身广告效果图

1.制作车身广告效果图，如图 3.5.31 所示。

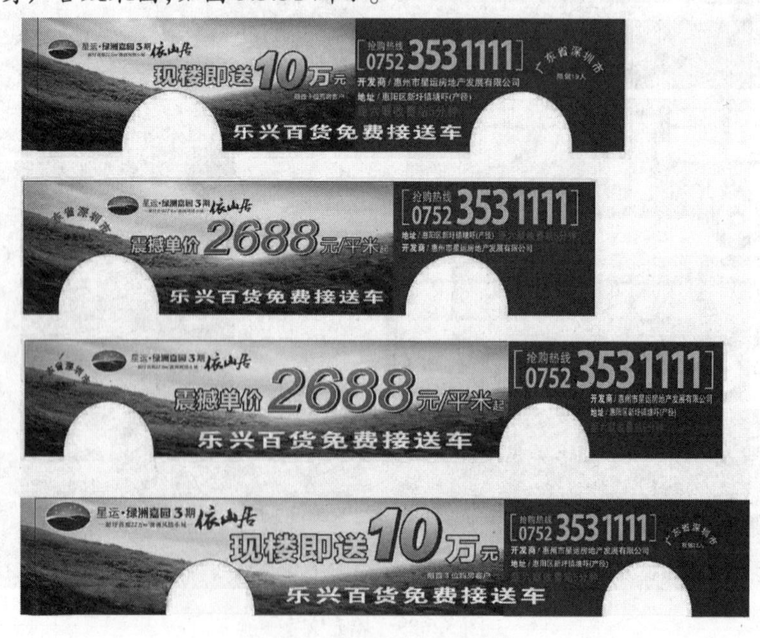

图 3.5.31　车身广告效果图

2.根据资料要求,设计制作房地产公司车身广告。

- 房地产公司看板设计说明:

  公司名称:华夏房产有限公司。

  地址:陕西省西安市碑林区兴庆路69号。

  邮编:710049。

  电话:(029) 82391836。

  传真:(029) 82391079。

- 房地产建筑工地围墙设计要求:

  设计广告词,文字简洁,设计合理,大气。

3.6　灯箱设计

3.6.1　知识准备

1)图层调板功能介绍

图层调板是用来管理和操作图层的,几乎所有和图层有关的操作都可以通过图层调板完成。如果桌面上没有显示图层调板,可执行“窗口”→“图层”命令将图层调板调出。

图3.6.1中的各项分别表示如下内容:

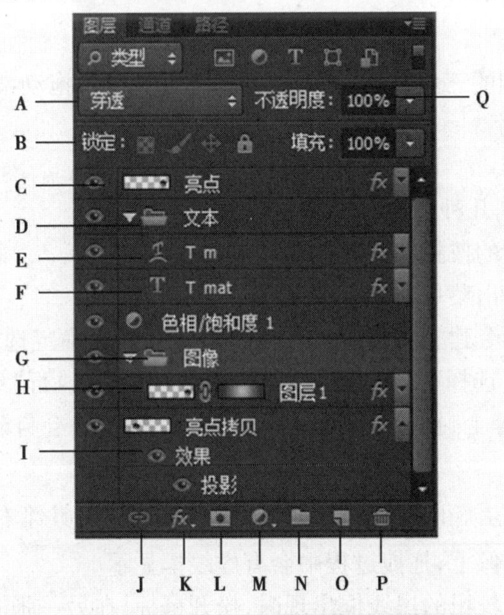

图3.6.1　图层调板

A:用鼠标单击此处可弹出菜单,用来设定图层之间的混合模式。

B:图层锁定选项。用鼠标单击,图标凹进,表示选中此选项;再次单击,图标弹起,表示取消选择。各选项从左至右分别为:

锁定透明度(表示图层的透明区域能否被编辑。当选择本选项后,图层的透明区域被锁定,不能对图层的透明区域编辑)。

锁定图像编辑(当前图层被锁定,除了可以移动图层上的图像外,不能对图层进行任何编辑)。

锁定位置(当前图层不能被移动,但可对图层进行编辑)。

锁定全部(表示当前图层被锁定,不能对图层进行任何编辑)。

C:显示当前图层。用鼠标单击,眼睛图标消失,表示此图层隐藏。

D:图层组。文件夹图标前面的小三角向下表示展开图层组的内容,再次单击可收回。

E:文字图层。

F:采用了弯曲效果的文字图层。

G:颜色加深表示此图层是当前操作层。

H:带细线的小箭头表示当前图层和位于其下的图层是剪贴蒙版。剪贴蒙版中的两个图层之间的线是虚线。名称下面有横线,表示当前图层和位于其上的图层是剪贴蒙版(Cllpp1ng GrotIP)。

I:显示执行的图层样式。

J:单击此图标,可在弹出菜单中选择新的图层样式。

K:单击此图标,可给当前图层增加图层蒙版。

L:单击此图标,可创建图层组。

M:单击此图标,可在弹出菜单中选择新调整图层或填充图层。

N:单击此图标,可创建新图层。

O:执行删除操作。

P:单击不透明度右侧的三角按钮,将弹出一个三角滑钮,拖动滑钮可调整当前图层的不透明度,也可直接输入数字。

2)创建新图层

Photoshop 中共有下列几种方法可以建立新图层:

①单击图层调板下方的按钮建立新图层。

②通过图层调板的弹出菜单建立新图层。

③通过复制和粘贴命令建立新图层。首先使用选框工具确定选择范围,如果整幅图像都要粘贴过去,可通过执行“选择”→“全选”命令将图像全选后,执行“编辑”→“拷贝”命令进行复制,再切换到另一幅图像上,执行“编辑”→“粘贴”命令,软件会自动给所粘贴的图像建一个新图层。

④通过拖放建立新图层。同时打开两张图像,然后选择工具箱右上角的移动工具,将当前图像拖拽到另一张图像上,拖拽过程中会有虚线框显示。

当另一张图像四周有较粗的黑线框出现时,松开鼠标,在另一张图像上就会出现被拖拽的图像,而且是在一个新图层上。拖拽的图像被复制到一个新图层上,而原图不受影响。

⑤从“图层”菜单中建立新图层。

3)图层编辑

(1)图层的显示与隐藏

在图层调板中,当眼睛图标显示时,表示这个图层是可见的。要显示或隐藏图层时,先在图层调板内单击眼睛图标，即可隐藏该图层；再次单击则会重新显示该图层。按下 Alt 键，单击眼睛图标，则只显示当前图层；按住 Alt 键，再单击一次，则所有图层都会显示出来。

(2)选择当前图层

当要对某个图层进行编辑时，可直接在图层调板上单击要编辑的图层使它成为当前图层。

(3)图层的复制、删除与移动

在图层调板中，将要复制的图层用鼠标拖拽到图层调板下面的图标上，即可将此图层复制，在图层调板中会弹出一个带有“副本”字样的新图层。也可以右击要复制的图层，选择“复制图层”命令，或执行“图层”→“复制图层”命令。

如果要删除图层，可用鼠标将图层拖拽到图层调板右下角的垃圾桶图标上。或在图层调板右边的弹出菜单中选择“删除图层”命令；或执行“图层”→“删除图层”命令。

移动图层时，如果要每次移动 10 px 的距离，可在按住 Shift 键的同时按键盘上的箭头键。如果想控制移动的角度，可在移动时按住 Shift 键，就能以水平、垂直或 45°角移动。如果要以 1 个像素的距离移动，可直接按键盘上的箭头键(上、下、左、右键)。每按一次，图层中的图像或选中的区域就会移动 1 px。

4)图层的锁定功能

将图层的某些编辑功能锁定，可以避免不小心将图层中的图像损坏。图层调板中的“锁定”后面提供了 4 种图标，可用来控制锁定不同的内容。功能依次为：锁定图层中的透明部分()，锁定图层中的图像编辑()，锁定图层的移动()，锁定图层的全部()。用鼠标单击，图标凹进，表示选中此选项；再次单击，图标弹起，表示取消选择。图层被链接的情况下，可以快速地将所有链接的图层锁定。执行“图层”→“锁定所有链接图层”命令，可以弹出“锁定所有链接图层”对话框，在该对话框中可以分别设定各锁定项：“透明区域”“图像”“位置”或“全部”。

5)图层与图层之间的对齐和分布

如果图层上的图像需要对齐，除了使用参考线进行参照之外，还可以执行“图层”→“对齐”命令来实现。

首先需要将各图层链接起来，然后执行“图层”→“对齐链接图层”命令，在其后的子菜单中可选择不同的对齐命令，分别为：顶边、垂直居中、底边、左边、水平居中和右边。“分布链接图层”命令后面的子菜单中也有类似的命令。

最直接的对齐和分布方式是在移动工具的选项栏中进行设定，以上所提到的所有子菜单项目都可通过单击选项栏中的各种对齐和分布的按钮来实现，如图 3.6.2 所示。

自动选择： 图层 显示变换控件

图 3.6.2　对齐分布按钮

如图 3.6.3 所示，3 个物体分别在 3 个图层上，在图层调板中将 3 个图层链接起来，然后执行“图层”→“对齐链接图层”→“水平居中”和“图层”→“对齐链接图层”→“垂直居中”命令，用移动工具将 3 个链接的图层移动到图层中心位置，其结果如图 3.6.4 所示。在执行各项对齐和分布命令时，是以选中的图层为基准进行的。

图 3.6.3 图层效果

图 3.6.4 对齐效果

6）改变图层的排列顺序

在图层调板中，可以直接用鼠标任意改变各图层的排列顺序，如图 3.6.5 所示。如果想将“形状 1”放到“形状 2”的上面，只需用鼠标将其拖拽到“形状 2”的上线处。当上线变黑后，松开鼠标即可。另外，也可以通过执行“图层”→“排列”命令来实现同样的操作，如图 3.6.6 所示。

图 3.6.5 调整图层顺序

7）图层的合并

在图层调板右边的弹出菜单中有 3 个命令：向下合并（有时是合并链接图层，有时是合并图层组）、合并可见图层和拼合图层。在图层主菜单中也有这 3 个命令，如图 3.6.7 所示。

如果选择“向下合并”命令，当前选中的图层会向下合并一层。如果在图层调板中将图层链接起来，原来的“向下合并”命令就变成了“合并链接图层”命令，可将所有的链接图层合并。

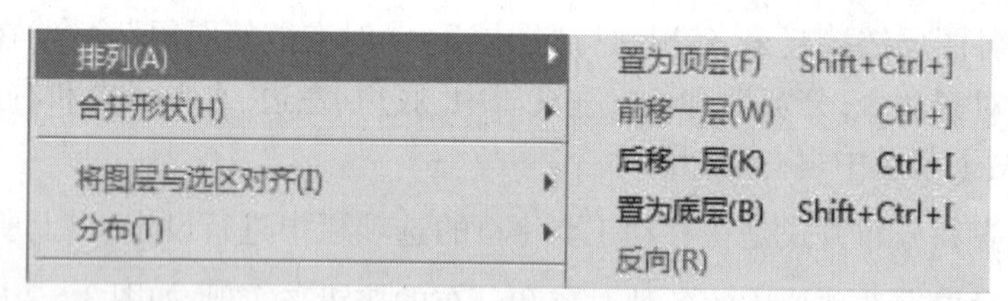

图 3.6.6 菜单调整

如果在图层调板中有“图层组”，原来的“向下合并”命令就变成了“合并图层组”命令，可将当前选中的图层组内的所有图层合并为一个图层。

如果要合并的图层处于显示状态，而其他的图层和背景处于隐藏状态，可以选择“合并可见图层”命令，将所有可见图层合并，而隐藏的图层不受影响。如果所有的图层和背景都处于显示状态，选择“合并可见图层”命令后，将都被合并到背景上。

“拼合图层”命令可将所有的可见图层都合并到背景上，隐藏的图层会丢失，但选择“拼合

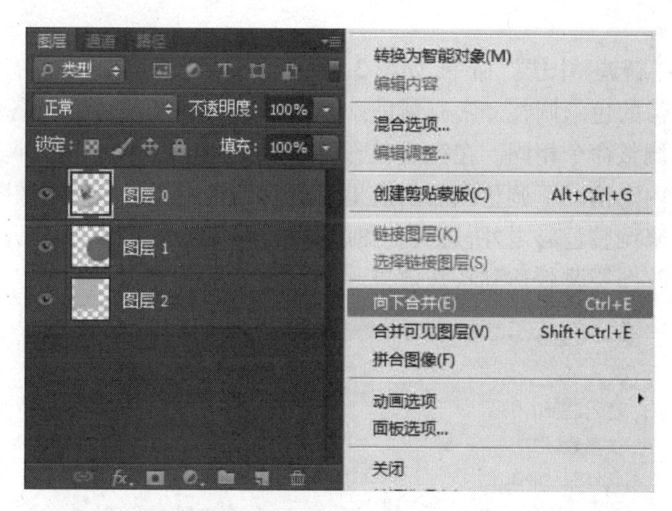

图 3.6.7　图层调板右边的弹出菜单

图像”命令后会弹出对话框，提示是否丢弃隐藏的图层，所以选择“拼合图层”命令时一定要注意。

8）修边

在 Photoshop 中复制粘贴图像时，经常有些图像边缘不平滑，或是带有原背景的黑色或白色边缘，结果会使图像周围产生光晕或是锯齿。为此，Photoshop 提供了“修边”功能，这个功能可以轻松地将多余的像素清除，使合成图像的边缘更加平滑与自然。使用方法是：选择需要修整的图层后，执行“图层”→“修边”命令。

9）图层组

在图层调板中单击▭按钮，或在调板的弹出菜单中选择“新图层组”命令，或执行“图层”→“新建”→“图层组”命令，都可以创建一个新的图层组。

在图层调板中，图层之间如果具有链接关系，可选中链接图层中的任意图层，执行“图层”→“新建”→“图层组来自链接的图层”命令将所有的链接图层转换为一个图层组。

在按住 Alt 键的同时，双击图层调板中的图层组，或在调板的弹出菜单中选择“图层组属性”命令，或执行“图层”→“图层组属性” 命令，将弹出“图层组属性”对话框，在该对话框中可以改变图层组的名称、在图层调板中的标记颜色和所显示的通道。

10）填充图层

执行“图层”→“新填充图层”命令，如图 3.6.8 所示。

图 3.6.8　填充图层

填充图层可以设定不同的透明度以及不同的图层混合模式。可以随时删除填充图层，并不影响图像本身的像素。

如果需要将填充图层转化为一般的图像图层，可在图层调板中选择填充图层后执行“图层”→“栅格化”→“填充内容”命令。

11)调整图层

执行"图层"→"新调整图层"命令,如图 3.6.9 所示。

调整图层对图像的色彩调整非常有帮助。在创建的调整图层中进行各种色彩调整,效果与对图像执行色彩调整命令相同。在完成色彩调整后,还可以随时修改及调整,而不用担心会损坏原来的图像。内定情况下调整图层的效果对所有调整图层下面的图像图层都起作用。调整图层除了可以用来调整色彩之外,还具有图层的很多功能,如调整不透明度、设定不同的混合模式并可通过修改图层蒙版达到特殊效果。

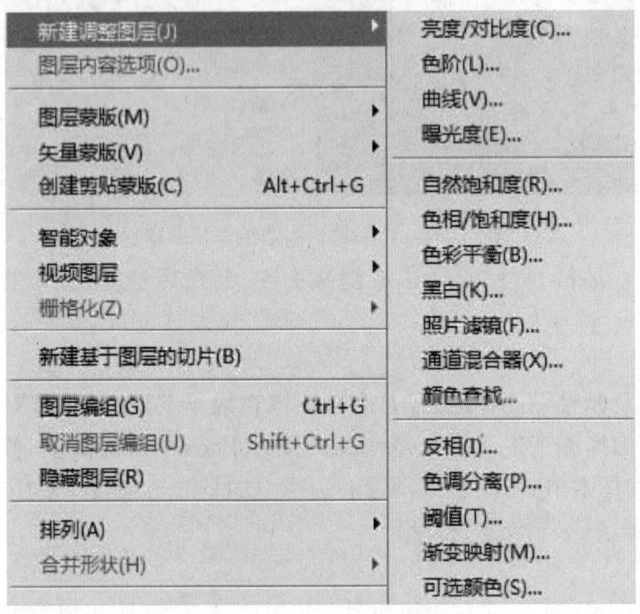

图 3.6.9 调整图层

可通过执行"图层"→"改变图层内容"命令,直接将一种填充或调整图层的内容改成另一种填充或调整图层,而不必先删除后创建。

3.6.2 实战演练——灯箱广告设计

1)灯箱广告设计要点

灯箱广告是广告形式中重要的广告形式之一。无论是在白昼,还是在夜晚,灯箱广告都能起到奇特的广告作用。

在设计中应该注意:

①力求画面简洁醒目。

②色彩要亮,要有冲击力。

③文字要易读易记,字体不要太花哨。

④要编排得体,图文并茂。

2)房地产灯箱广告设计案例

房地产灯箱广告设计效果如图 3.6.10 所示。

操作步骤:

①新建文件,高度为 1 024 px,宽度为 1 024 px。

图 3.6.10　房地产灯箱广告设计效果图

②打开灯箱广告素材 1.psd 文件，将图像全选，如图 3.6.11 所示。

③将图像复制到当前文件中生成新的图层，命名为“外框”，用移动工具将其放到画布的左上角。

④新建一个图层，在工具栏上选择钢笔工具，绘制路径，如图 3.6.12 所示。

⑤在路径面板，单击“将路径转换为选区”按钮将此路径转换成选区；选择渐变填充工具，设置渐变颜色（预设中选择“橙黄橙渐变”），如图 3.6.13 所示。

⑥新建图层 1，在属性栏上设置填充模式为线性填充，然后在新建图层 1 上的选区内拖拽一条直线，进行渐变填充，如图 3.6.14 所示。

⑦调整图层顺序，将图层 1 放置到外框图层的下面，然后将图层 1 和外框图层合并成一层。

⑧用魔术棒选择图框中下面区域，选择渐变工具，设置颜色为浅湖蓝色（R：45，G：147，B：159）到深湖蓝色（R：18，G：94，B：118）的渐变；选择径向填充方式，然后在选框中由中心向外进行填充，如图 3.6.15 所示。

⑨选择魔术棒工具，在图层 1 上图框内空白处单击，建立选区；选择渐变填充工具，编辑填充颜色为浅蓝色（R：182，G：249，B：232）到深蓝色（R：39，G：141，B：155）渐变；设置填充模式为径向填充，然后在选区内由中心向外拖拽直线进行填充，如图 3.6.16 所示。

⑩打开“灯箱设计素材 2.jpg”文件，然后用矩形选框选择合适的图像区域，如图 3.6.17 所示。

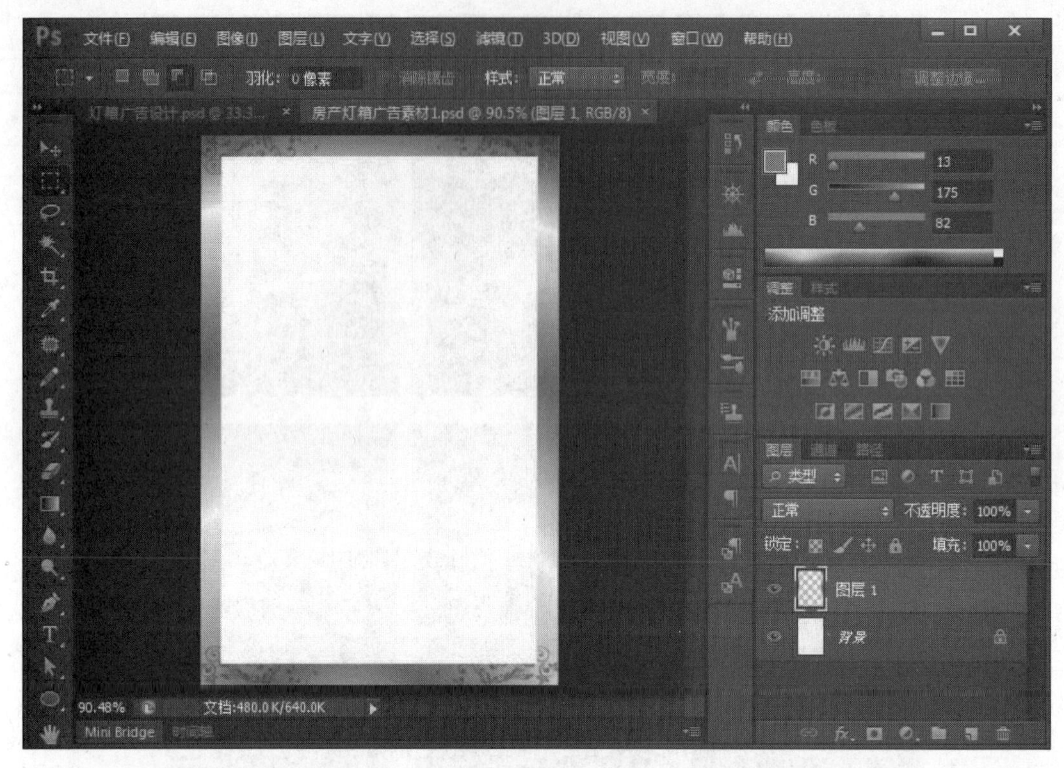

图 3.6.11　选中素材文件

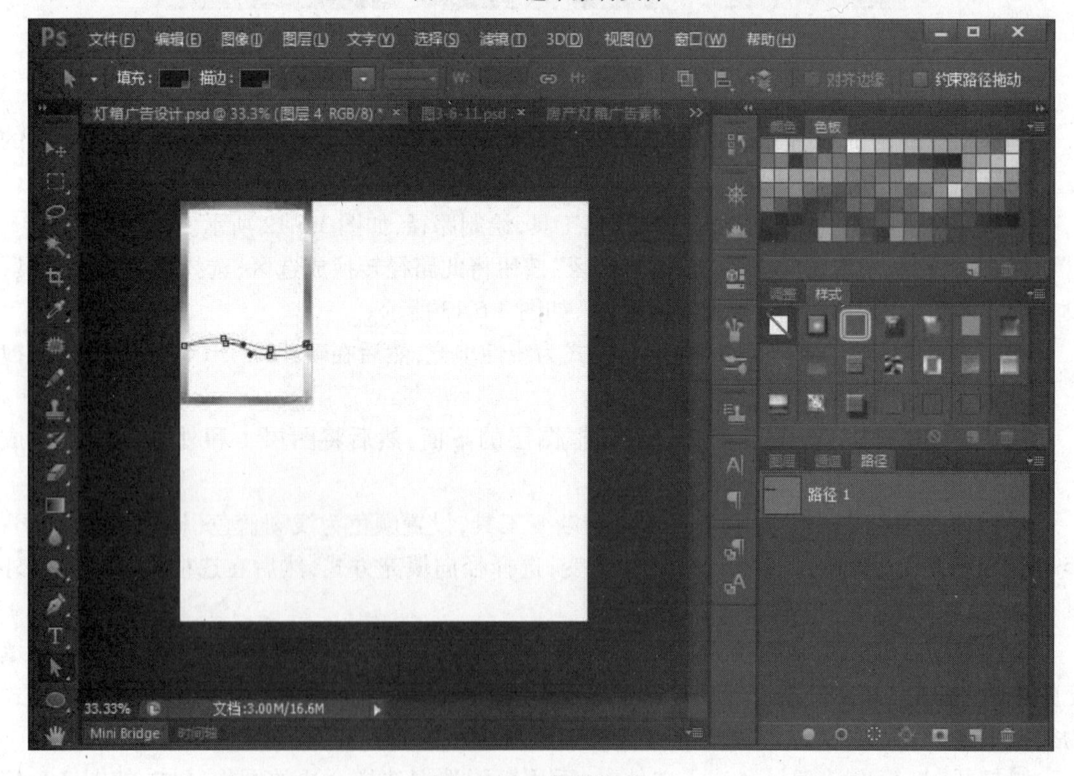

图 3.6.12　绘制路径

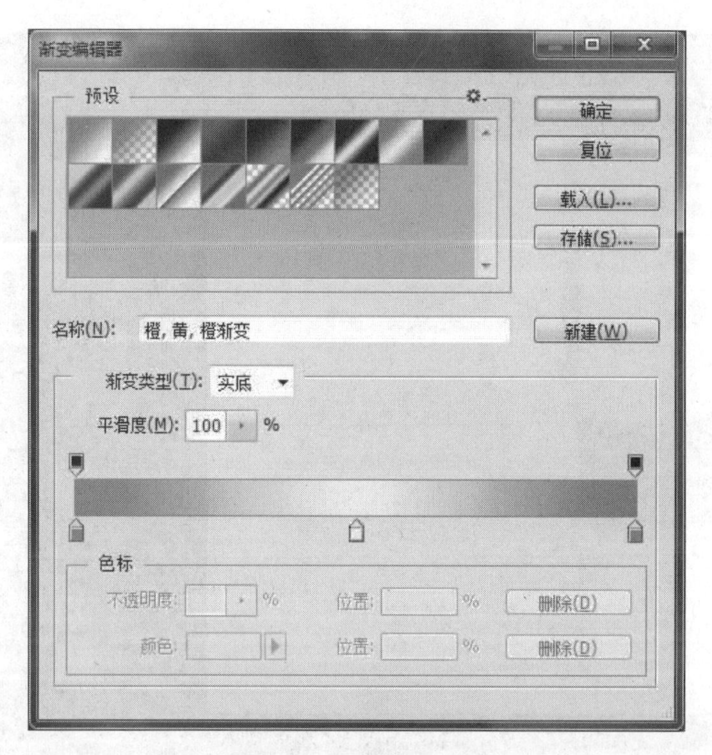

图 3.6.13　编辑渐变色

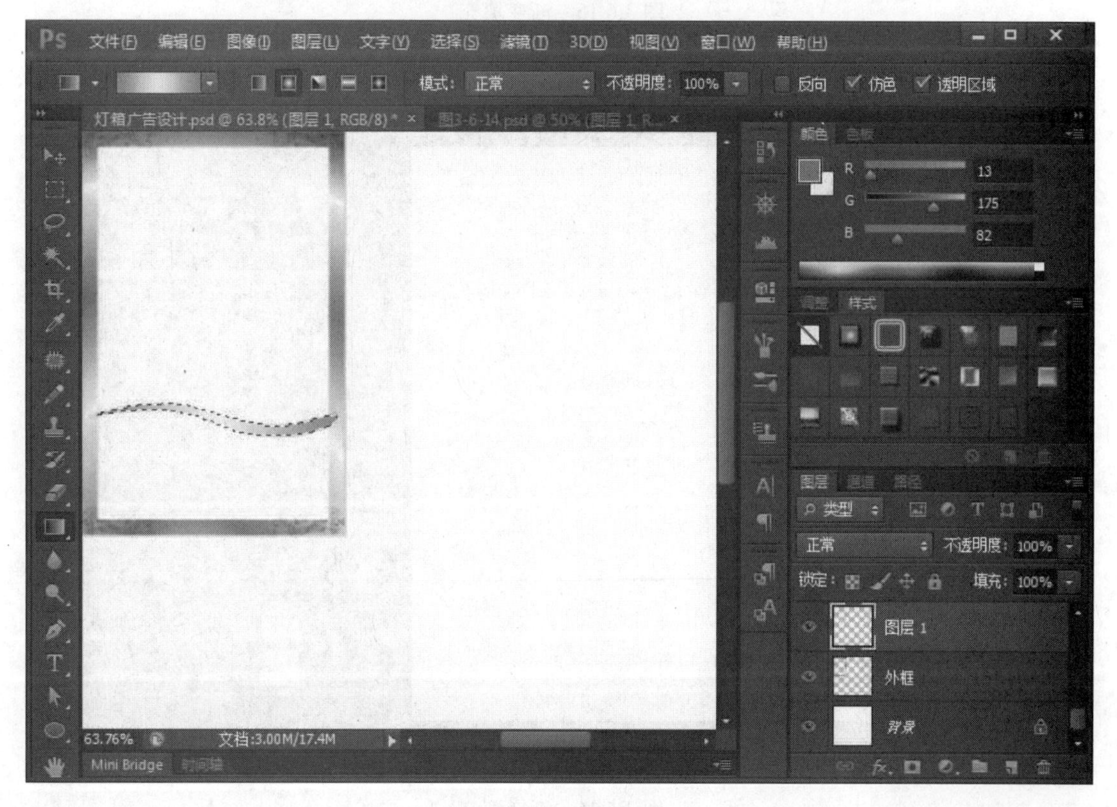

图 3.6.14　填充渐变色

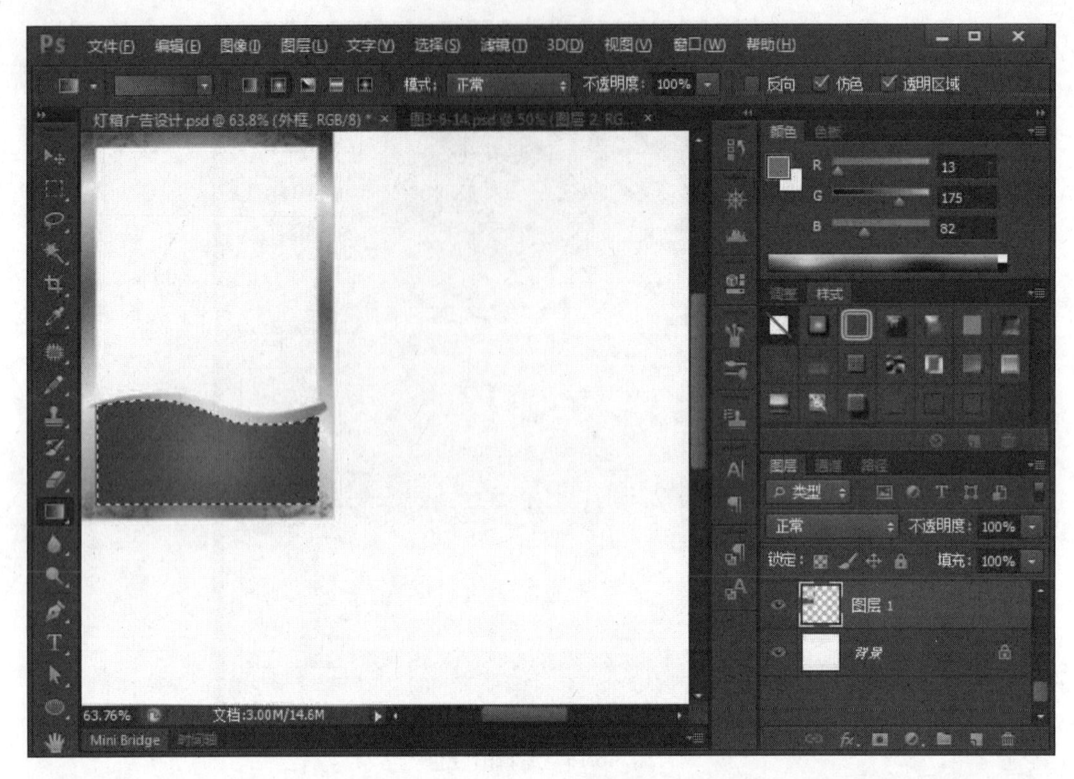

图 3.6.15　渐变填充

图 3.6.16　渐变填充

图 3.6.17　选择素材文件

⑪将选择的图像复制到新建的灯箱广告设计文件中,然后使用魔术棒工具,在属性栏里设置容差值为 32;然后选择背景色并清除,反复多次,直至将背景色完全去除;调整图像大小,放置于合适位置,如图 3.6.18 所示。

图 3.6.18　复制图像

⑫回到路径面板,将路径转换成选区,切换到图层面板下,选中图层 2,然后按下“Delete”键清除选区内容;选择橡皮擦工具,将多余图像擦除,如图 3.6.19 所示。

图 3.6.19 清除多余图像

⑬将图层 1 复制出两个副本,然后用移动工具放到合适位置上。打开“灯箱设计素材 3. jpg”,选中其中的图像并复制到本图像文件中,生成新的图层 2,调整大小后,同样利用橡皮擦工具将多余图像擦除,如图 3.6.20 所示。

图 3.6.20 复制图像

⑭再次打开素材文件 2.jpg，用选框工具选择其中一部分，如图 3.6.21 所示。

图 3.6.21　选择素材文件

⑮将选中的图像复制到本图像文件中，调整大小后进行水平翻转，然后同上面的步骤，将多余部分清除，如图 3.6.22 所示。

图 3.6.22　复制图像并修改

⑯将图层 1 复制，然后将新的图层用移动工具移到左下角；用矩形工具建立选框，清除中间部分，如图 3.6.23 所示。

图 3.6.23　复制图层

⑰选择渐变填充工具，编辑颜色为浅蓝色(#c1f bec)到深蓝色(#0b5b72)的渐变，然后设置填充为径向填充，如图 3.6.24 所示。

图 3.6.24　径向填充

⑱切换到路径面板，将路径转换为选区，然后再回到图层面板上，此时左上角的黄色区域已被选中，先后按下“Ctrl+C”键和“Ctrl+V”键，复制粘贴出新的图像图层，然后用移动工具移到合适位置处，如图 3.6.25 所示。

图 3.6.25　复制图层

⑲将工作区左下角两个图层合并，然后将这个图层复制出两个，用移动工具移到合适位置，如图 3.6.26 所示。

⑳打开“灯箱素材 4.jpg”文件，用选框工具选择图像区域，如图 3.6.27 所示。

㉑将选中的图像复制到本文件中，然后调整大小，如图 3.6.28 所示。

㉒将素材文件中的部分图像选中并复制，调整大小，放到合适位置，如图 3.6.29 所示。

㉓打开素材文件 5，将图像全选，如图 3.6.30 所示。

㉔将图像复制到本文件中，调整大小，放到合适位置上，如图 3.6.31 所示。

㉕选中室内图像所在的图层，然后执行“编辑”→“变换”→“透视”命令，将图像进行变换调整，如图 3.6.32 所示。

㉖用同样的方法将另外的室内图像进行变换调整，如图 3.6.33 所示。

㉗将房地产 Logo 图片素材打开，全选后复制过来，调整大小，执行“图像”→“调整”→“色相/饱和度”命令，调整成黄色，如图 3.6.34 所示。

㉘将房地产 Logo 图像图层复制多个，移到不同位置处，然后将相关的图层进行合并，并重新用方位命名各个图层，如图 3.6.35 所示。

图 3.6.26 复制图层

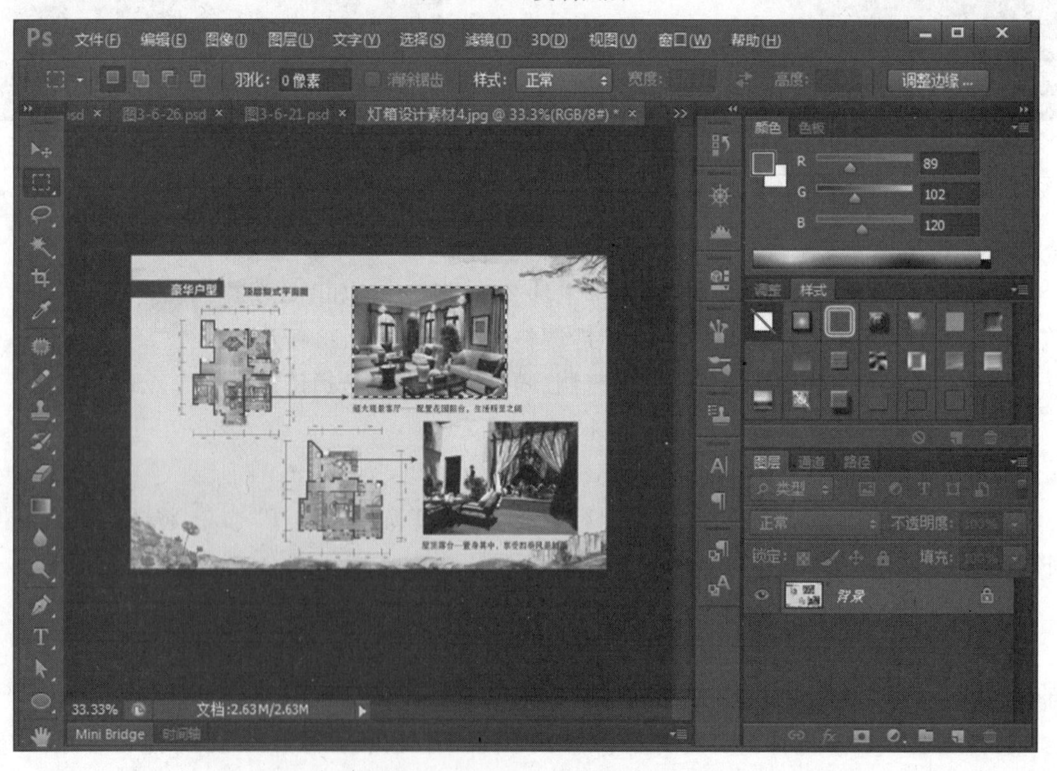

图 3.6.27 选择素材

图 3.6.28　复制图像

图 3.6.29　复制图像

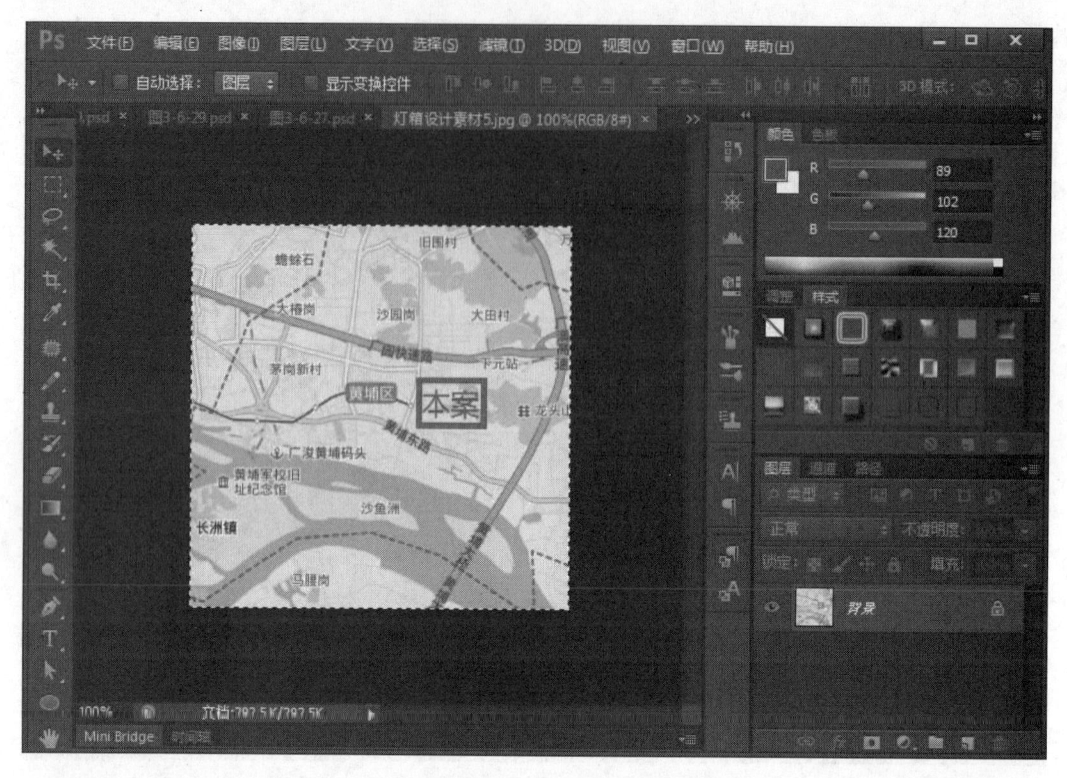

图 3.6.30　选择素材

图 3.6.31　复制图像

图 3.6.32　调整图像透视效果

图 3.6.33　调整图像

图 3.6.34　添加 Logo 并调整图像色彩

㉙用文字工具设置合适参数后输入文字信息："品质建筑""缤纷景观""优越区位""美丽而浪漫　从容而高贵""宁静而充实　优美而舒缓""南华热线:020-38697830　Add:广东省广州市黄埔区石化路 14 号　Fax:020-38697832",并将"品质建筑"、"缤纷景观"、"优越区位"文字所在图层栅格化,用"橙黄橙"渐变色填充,如图 3.6.36 所示。

㉚为"品质建筑""缤纷景观""优越区位"所在文字图层添加"阴影"的图层样式,设置如图 3.6.37 所示。

㉛添加好图层样式,效果如图 3.6.38 所示。

㉜用同样的方法为另外的文字图层添加"阴影"图层样式,如图 3.6.39 所示。

㉝灯箱广告制作完成。保存文件"灯箱广告设计.psd"。

图 3.6.35　合并图层

图 3.6.36　输入文字

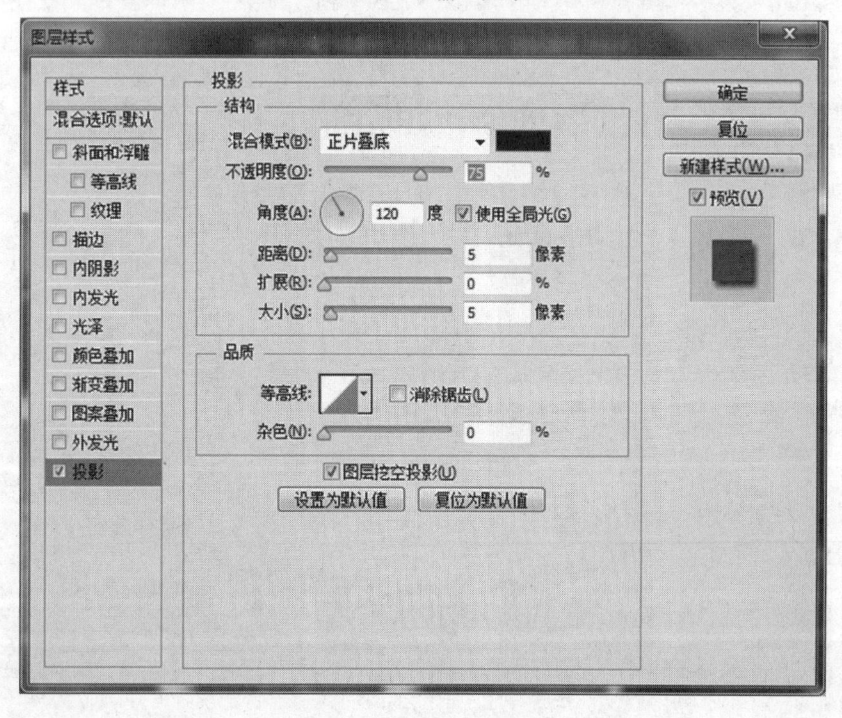

图 3.6.37　设置图层样式

图 3.6.38　添加图层样式

图 3.6.39　添加图层样式

[能力拓展]　制作灯箱广告效果图

1.制作灯箱广告效果图，如图 3.6.40 所示。

2.根据资料要求，设计制作房地产公司车身灯箱广告。

- 房地产公司灯箱设计说明：

　公司名称：华夏房产有限公司。

　地址：陕西省西安市碑林区兴庆路 69 号。

　邮编：710049。

　电话：(029) 82391836。

　传真：(029) 82391079。

- 房地产公司灯箱设计要求：

　图片文字设计合理，大气，画面简洁，广告词设计合理。

图 3.6.40　灯箱广告效果图

第四单元
直观形象表达

课前导读：

本单元以房地产开发项目的“公开强销期”所涉及的广告业务，由浅入深，阶梯式展开，详细地介绍了使用 Photoshop CS6 处理图像的方法和技巧，包括蒙版、通道和滤镜的使用。通过本单元的学习，学员能够掌握蒙版、通道和滤镜的应用，完成设计任务。

知识目标：

1.掌握蒙版的使用方法；

2.掌握通道的使用方法；

3.熟练掌握滤镜的使用方法。

能力目标：

1.能熟练运用蒙版实现合成效果；

2.能熟练利用通道抠图、调色等；

3.会熟练运用滤镜制作特殊效果；

4.能够灵活运用蒙版、通道、滤镜等完成有一定难度的设计任务。

4.1 房地产海报宣传

4.1.1 知识准备

1) 蒙版的基本操作

蒙版可以用来将图像的某部分分离开来，保护图像的某部分不被编辑。当一个选区创建蒙版时，没有选中的区域成为被蒙版蒙住的区域，也就是被保护的区域，可防止被编辑或修改。利用蒙版，可以将花费很多时间创建的选区存储起来随时调用，另外，也可以将蒙版用于其他复杂的编辑工作，如对图像进行颜色变换或添加滤镜效果等。

在 Adobe Photoshop CS6 中，可以创建像“快速蒙版”这样的临时蒙版，也可以创建永久性的蒙版，如将它们存储为特殊的灰阶通道——Alpha 选区通道。Photoshop CS6 也利用通道存储颜色信息和专色信息。和图层不同的是，通道不能打印，但可以使用“通道”调板来观看和使用 Alpha 选区通道。

(1)创建快速蒙版

打开一个图像文件,利用快速蒙版(如图 4.1.1 所示)将一个有浮动的选择范围转变为一个临时蒙版,并将这个快速蒙版转回选择范围。除非将快速蒙版存储为 Alpha 通道使之成为永久性的蒙版,一旦将临时的快速蒙版转回选择范围,这一临时蒙版就被删除掉了。

(2)编辑快速蒙版

在快速蒙版状态下,可以用画笔工具对快速蒙版进行编辑来增加或减少选区。快速蒙版状态的优势就是,可以使用几乎所有的工具或滤镜对蒙版进行编辑,甚至可以使用选择工具。

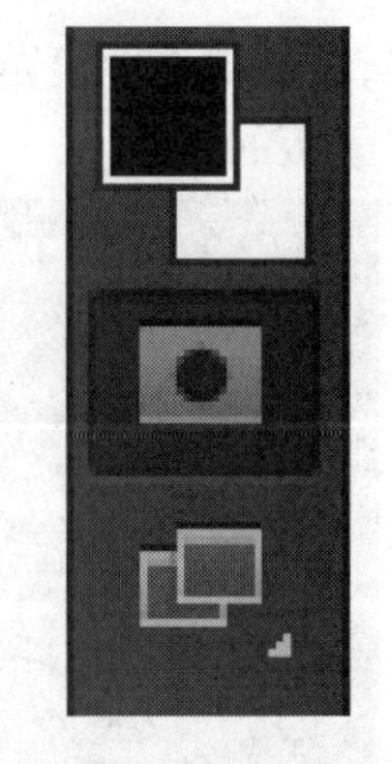

图 4.1.1　快速蒙版

在快速蒙版模式下,Photoshop CS6 自动转换为灰阶模式,前景色为黑色,背景色为白色。当用工具箱中的绘图或编辑工具时,应遵守以下原则:当绘图工具用白色绘制时,相当于擦除蒙版,红色覆盖的区域变小,选择区域就会增加;当绘图工具用黑色绘制时,相当于增加蒙版的面积,红色覆盖的区域变大,也就是减少选择区域。

(3)将选区存储为蒙版通道

通过魔术棒工具和快速蒙版的方式,已经将“鹰”的选区做好,为了防止选区丢失,需要将此选区存储为 Alpha 选区通道,使之成为永久性的选区。

通过快速蒙版制作的选区只是一个临时的选区,如果不小心单击了选区以外的部分,就会导致选区的丢失。Photoshop CS6 提供了 Alpha 选区通道,可用来存储制作的选区,如图 4.1.2 所示。

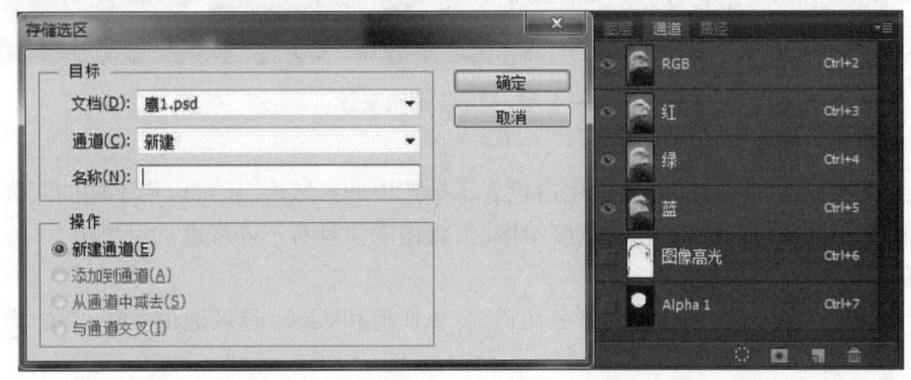

图 4.1.2　存储选区

(4)编辑通道蒙版

制作一个选区时,很容易将细节区域漏掉,如果不是将选区存储为 Alpha 选区通道,可能不会发现这些漏掉的细节。

如图 4.1.3 所示,可看到一个只有黑色和白色显示的鹰头蒙版。在鹰头上,可能会看到一些黑色的斑点,表示刚才选区中漏掉的部分。选中工具箱的画笔工具,将工具箱中的前景色设定为白色,将黑色的斑点涂掉,就可以将漏掉的选区加进来;将工具箱中的前景色设定为黑色,将通道中白色的斑点涂掉,可将多余的选区去掉。

在修改通道蒙版时,记住以下原则:当用白色的绘图工具时,表示增加选区(即减少蒙版的面积);当用黑色的绘图工具时,表示减少选区(即增加蒙版的面积)。在实际运用中,还经常会碰到半透明的情况,当用不同程度的灰色绘图工具时,会导致不同透明度的蒙版。综上所述,蒙版的透明度范围为0%~100%,也就是说,选区中可以有不同比例的像素被选中,例如渐变蒙版的情况。

图 4.1.3 Alpha 通道蒙版

(5)创建一个渐变蒙版

除了用黑色表示被隐藏的区域,用白色表示被选中的区域外,还可以用不同的灰度表示不同的透明度。当在通道中用不同的灰度绘图时,将使图像具有不同程度的可见度。

2)通道

在 Photoshop 中,通道可以分为颜色通道、专色通道和 Alpha 选区通道 3 种,它们均以图标的形式出现在通道调板当中。

(1)颜色通道

Photoshop CS6 处理的图像都有一定的颜色模式。不同的颜色模式,表示图像中像素点采用的不同颜色描述方法。换句话说,这些不同的颜色描述方式实际上就是图像的颜色模式。不同的颜色模式具有不同的呈色空间和不同的原色组合。

在一幅图像中,像素点的颜色就是由这些颜色模式中的原色信息来进行描述的。那么,所有像素点所包含的某一种原色信息便构成了一个颜色通道。例如,一幅 RGB 图像中的红(Red)通道便是由图像中所有像素点的红色信息所组成的;同样,绿(Green)通道或蓝(Blue)通道则是由所有像素点的绿色信息或蓝色信息所组成的。它们都是颜色通道,这些颜色通道的不同信息配比便构成了图像中的不同颜色变化。

所以,可以在 RGB 图像的通道调板中看到红、绿、蓝 3 个颜色通道和一个 RGB 的复合通道;在 CMYK 图像的通道调板中将看到黄、洋红、青、黑 4 个颜色通道和一个 CMYK 的复合通道,如图 4.1.4 所示。

图 4.1.4　不同的颜色通道

(2)专色通道

专色通道扩展了通道的含义,同时也实现了图像中专色版的制作。

专色是特殊的预混油墨,用来替代或补充印刷色(CMYK)油墨。每种专色在付印时要求专用的印版。也就是说,当一个包含有专色通道的图像进行打印输出时,这个专色通道会成为一张单独的页(即单独的胶片)被打印出来。

使用"通道"调板弹出菜单中的"新专色通道(Newz spotChamel)" 命令,或按住 Ctrl 键单击"创建新通道"按钮,可弹出"新专色通道"对话框,如图 4.1.5 所示。在"油墨特性"选项组中,单击"颜色"框可以打开"拾色器"对话框,选择油墨的颜色。该颜色将在印刷图像时起作用,这里的设置能够为用户更容易地提供一种专门油墨颜色;在"密度"文本框中则可输入0%~100%的数值来确定油墨的密度。

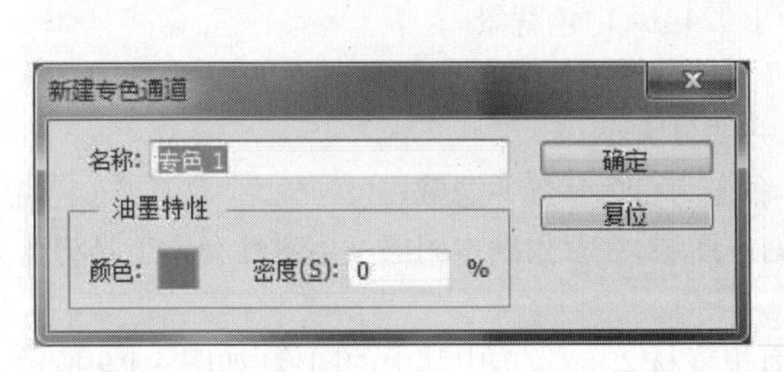

图 4.1.5　新建专色通道

(3)Alpha 选区通道

在以快速蒙版制作选择区域时,通道调板中会出现一个以斜体字表示的临时蒙版通道,它表示蒙版所代替的选择区域。切换回正常编辑状态时,这个临时通道便会消失,而它所代表的选择区域便重新以虚线框的形式出现在图像之中。实际上,快速蒙版就是一个临时的选区通道。如果制作了一个选择区域,然后执行"选择"→"存储选区"命令,便可以将这个选择区域存储为一个永久的 Alpha 选区通道。此时,通道调板中会出现一个新的图标,它通常会以

Alpha1、Alpha2……方式命名,这就是所说的 Alpha 选区通道。Alpha 选区通道是存储选择区域的一种方法,需要时,再次执行“选择”→“载入选区”命令,即可调出通道表示的选择区域。

4.1.2 实战演练——宣传海报设计

1) 宣传海报设计要点

①素材大气,背景图片不要太复杂;

②摆放元素注意大小位置,主体元素造型要完整;

③整体色调统一;

④广告词位置合适。

2) 房地产宣传海报设计案例

房地产宣传海报设计效果如图 4.1.6 所示。

图 4.1.6 房地产宣传海报设计效果图

操作步骤:

①新建文件,高度为 768 px,宽度为 1 024 px,白色背景。

②打开“房地产宣传海报素材 1.jpg”文件,全选,如图 4.1.7 所示。

③将素材文件复制成为新的图层 1 并调整大小。

④双击背景层,将其变成普通图层,命名为白色背景并隐藏。

⑤将图层 1 命名为背景,建立背景副本图层;在背景副本图层上用磁性套索工具将蓝天白云选中后清除,如图 4.1.8 所示。

⑥打开另一个素材图“房地产宣传海报素材 2.jpg”,选中其中的图像,如图 4.1.9 所示。

⑦将其复制过来形成新的图层,更名为高楼,调整大小并放到合适位置上,如图 4.1.10 所示。

⑧利用套索工具将高楼图层上的蓝天白云选中,清除;然后用橡皮擦工具仔细擦除多余图像,如图 4.1.11 所示。

⑨在高楼图层上建立蒙版,设置前景色为黑色,背景色为白色,然后选择渐变填充工具,在属性栏上设置为径向填充;在图层蒙版上由楼的中心向外拖拽一条直线,进行渐变填充,如图 4.1.12 所示。

图 4.1.7　选择素材文件

图 4.1.8　建立图层副本并清除图像

图 4.1.9　选择素材文件

图 4.1.10　复制图像

图 4.1.11 擦除多余图像

图 4.1.12 添加图层蒙版

⑩选择画笔工具，将前景色设置为白色，选择笔尖形状为“柔边缘”；在图层蒙版上，继续涂抹，将高楼清晰地显现出来，同时还可以将前景色设置为黑色，涂抹修正，如图 4.1.13 所示。

图 4.1.13　修改蒙版

⑪选择直排文字工具，设置字体为宋体，字号为 48，垂直拉伸 120%，颜色为#014a22，输入文字“追求生活品质”“缔造完美人生”，如图 4.1.14 所示。

⑫打开房地产 Logo 素材文件，将房地产 Logo 图像复制过来形成新的图层，命名为房地产 Logo，调整大小并放到合适位置，如图 4.1.15 所示。

⑬在图层面板上选中背景层，然后为其添加图层蒙版，调整前景色为白色、背景色为黑色；选择渐变填充工具，设置为由前景色到背景色渐变，设置为线性填充模式，在蒙版上由下至上拖拽一条直线进行填充并显示白色背景层，如图 4.1.16 所示。

⑭利用文字工具继续输入文字信息“二期全新开盘”，字体为楷体，字号为 48，颜色为#005100；添加“描边”图层样式，设置像素为 3 像素，颜色为白色，如图 4.1.17 所示。

⑮为房地产 Logo 图层添加描边图层样式，如图 4.1.18 所示。

⑯利用文字工具继续输入文字信息“中心区高层 2 房 2 厅现楼 8 万元即买即住”，字体为楷体，字号为 30，颜色为#761b03；同样添加描边的图层样式，如图 4.1.19 所示。

⑰继续输入文字信息并设置颜色、字号等，如图 4.1.20 所示。

⑱新建一个图层，选择圆角矩形工具，在属性栏上设置路径，圆角半径设为 8 px，在合适位置绘制一个圆角矩形的路径；设置前景色为黑色，选择画笔工具，设置粗细为 1 px；切换到路径面板，单击“路径描边按钮”给路径描边，再用橡皮擦工具擦除多余部分，如图 4.1.21 所示。

⑲选择文字工具，设置好后输入电话信息，如图 4.1.22 所示。

⑳房地产宣传海报设计完成。保存文件“房地产宣传海报.psd”。

图 4.1.14　输入文字

图 4.1.15　添加 Logo

图 4.1.16　添加蒙版

图 4.1.17　添加图层样式

图 4.1.18　添加图层样式

图 4.1.19　添加图层样式

图 4.1.20 输入文字

图 4.1.21 绘制图形

图 4.1.22　输入文字

［能力拓展］　制作房地产宣传海报

1.制作房地产宣传海报，效果如图4.1.23所示。

2.根据资料要求，设计制作房地产宣传海报广告。

- 房地产宣传海报说明：

  公司名称：华夏房产有限公司。

  地址：陕西省西安市碑林区兴庆路69号。

  邮编：710049。

  电话：(029) 82391836。

  传真：(029) 82391079。

- 房地产宣传海报要求：

  素材大气，背景图片不要太复杂；摆放元素注意大小位置，主体元素造型要完整整体色调统一；广告词位置合适。

图 4.1.23　宣传海报效果图

4.2 楼书封面设计

4.2.1 知识准备

1)通道基本操作

(1)通道调板

在通道调板中可以同时显示出图像中的颜色通道、专色通道及 Alpha 选区通道,每个通道以一个小图标的形式出现,以便控制。可执行窗口菜单下的显示通道"窗口"→"通道"命令调出通道调板。

同时选中图像中所有的颜色通道与任何一个 Alpha 选区通道前的眼睛图标,便会看到一种类似于快速蒙版的状态:选中区域保持透明,而没有选中的区域则被一种具有透明度的蒙版色所遮盖,可以直接区分出 Alpha 选区通道所表示的选择区域。

也可以改变 Alpha 选区通道使用的蒙版色颜色,或将 Alpha 选区通道转化为专色通道,它们均会影响该通道的观察状态。在通道调板上双击任何一个 Alpha 选区通道的图标,或选中一个 Alpha 选区通道后使用调板菜单中的"通道选项"命令,均可调出 Alpha 选区通道的选项对话框,如图 4.2.1 所示,其中可以确定该 Alpha 选区通道使用的蒙版色、蒙版色所标示的位置或选择将 Alpha 选区通道转化为专色通道。

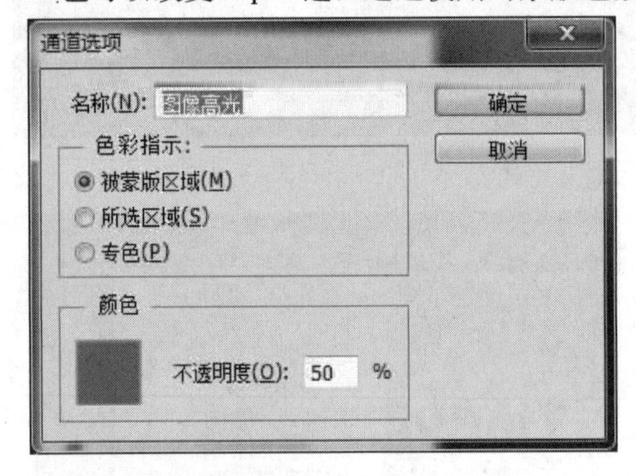

图 4.2.1 通道选项

可见的通道并不一定都是可以操作的通道。如果需要对某一个通道进行操作,必须选中这一通道,即在通道调板中单击某一通道,使该通道处于被选中的状态。

(2)将选区存储为 Alpha 选区通道

在图像中制作一个选择区域后,直接单击通道调板下方的 图标,即可将选择区域存储为一个新的 Alpha 选区通道。该通道会被 Photoshop CS6 自动命名为 Alpha1。

此外,还可以执行"选择"→"存储选区"命令,将现有的选择区域存为一个 Alpha 选区通道。如果图像中已经存储了其他的 Alpha 选区通道或专色通道,可以在弹出的对话框中设定当前选择区域和已有通道间的换算关系,如图 4.2.2 所示。

选中"替换通道"选项可替换现有的 Alpha 通道;选中"添加到通道"选项可将选择范围加入现有的 Alpha 通道中;选择"从通道中减去"选项可从 Alpha 通道中减去要存储的选择范围;选中"与通道交叉"选项是取现有的 Alpha 选区通道和要存储的选择范围的公共部分存成新的 Alpha 选区通道。

在"存储选区"对话框中还可以设定以下选项:

文档:用来设定选择范围所要存储的目的文件。可以将选择范围所生成的 Alpha 通道存储到当前的文件中,也可以将其存储到与当前文件大小相同、分辨率相同的其他文件中,还可以将 Alpha 选区通道存储为一个新文件。

通道:选择选区所要存储 Alpha 选区通道的位置。在缺省的情况下会存成一个新的 Alpha 选区通道,也可以将选择范围存到现有的任何 Alpha 选区通道或专色通道上。

(3)载入 Alpha 选区通道

任何时候都可以调用 Alpha 选区通道中存储的选择区域,只需将 Alpha 选区通道直接拖到通道调板底部的 图标上即可。执行"选择"→"载入选区"命令,则可调出"载入选区"对话框,如图 4.2.3 所示。

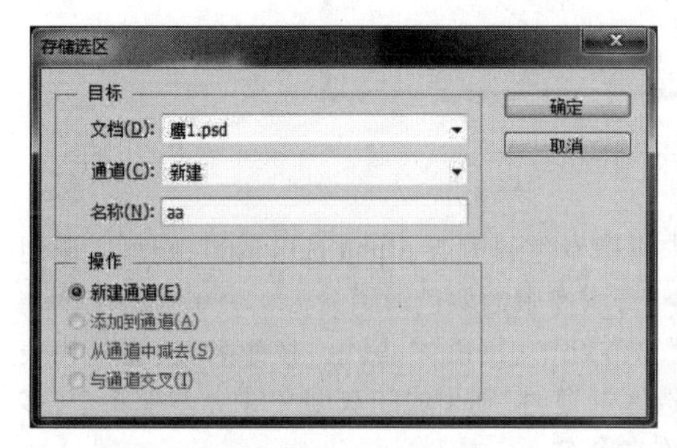

图 4.2.2　存储选区

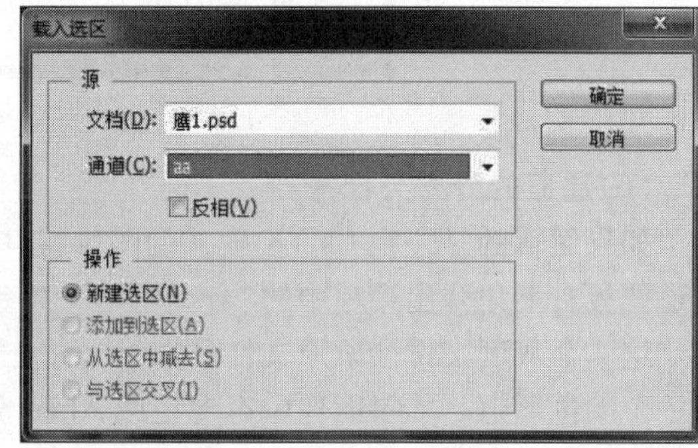

图 4.2.3　载入选区

使用"载入选区"命令时,还可以选择载入当前 Photoshop CS6 打开的另一幅同样尺寸(大小、分辨率必须完全相同)的图像中的 Alpha 选区通道所表示的选择区域;或选中"反相"复选框,使载入的选区与通道标示的选区正好相反。

(4)通道与选择区域的加减

将选择区域存为通道或载入通道所表示的选择区域时,均可实现通道与选择区域间的加减运算(在对话框中选定)。不同的是,将选区存为通道时,运算的结果会以通道的形式表现;载入通道选区时,运算的结果就是生成的选择区域。

如果当前图像中已有选择区域存在,执行"载入选区"命令时,在弹出的对话框中可选择不同的选项进行选区的运算,如图 4.2.4 所示。"新选区"选项表示载入一个新的选区替换到原来的选区;"添加到选区"选项表示和现在的选区相加;"从选区中减去"选项表示从现在的选区中减去;"与选区交叉"选项表示和现在的选区相交。

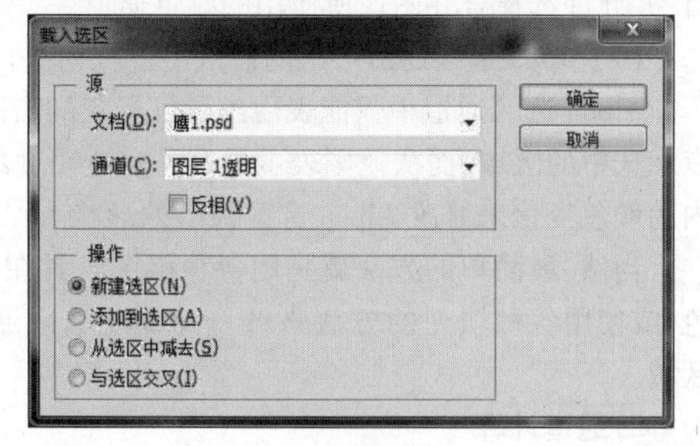

图 4.2.4　载入选区

(5)复制与删除通道

可以直接将某一个通道拖到通道调板下方的 图标上进行复制,或拖到 图标上来删除它;或者选中某一个通道,使用调板右上角的弹出菜单中的"复制通道""删除通道"命令完成同样操作。

执行“复制通道”命令时，会弹出“复制通道”对话框，如图4.2.5所示。在“目的”栏中的“目的”弹出式菜单中选择“新建”选项，可将选择的通道复制到新文件中，在“名称”栏中可给新文件起一个名字；若选择本文件，则单击“好”按钮后，在通道调板中就会显示一个复制的通道，通常在名称后面会带有“拷贝”字样。

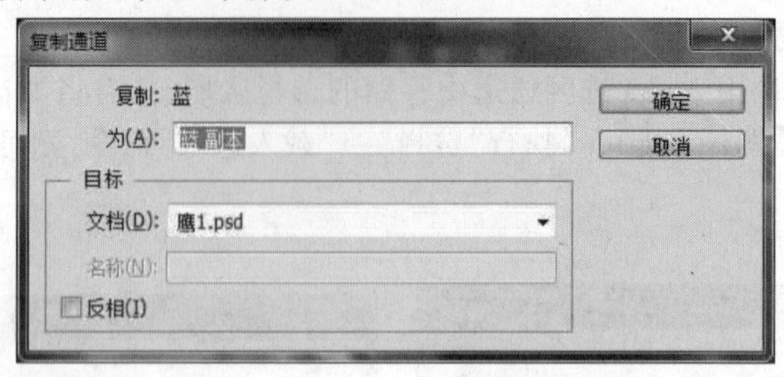

图4.2.5　复制通道

(6)通道的分离与合并

如果编辑的是一幅CMYK模式的图像，其中没有专色通道或Alpha选区通道，则可以使用通道调板右上角弹出菜单中的“分离通道” 命令，将图像中的颜色通道分为4个单独的灰度文件。这4个灰度文件会以原文件名加上“.青色”“.洋红”“.黄色”“.黑色”来命名，表明其代表哪一个颜色通道。如果图像中有专色或Alpha选区通道时，则生成的灰度文件会多于4个，多出的文件会以专色通道或Alpha选区通道的名称来命名。

这种做法通常用于双色或三色印刷中，可以将彩色图像按通道分离，然后单取其中的一个或几个通道置于组版软件之中，并设置相应的专色进行印刷，以得到一些特定的效果。对于一些特别大的图像，如果整体操作时的速度太慢，可将其分离为单个通道后，针对每个通道单独操作，最后再将通道合并，则可以提高工作效率。

对于通道分离后的图像，还可以用通道调板右上角的弹出菜单中“合并通道”命令将图像整合为一。合并时，Photoshop CS6会提示选择哪一种颜色模式，以确定合并时使用的通道数目，并允许选择合并图像所使用的颜色通道。

(7)Alpha选区通道形状的修改

Alpha选区通道中只能表现出黑、白、灰的层次变化，其中的黑色表示未选中的区域，白色表示选中的区域，而灰色则表示具有一定透明度的选择区域。所以，可以通过Alpha选区通道内的颜色变化来修改Alpha选区通道的形状。

当然，最简单的方法就是用各种绘图工具在Alpha选区通道中绘制不同层次的黑、白、灰色，或使用各种填充的方法来改变Alpha选区通道的形状，从而最终改变它所代表的选择区域。

2)通道计算

选择区域间可以有相加、相减、相交的不同算法。Alpha选区通道是存储起来的选择区域，同样可以利用计算的方法来实现各种复杂的效果，制作出新的选择区域形状。前面的章节中也讲到过在执行存储选区和载入选区时，可进行通道和选区之间的计算，下面将讲解通道之间的计算。

相对而言，通道间的计算要比通道与选择区的计算复杂得多。在Photoshop CS6中，允许执行“图像”→“计算”命令，直接以不同的Alpha选区通道进行计算，以生成一些新的Alpha选区通道，也就是一些新的选择区域。

在“计算”对话框中（如图4.2.6所示），可以选择计算“源”、计算使用的“混合”方式以及计算结果存储的位置（结果）。其中，计算源可以是Alpha选区通道，也可以是颜色通道，还可以是图像中所有像素点折算出的灰度值，或者是某个图层中的“不透明”区域；在“混合”方式中可以设置透明度的变化，也可以选择一个蒙版通道，使计算局限于图像的某一个局部区域。单击“好”按钮后，这个结果会以一个新的Alpha选区通道（在“结果”一栏中选择“新通道”选项）的形式出现在通道调板中，当然，也可将这个新的通道存储在一个“新文档”中，或使结果以一个选择区域的形式出现在图像之中。

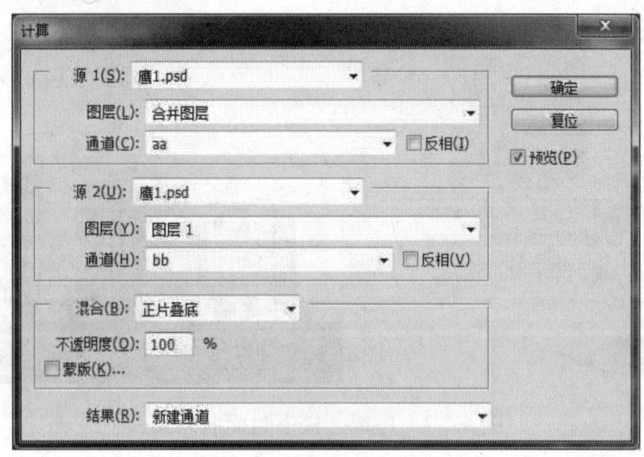

图4.2.6　“计算”对话框

在计算的过程中，如果选定了对话框中的“预视”开关，则计算的“结果”会即时显示在图像窗口上；当决定以本图像的一个新通道（在“结果”一栏中选择“新通道”选项）来表示计算结果的话，计算结束时，便可在通道调板中看到一个新的Alpha选区通道。

当然，也可以选择其他图像中的通道作为计算源或计算结果，但必须保证所选的图像与当前图像的尺寸、分辨率完全相同。

不同的计算源、不同的计算方法、不同的蒙版通道产生的结果千差万别，制作出的不同效果也是变化多端。为了方便大家的理解，可以进行如下假设：

将“源1”看作数字“1”，将“源2”看作数字“2”，混合方式则可当作加减乘除的符号，“结果”就是得到的算式结果“3”。在计算命令中，1、2、3均对应一个通道，只要相应地选定它们的变化即可完成通道的计算，而算法中的“蒙版”选项则相当于算式中的括号，它可以用来圈定计算的范围。

4.2.2　实战演练——楼书封面设计

1）楼书封面设计要点

设计过程中需注意：

- 注重简洁；
- 可加点线结构的装饰纹样；
- 楼书的开本要大小适中，便于携带；
- 字体清晰，与纸张颜色反差大。

2)房地产楼书封面设计案例

房地产楼书封面效果如图 4.2.7 所示。

图 4.2.7　房地产楼书封面效果图

操作步骤：

①新建文件,宽度为 1 024 px,高度为 740 px,白色背景。

②打开花纹素材文件,将花纹全选后复制过来,形成新的图层 1,如图 4.2.8 所示。

③将背景图层隐藏。用魔术棒工具将图层 1 的白色背景选中,清除,调整大小并放到合适位置,如图 4.2.9 所示。

④执行“编辑”→“变换”→“变形”命令,作相应调整,如图 4.2.10 所示。

⑤将前景色调整成暗黄色(#b49634),将图层 1 载入选区后用前景色填充,如图 4.2.11 所示。

⑥将图层 1 复制,执行“编辑”→“变换”→“旋转 180 度”命令,用移动工具将图层移到合适位置,如图 4.2.12 所示。

⑦打开素材文件,用矩形选框选中其中部分图像,如图 4.2.13 所示。

⑧将选中的图像复制到楼书封面的文件当中,将其移到右下角,如图 4.2.14 所示。

⑨用多边形套索工具、魔术棒工具将新复制的图层 2 的背景抠出,如图 4.2.15 所示。

⑩选中图层 2,执行“编辑”→“变换”→“水平翻转”命令,将它水平翻转,如图 4.2.16 所示。

⑪选中图层 2,执行“图像”→“调整”→“照片滤镜”命令,选择加温滤镜(85),浓度为 100,如图 4.2.17 所示。

⑫打开房地产 Logo 素材文件,复制 Logo 图像,执行“图像”→“调整”→“色相/饱和度”命令,调整图像色相饱和度,如图 4.2.18 所示。

⑬调整图像的大小,用移动工具放到合适位置,如图 4.2.19 所示。

⑭建立矩形选区,框选“南华 · 碧海云天”,然后清除。

图 4.2.8　花纹素材文件

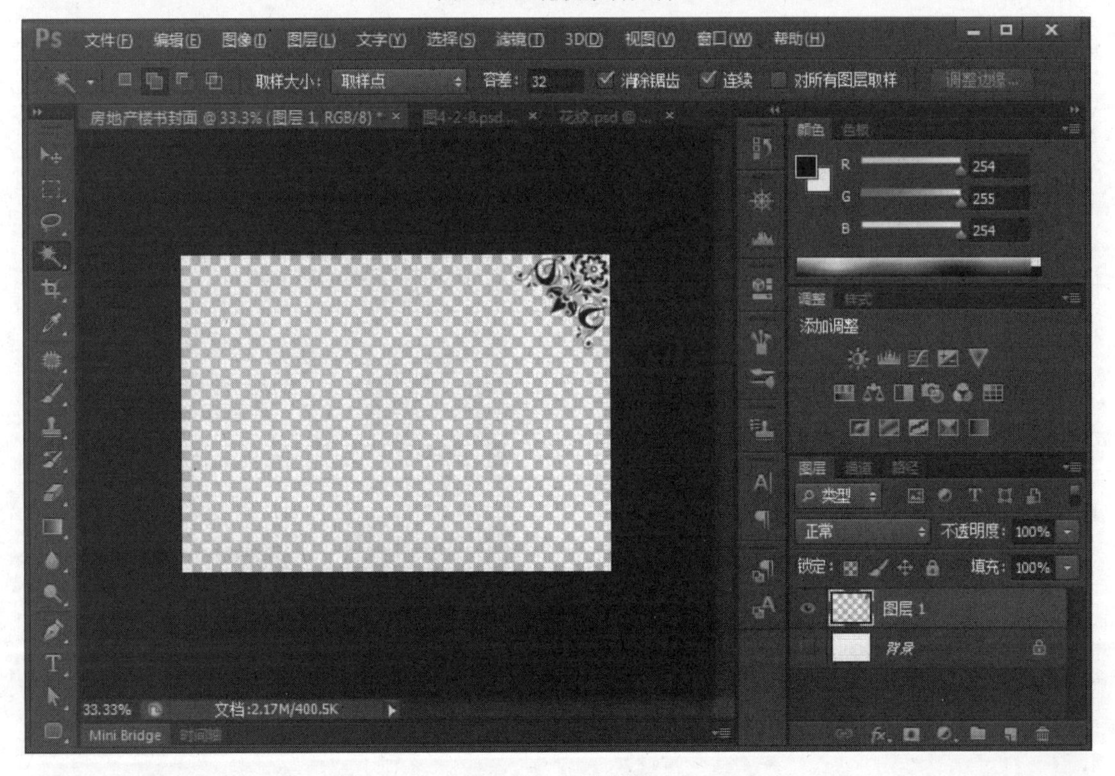

图 4.2.9　复制图像

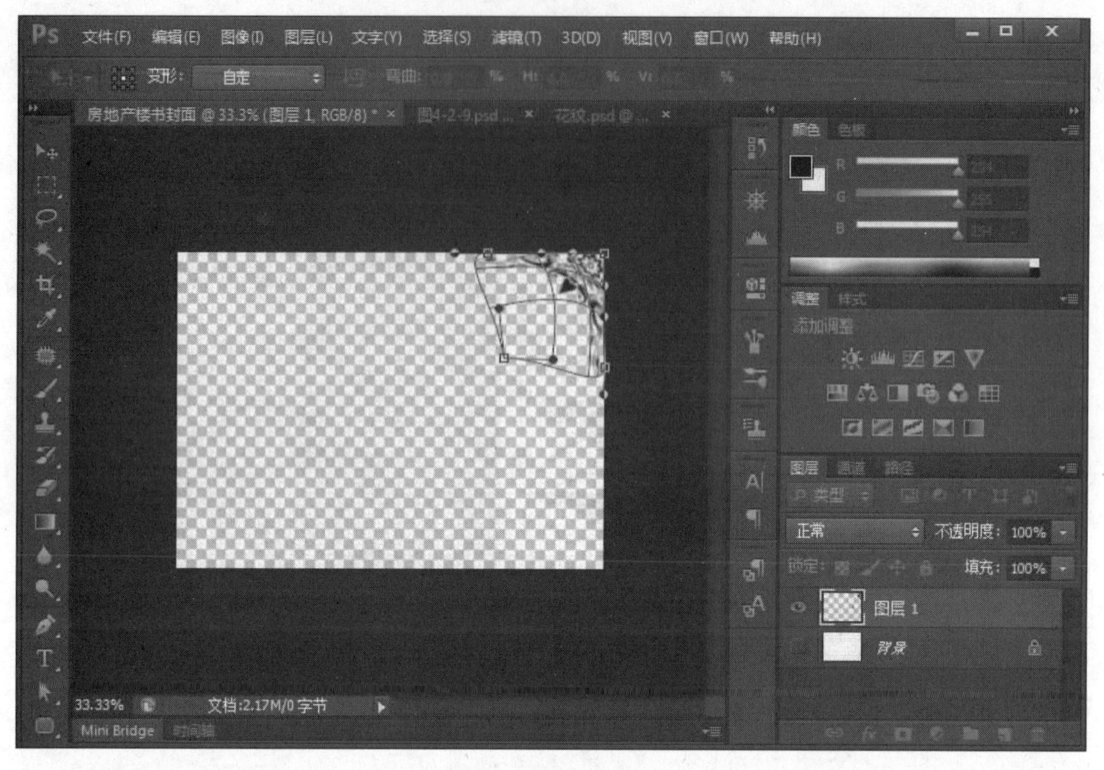

图 4.2.10　变形处理

图 4.2.11　调整颜色

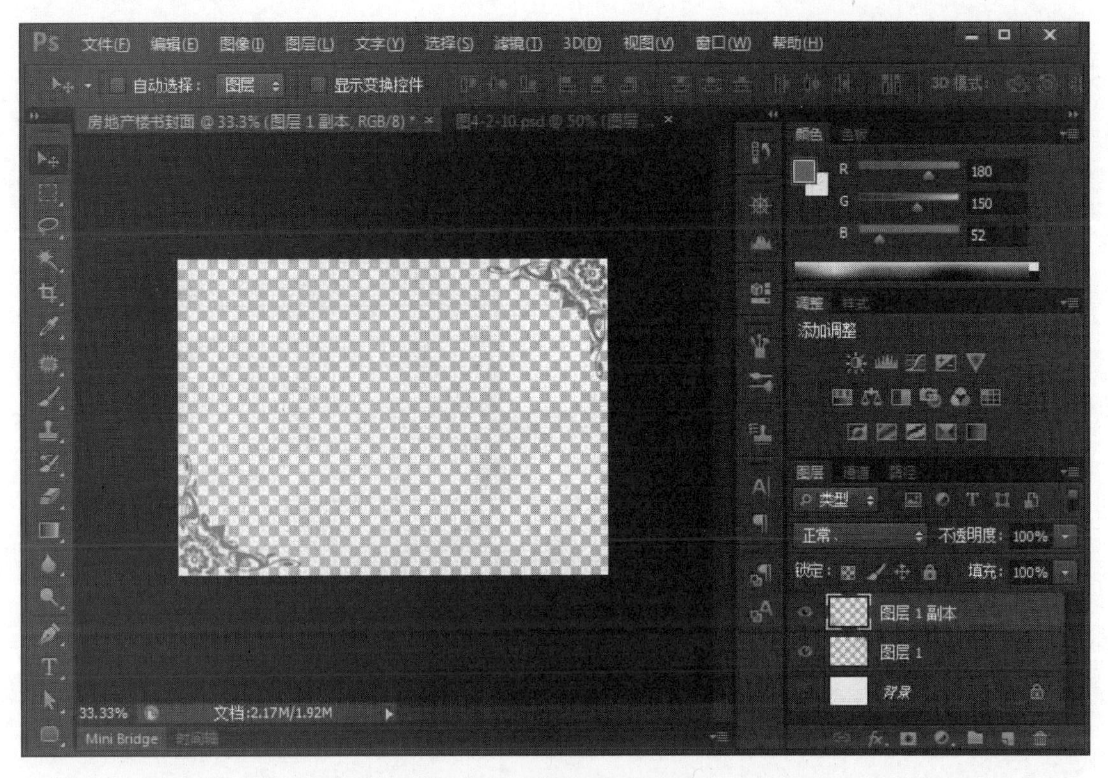

图 4.2.12　复制图层并变换

图 4.2.13　选中素材文件

图 4.2.14　复制图像

图 4.2.15　抠图

图 4.2.16　水平翻转

图 4.2.17　调整图像色彩

图 4.2.18　调整色相饱和度

图 4.2.19　调整大小

⑮用文字工具，将前景色设置为#856b00，字体为华文行楷，字号为 24，加粗，输入“南华 · 碧海云天”，如图 4.2.20 所示。

⑯再次选择文字工具，设置文字字体为楷体，字号为 18，输入文字“碧海云天　宁静雅居　舒缓惬意，与您心灵有约　浪漫生活就是这样简单”，将隐藏的背景图层显示，如图 4.2.21 所示。

⑰继续使用文字工具，设置字体字号和大小，输入标题内容“专业　品质　信誉”和文字段落“南华房地产有限公司成立至今，以专业的管理理念，稳固的施工队伍，一流的施工质量，完善的售后服务，树立了‘工程优质，服务优质’的南华品牌”，如图 4.2.22 所示。

⑱打开素材文件，全选，如图 4.2.23 所示。

图 4.2.20　输入文字

图 4.2.21　输入文字

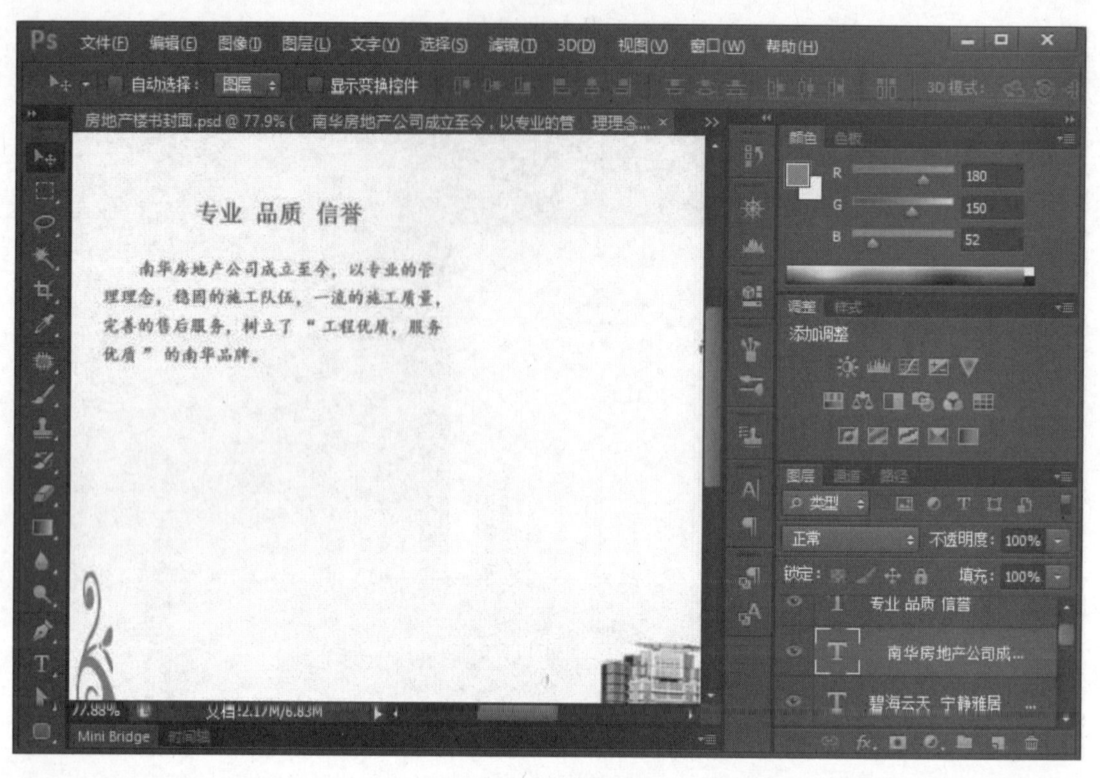

图 4.2.22 输入文字

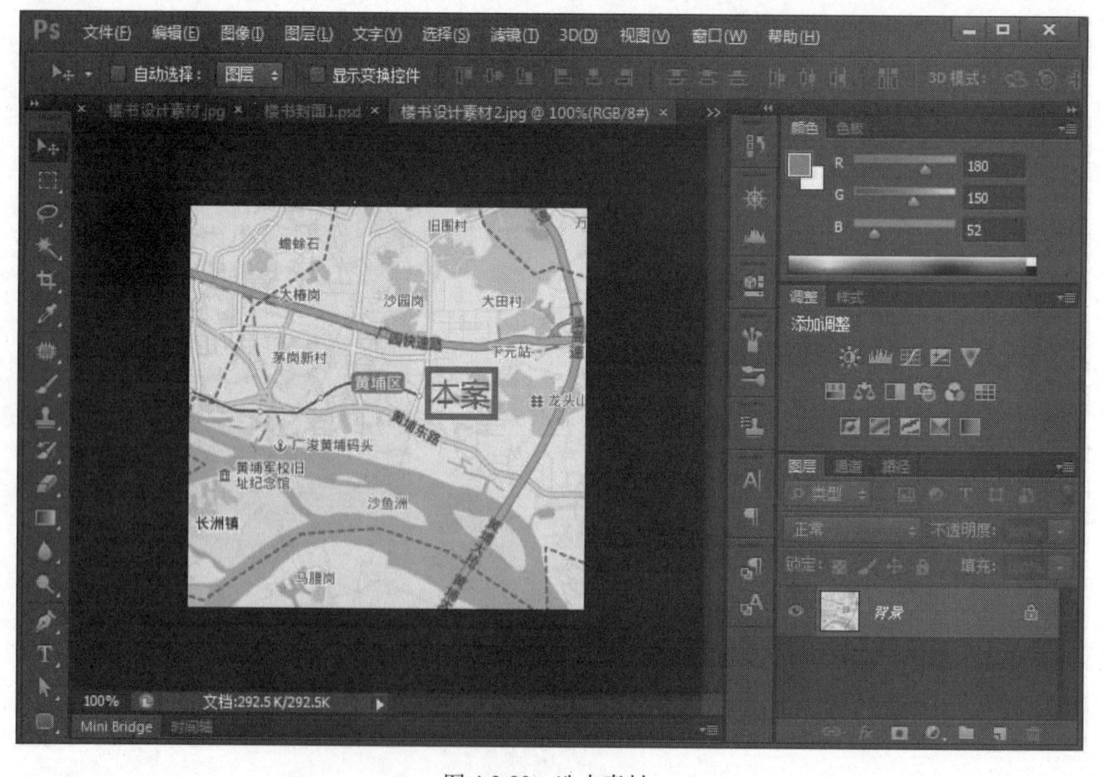

图 4.2.23 选中素材

⑲将选中的图像复制到楼书封面图像文件中,调整大小并放到合适位置,如图 4.2.24 所示。

图 4.2.24　复制图像

⑳输入文字信息“地址:广东省广州市黄埔区石化路 14 号　开发商:广东南华房地产有限公司”和“电话:38697830　38697831”,如图 4.2.25 所示。

㉑用直线工具和自定义图形工具绘制边界线,如图 4.2.26 所示。

㉒楼书封面设计完毕,保存文件“楼书封面设计.psd”,如图 4.2.27 所示。

[能力拓展]　设计制作书籍封面效果图

1.制作书籍封面效果图,如图 4.2.28 所示。

2.根据资料要求,设计制作房地产楼书封面。

- 房地产公司楼书封面设计说明:

  公司名称:华夏房产有限公司。

  地址:陕西省西安市碑林区兴庆路 69 号。

  邮编:710049。

  电话:(029) 82391836。

  传真:(029) 82391079。

- 房地产公司楼书封面设计要求:

  简洁;可加点线结构的装饰纹样;楼书的开本要大小适中,便于携带;字体清晰,与纸张颜色的反差大。

图 4.2.25　输入文字

图 4.2.26　绘制直线

图 4.2.27　房地产楼书封面

图 4.2.28　楼书封面效果图

4.3 手提袋设计

4.3.1 知识准备

滤镜是 Photoshop CS6 的特色工具之一,充分而适度地利用好滤镜不仅可以改善图像效果、掩盖缺陷,还可以在原有图像的基础上产生许多特殊的效果。Photoshop CS6 的滤镜效果非常多,软件本身提供了很多方便快捷的内置滤镜,其中包括艺术效果、模糊、画笔描边、扭曲、杂色、像素化、渲染、锐化效果、素描、风格化、纹理、视频及其他。同时,还支持第三方的软件开发商生产的外挂滤镜。外挂滤镜需要单独下载,若滤镜下载之后只有一个文件.8bf,则直接将其放至 PS 的安装目录下的\Program Files\Adobe\Adobe Photoshop CS6 (64 Bit)\Required\Plug-Ins\Filters 中。若下载的滤镜中有很多的文件,包含一个.8bf 文件,并且还有另外的文件夹,则将其放至\Program Files\Adobe\Adobe Photoshop CS6 (64 Bit)\Plug-ins\Panels 文件夹中。当再次启动 Photoshop CS6 的时候即可使用这些滤镜效果。本篇主要介绍内置滤镜。

Photoshop CS6 会针对选取范围进行滤镜效果处理:如果没有定义选取范围,则对整个图像进行处理;如果选中的是某一图层或某一通道,则只对当前层或通道起作用。

1)风格化

"风格化"滤镜通过置换像素并且查找和提高图像中的对比度,在选区上产生一种绘画式或印象派艺术效果,以丰富创意的效果表现。

(1)查找边缘

作用:通过强化颜色过滤区,从而使用权图像产生轮廓被铅笔勾画的描边效果。使用这个滤镜,系统会自动寻找、识别图像的边缘,用优美的细线描绘它们,并给背景填充白色,使一幅色彩浓郁的图像变成别具风格的速写。"查找边缘"滤镜效果如图 4.3.1 和图 4.3.2 所示。

图 4.3.1 "查找边缘"原图

图 4.3.2 查找边缘效果图

(2)等高线

作用:产生的是一种异乎寻常的简洁效果——白色底色上简单地勾勒出图像细细的轮廓。

参数:色阶:描绘边缘的程度。

边缘:a 较高:在图像轮廓线下描绘;

b 较低：在图像轮廓线上描绘。

“等高线”对话框和“等高线”滤镜效果图如图 4.3.3 和图 4.3.4 所示。

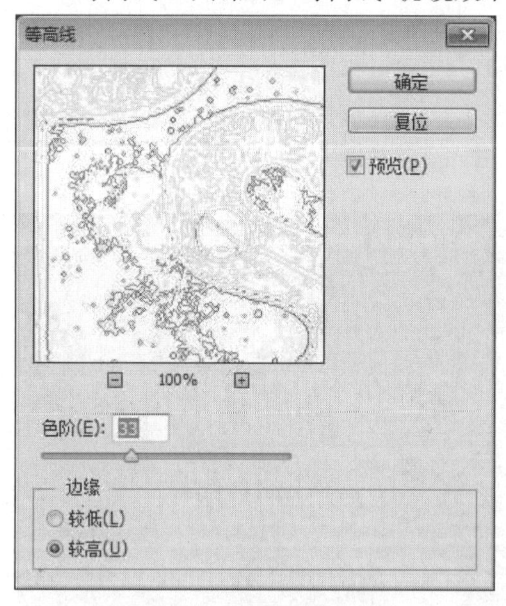

图 4.3.3 “等高线”对话框

图 4.3.4 等高线效果图

(3)风

作用：在图像中色彩相差较大的边界上增加细小的水平短线来模拟风的效果。

参数：方法：a 风：细腻的微风效果；

b 大风：比风效果要强烈得多，图像改变很大；

c 飓风：最强烈的风效果，图像已发生变形。

方向：a 从右：风从右面吹来；

b 从左：风从左面吹来。

“风”对话框和“风”滤镜效果图如图 4.3.5 和图 4.3.6 所示。

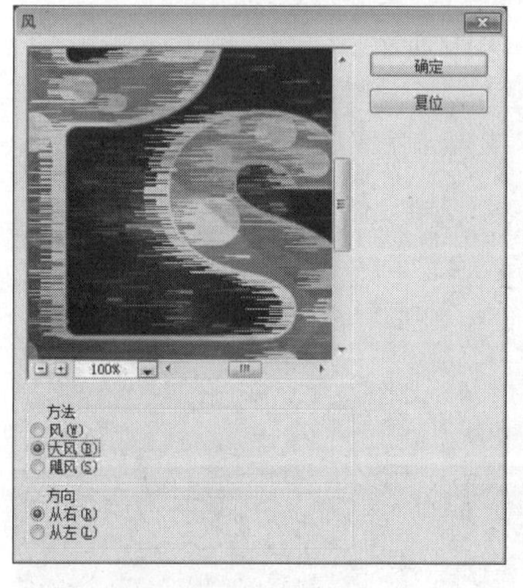

图 4.3.5 “风”对话框

图 4.3.6 “风”滤镜效果图

(4)浮雕效果

作用:通过勾画图像轮廓和降低周围像素色值从而生成具有凸凹感的浮雕效果。

参数:角度:可控制图像浮雕的投影方向;

高度:控制浮雕的高度;

数量:可控制滤镜的作用范围。

"浮雕效果"对话框和"浮雕效果"滤镜效果图如图 4.3.7 和图 4.3.8 所示。

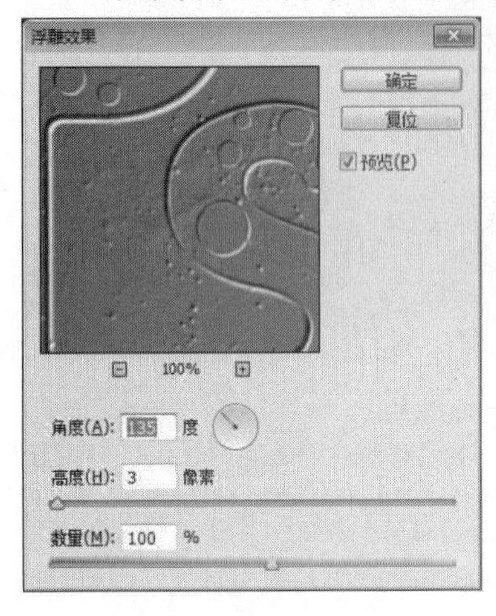

图 4.3.7 "浮雕效果"对话框

图 4.3.8 "浮雕效果"滤镜效果图

(5)扩散

作用:通过图像中相邻的像素按规定的方式有机移动,使图像扩散,图像会产生油画或毛玻璃的效果。

参数:模式:a 正常:以随机方式分布图像像素;

b 变暗优先:突出显示图像的暗色像素部分;

c 变亮优先:突出显示图像的高亮像素部分。

d 各向异性:在颜色变化最小的方向上搅乱像素,柔和的表现图像。

"扩散"对话框和"扩散"滤镜效果图如图 4.3.9 和图 4.3.10 所示。

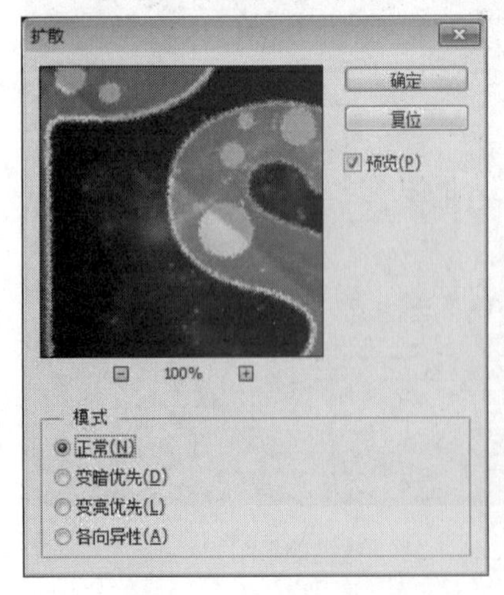

图 4.3.9 "扩散"对话框

图 4.3.10 扩散效果图

(6)拼贴

作用:将图像分割成规则的分块,从而形成拼图状的磁砖效果。

参数:拼贴数:控制拼图主块的密度。

最大位移:控制方块的间隙。

“拼贴”对话框和“拼贴”滤镜效果图如图 4.3.11 和图 4.3.12 所示。

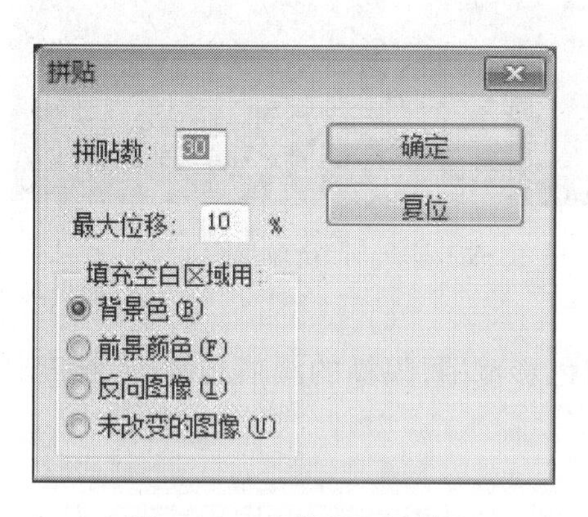

图 4.3.11　“拼贴”对话框

图 4.3.12　拼贴效果图

(7)曝光过度:

作用:将图像正片和负片混合,从而产生摄影中的曝光效果。

“曝光过度”滤镜效果图如图 4.3.13 所示。

图 4.3.13　曝光过度效果图

(8)凸出

作用:产生一个三维的立体效果。使像素挤压出许多正方形或三角形,可将图像转换为三维立体图或锥体,从而生成三维背景效果。

参数:类型:可以控制三维效果的形状:

a 块;b 金字塔。

大小:变形的尺寸,设置立方体或锥体的底面大小。

深度:控制立体化的高度或图像从屏幕突起的深度。

随机:突出的深度随机。

基于色阶:使图像中的某一部分亮度增加,使立体与锥体与色值联在一起。

立方体正面:使立体化后图像像素的平均色作用。

蒙版不完整块:使图像立体化后超出界面部分保持不变。

“凸出”对话框和“凸出”滤镜效果图如图 4.3.14 和图 4.3.15 所示。

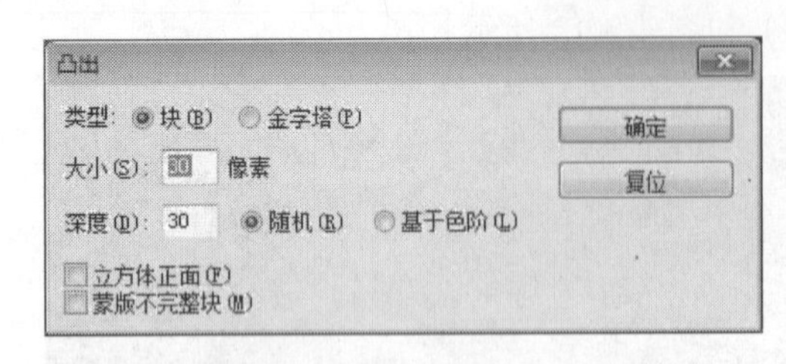

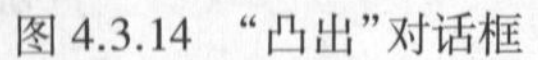
图 4.3.14 “凸出”对话框

图 4.3.15 凸出效果图

2) 模糊

“模糊”滤镜以像素点为单位，稀释并扩展该点的色彩范围，模糊的阀值越高，稀释度越高、色彩扩展范围越大也越接近透明。

(1) 场景模糊

作用：能使图片看起来更加真实，突出重点。

参数：模糊：创建几个图钉(圆圈)，单击圆圈，调整该区域的模糊度，不同的图钉可以设置不同的模糊度。

“场景模糊”面板和“场景模糊”滤镜效果对比图如图 4.3.16 和图 4.3.17 所示。

图 4.3.16 “场景模糊”面板

原图

“场景模糊”滤镜效果图

图 4.3.17　“场景模糊”滤镜效果对比图

(2)光圈模糊

作用:实现图像中心清除周围模糊的效果。

参数:模糊:可以将光圈大小以外的地方进行模糊度设置。

“光圈模糊”面板和“光圈模糊”滤镜效果图如图 4.3.18 和图 4.3.19 所示。

图 4.3.18　“光圈模糊”面板

(3)倾斜偏移

作用:通过模糊和扭曲两个简单的滑块便可以控制移轴过度的强弱程度,可以模拟移动轴镜头的虚化效果。

图 4.3.19 “光圈模糊”滤镜效果图

参数:模糊:控制图像中移轴模糊两条虚线外的模糊程度,数值越大越模糊。

扭曲度:调整图像中移轴模糊两条虚线外的模糊图像扭曲度,数值越大越扭曲。

对称扭曲:勾选对称扭曲,调整扭曲度时虚线外两边同时调整扭曲度。

“倾斜偏移”面板和“倾斜偏移”滤镜效果图如图 4.3.20 和图 4.3.21 所示。

图 4.3.20 “倾斜偏移”面板

(4)表面模糊

作用:保留图像边缘的情况下,对图像的表面进行模糊处理。

参数:半径:确定模糊的范围。

阈值:确定模糊的程度。

“表面模糊”对话框和“表面模糊”滤镜效果图如图 4.3.22 和图 4.3.23 所示。

图 4.3.21　“倾斜偏移”滤镜效果图

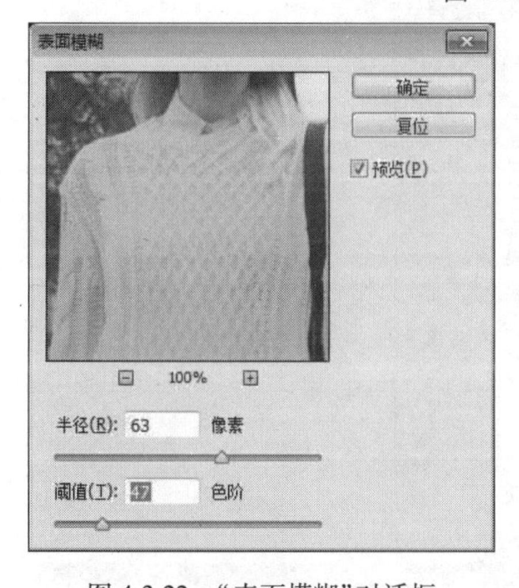

图 4.3.22　“表面模糊”对话框

图 4.3.23　“表面模糊”滤镜效果图

（5）动感模糊

作用：模拟了摄像中拍摄运动物体时间接曝光的功能，从而使图像产生一种动态效果。

参数：角度：控制图像的模糊方向；

距离：控制图像的模糊强度。

“动感模糊”对话框和“动感模糊”滤镜效果对比图如图 4.3.24 和图 4.3.25 所示。

（6）方框模糊

作用：可以基于相邻像素的平均颜色值来模糊图像，生成类似于方块状的特殊模糊效果。

参数：半径：调整用于计算给指定像素的平均值的区域大小。

“方框模糊”对话框和“方框模糊”滤镜效果对比图如图 4.3.26 和图 4.3.27 所示。

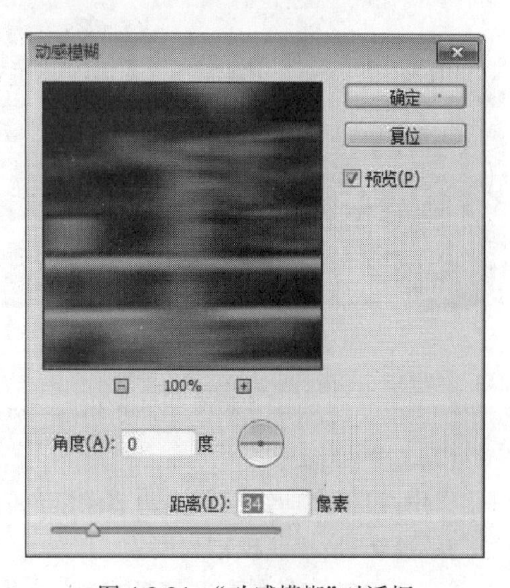

图 4.3.24　“动感模糊”对话框

原图　　“动感模糊”滤镜效果图

图 4.3.25 “动感模糊”滤镜效果对比图

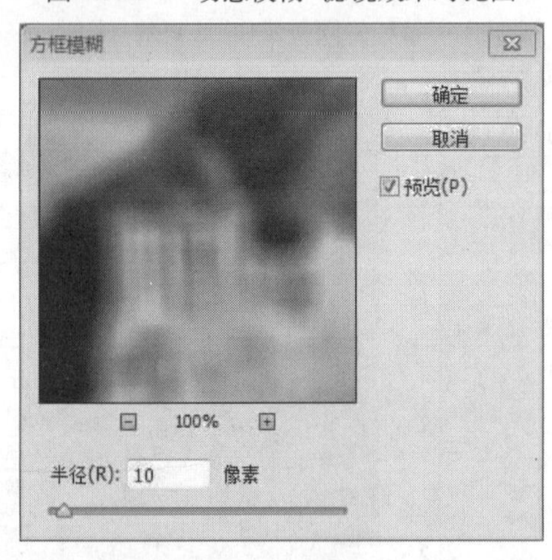

图 4.3.26 “方框模糊”对话框

原图　　“方框模糊”滤镜效果图

图 4.3.27 “方框模糊”滤镜效果对比图

(7)高斯模糊

作用:根据高斯钟形曲线调节像素色值,控制模糊效果,甚至能造成难以辨认的雾化效果。

参数:半径:控制模糊程度。

“高斯模糊”对话框和“高斯模糊”滤镜效果图如图 4.3.28 和图 4.3.29 所示。

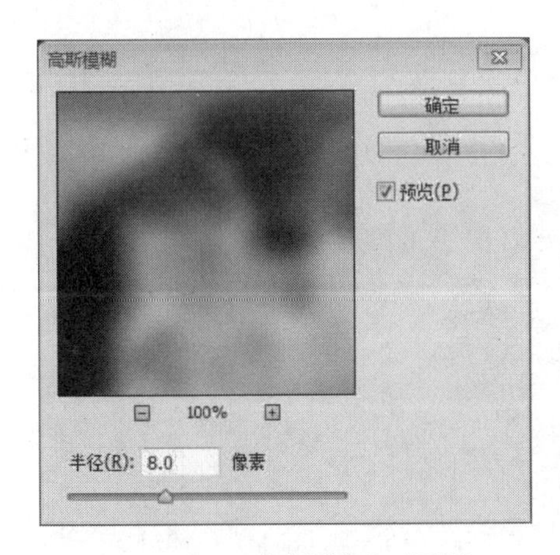

图 4.3.28 “高斯模糊”对话框

图 4.3.29 “高斯模糊”滤镜效果图

(8)进一步模糊

作用:对图像作强烈的柔化处理,其模糊程度较模糊强 3~4 倍。可重复对同一对象使用,逐步加强模糊效果。如一个对象经过其他模糊处理后,基本效果已经满意,但模糊程度稍有欠缺,可以使用进一步模糊和模糊两个滤镜来加强。“进一步模糊”滤镜效果图如图 4.3.30 所示。

图 4.3.30 进一步模糊效果图

(9)径向模糊

作用:能模拟摄影时旋转相机或聚焦、变焦效果,从而可以将图像旋转成从中心辐射。

参数:数量:当滑块右移,模糊效果更明显。

模糊方法:a 旋转:模拟了摄影机的旋转效果,使图像旋转辐射。

b 缩放:使图像产生向四周辐射的效果。

品质:草图、好、最好。

“径向模糊”对话框和“径向模糊”滤镜效果图如图 4.3.31 和图 4.3.32 所示。

(10)镜头模糊

作用:可以向图像中添加模糊以产生明显的景深效果,以使图像中的一些对象清晰(如同相机的拍摄效果),而使另一些区域变模糊(类似于在相机焦距外的效果)。使用深度映射来

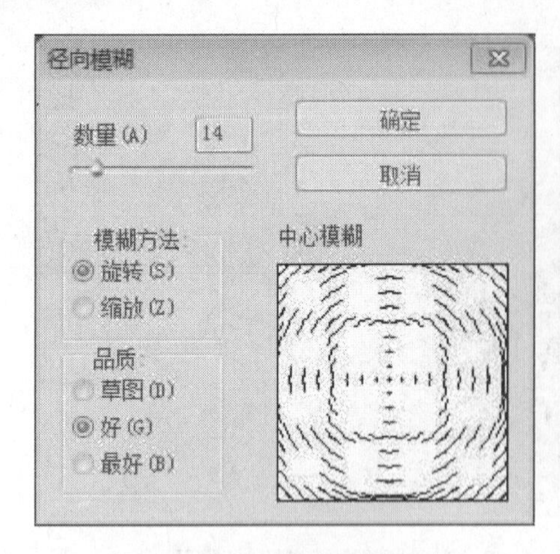

图 4.3.31 “径向模糊”对话框

图 4.3.32 “径向模糊”滤镜效果图

确定像素在图像中的位置,可以使用 Alpha 通道和图层蒙版来创建深度映射;Alpha 通道中的黑色区域被视为好像它们位于照片前面的区域,清晰显示,白色区域被视为位于远处的区域,模糊显示。建立 Alpha 通道如图 4.3.33 所示。

图 4.3.33 建立 Alpha 通道

参数:预览:勾选该复选框,可以在左侧的预览窗口中显示图像模糊的最终效果。

a 更快:可以加快显示图像的模糊效果;

b 更加准确:可以更加精确地显示图像的模糊效果,但速度会比较慢。

深度映射:a 源:选择镜头模糊产生的形式(无、透明度、图层蒙版);

b 模糊焦距:设置模糊焦距范围的大小;

c 反相:勾选则焦距越小,模糊效果越明显。

光圈:a 形状:右侧的下拉列表中,可以选择光圈的形状(三角形、方形、五边形、六边形、七边形和八边形);

b 半径:控制镜头模糊程度的大小,值越大,模糊效果越明显;

c 叶片弯度:控制相机叶片的弯曲程度,值越大,模糊效果越明显;

d 旋转:控制模糊产生的旋转程度。

镜面高光:a 亮度:控制模糊后图像的亮度,值越大,图像越亮;

b 阈值:选项可以控制图像模糊后的效果层次,值越大,图像的层次越丰富。

杂色:a 数量:设置图像中产生的杂色数量。值越大,产生的杂色就越多;

b 分布:平均:将平均分布这些杂色;

高斯分布:将高斯分布这些杂色。

c 单色:勾选该复选框,将以单色的形式在图像中产生杂色。

“镜头模糊”对话框和“镜头模糊”滤镜效果图如图 4.3.34 和图 4.3.35 所示。

图 4.3.34　“镜头模糊”对话框

图 4.3.35 “镜头模糊”滤镜效果图

(11)模糊

作用:对图像作轻微的柔和处理,使图像对比度减小,趋于模糊,主要用于消除图像中色彩过渡的噪声。

(12)平均

作用:滤镜找出图像或选区的平均颜色,然后使用该颜色填充图像或选区以创建平滑的外观。

(13)特殊模糊

作用:使图像主生一种清晰边界的模糊效果。

参数:半径:控制模糊效果;

阈值:控制模糊效果的阶调;

品质:控制模糊效果的质量;

模式:控制模糊效果的方式。

“特殊模糊”对话框和“特殊模糊”滤镜效果图如图 4.3.36 和图 4.3.37 所示。

3)扭曲效果

扭曲滤镜通过对图像应用扭曲变形实现各种效果。

(1)波浪

作用:使图像产生强烈波纹越伏的效果,其强烈程度可控制。

参数:生成器数:控制产生波的数量,范围是 1~999。

波长:其最大值与最小值决定相邻波峰之间的距离,两值相互制约,最大值必须大于或等于最小值。

波幅:其最大值与最小值决定波的高度,两值相互制约,最大值必须大于或等于最小值。

比例:控制图像在水平或垂直方向上的变形程度。

类型:有三种类型可供选择,分别是正弦、三角形和方形。

随机化:每单击一下此按钮都可以为波浪指定一种随机效果。

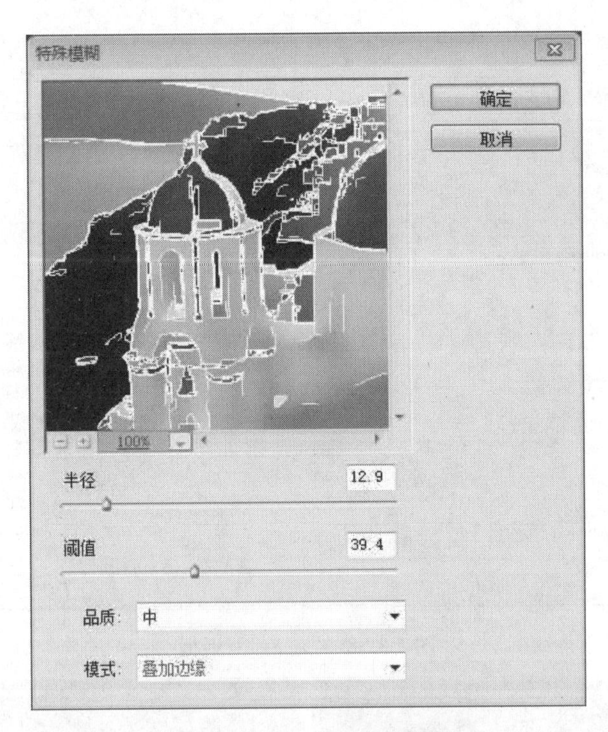

图 4.3.36　“特殊模糊”对话框

图 4.3.37　“特殊模糊”滤镜效果图

折回:将变形后超出图像边缘的部分反卷到图像的对边。

重复边缘像素:将图像中因为弯曲变形超出图像的部分分布到图像的边界上。“波浪”对话框和“波浪”滤镜效果对比图如图 4.3.38 和图 4.3.39 所示。

(2)波纹

作用:和波浪相似,同样产生波纹起伏和效果,但效果较为柔和。

参数:数量:控制波纹的变形幅度,范围是-999%~999%。

大小:小、中、大。

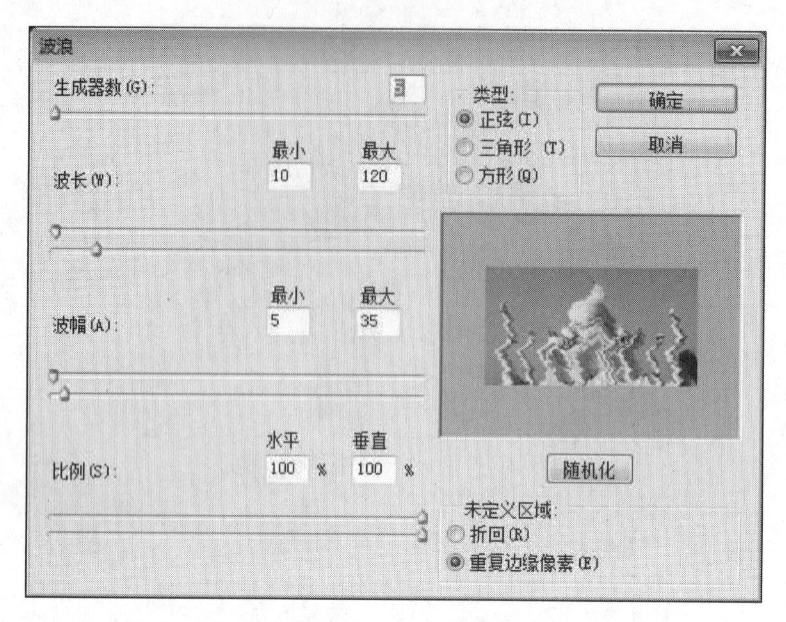

图 4.3.38 “波浪”对话框

原图

波浪滤镜效果图

图 4.3.39 “波浪”滤镜效果对比图

“波纹”对话框和“波纹”滤镜效果图如图 4.3.40 和图 4.3.41 所示。

图 4.3.40 “波纹”对话框

图 4.3.41 “波纹”滤镜效果图

(3)极坐标

作用:将图形中假设的直角坐标转换成为极坐标,或将假设的极坐标转换为直角坐标,前者把矩形的上边往里压缩,下边向外延伸。最后,上边的区域形成圆心部分,下边变成圆周部分,从而使图形畸形失真。

参数:平面坐标到极坐标:直角坐标转换成极坐标。

　　极坐标到平面坐标:极坐标转换成直角坐标。

“极坐标”对话框和“极坐标”滤镜效果图如图 4.3.42 和图 4.3.43 所示。

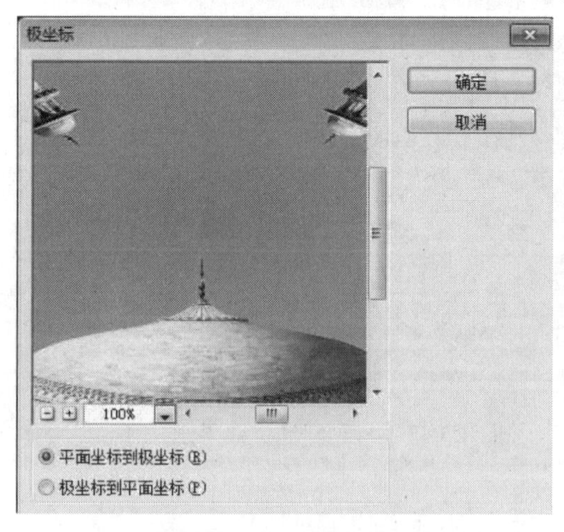

图 4.3.42　“极坐标”对话框

图 4.3.43　“极坐标”滤镜效果图

(4)挤压

作用:使图像的中心产生凸起或凹下的效果。

参数:数量:控制挤压的强度,正值为向内挤压,负值为向外挤压,范围是-100%~100%。

“挤压”对话框和“挤压”滤镜效果图如图 4.3.44 和图 4.3.45 所示。

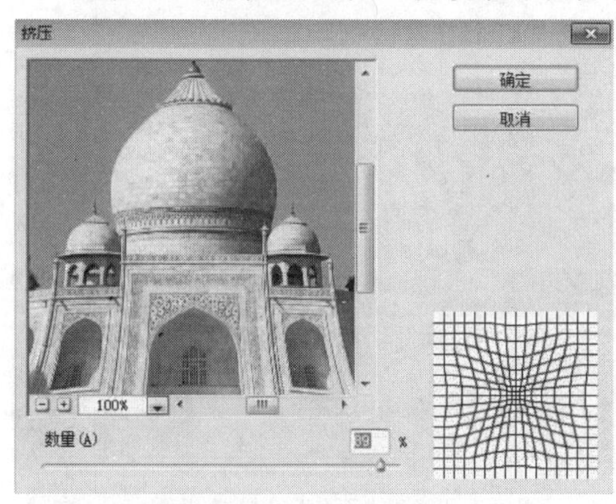

图 4.3.44　“挤压”对话框

图 4.3.45　“挤压”滤镜效果图

(5)切变

作用:沿着对话框中一条指定的曲线扭曲影像。

参数:未定为区域:移出的像素没有填补。

折回:用移出的像填补切变产生的空白。

重复边缘像素:用移出像素产生空白的边缘像素重复来填补空白。

"切变"对话框和"切变"滤镜效果图如图 4.3.46 和图 4.3.47 所示。

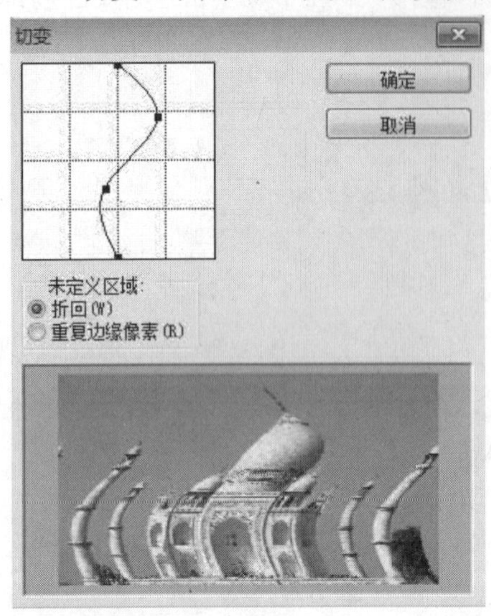

图 4.3.46 "切变"对话框

图 4.3.47 "切变"滤镜效果图

(6)球面化

作用:把图像中所选定的球形区域或其他区域扭曲膨胀或变形缩小。

参数:数量:控制图像的变形程度。

模式:正常、垂直优先和水平优先。

"球面化"对话框和"球面化"滤镜效果图如图 4.3.48 和图 4.3.49 所示。

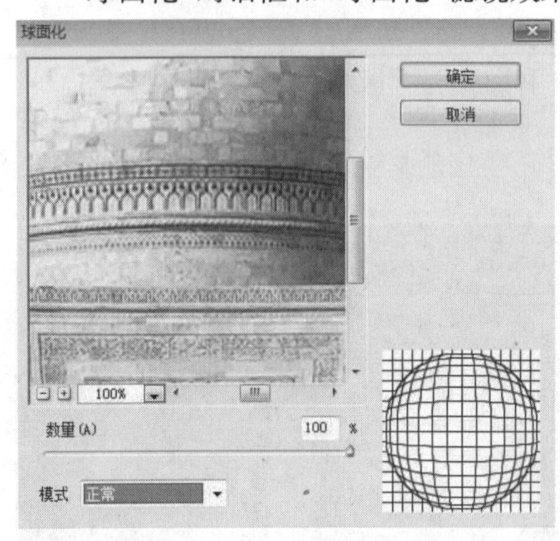

图 4.3.48 "球面化"对话框

图 4.3.49 "球面化"滤镜效果图

(7)水波

作用:使所选择的图形产生像涟漪一样的波动效果。

参数:数量:波纹的数量。

起伏:波纹的起伏变形程度。

样式:a 围绕中心;b 从中心向外;c 水池波纹。

“水波”对话框和“水波”滤镜效果图如图 4.3.50 和图 4.3.51 所示。

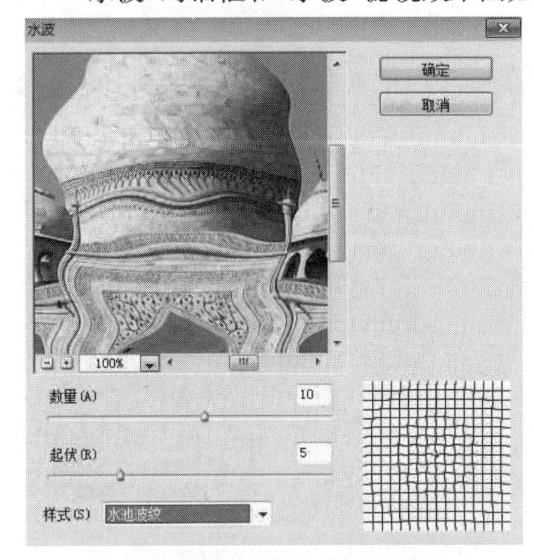

图 4.3.50　“水波”对话框

图 4.3.51　“水波”滤镜效果图

(8)旋转扭曲

作用:在图形的选择区域内产生旋转的效果。选择区中心旋转得比边缘利害,可以指定旋转角度。

参数:角度:“+”表示顺时针旋转;“-”表示逆时针旋转。

“旋转扭曲”对话框和“旋转扭曲”滤镜效果图如图 4.3.52 和图 4.3.53 所示。

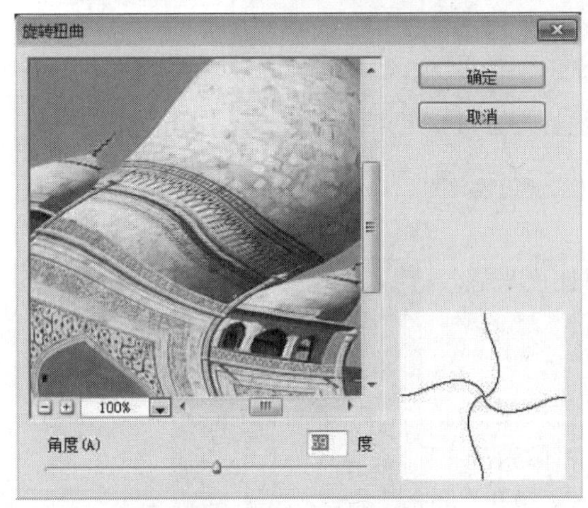

图 4.3.52　“旋转扭曲”对话框

图 4.3.53　“旋转扭曲”滤镜效果图

(9)置换

作用:根据另一幅图像(PSD 格式)中的颜色和形状来确定当前图像中图形的改变形式。

参数:水平比例:控制水平方向变形比例。

垂直比例:控制垂直方向变形比例。

置换图:a 伸展以适合:变形范围覆盖至整张图像;

b 拼贴:以变形图像。

未定义区域:a 折回;

b 重复边缘象素。

“置换”对话框如图 4.3.54 所示。置换文件(PSD 格式)与“置换”滤镜效果图如图 4.3.55 和图 4.3.56 所示。

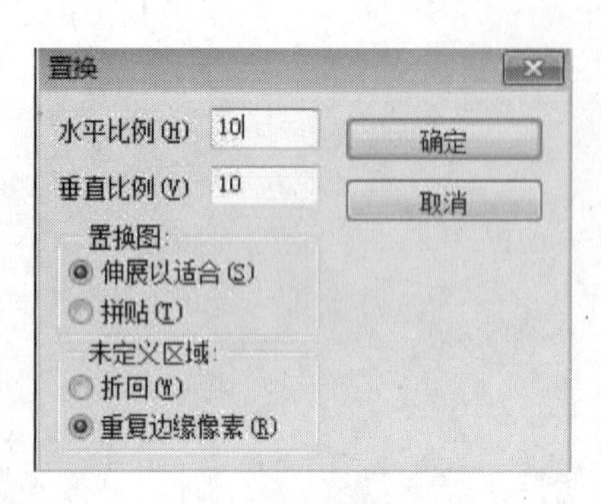

图 4.3.54 “置换”对话框

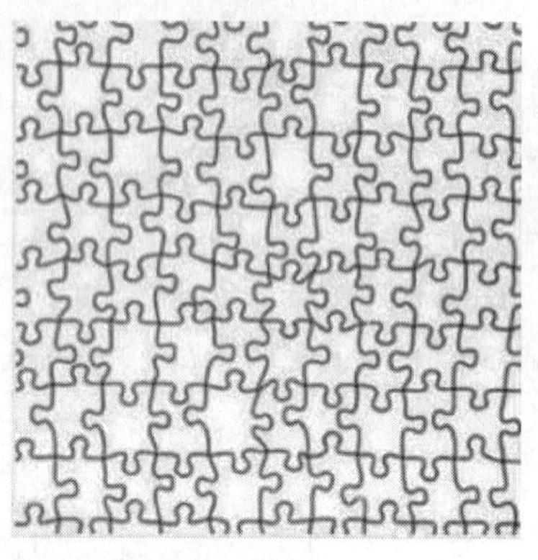

图 4.3.55 置换文件(PSD 格式)

图 4.3.56 “置换”滤镜效果图

4)锐化

“锐化”滤镜组可以通过增加像素之间的对比度来聚焦模糊的图像,使图像变得清晰。

(1)USM 锐化

作用:对图像的细微层次进行清晰度强调,它采用照相制版中的虚光蒙版原理,通过加大图像中相邻像素间的颜色反差,来提高图像整体的清晰效果。“USM 锐化”对话框和“USM 锐化”滤镜效果对比图如图 4.3.57 和图 4.3.58 所示。

参数:数量:数值越大,则清晰度强调的效果越明显,其取值范围为 1%~500%。

半径:是暗色与亮色发生变化的范围。其取值范围为 0.1~255.0 像素。

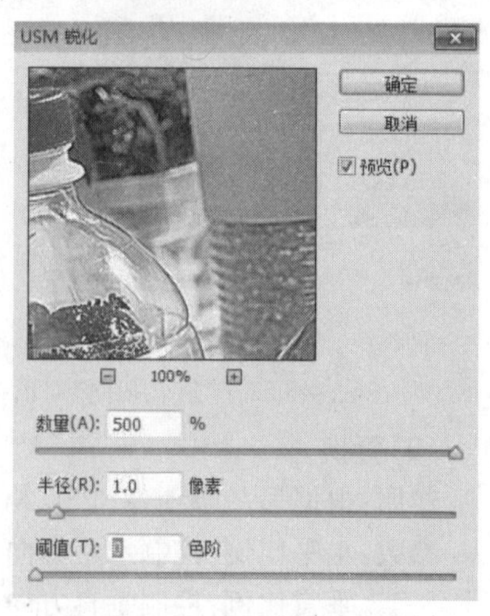

图 4.3.57 “USM 锐化”对话框

原图　　“USM锐化”滤镜效果图

图 4.3.58　“USM 锐化”滤镜效果对比图

阈值：当两种颜色的差别大于阈值所给定的限制等级（色阶）时，即可对这两种颜色的交界处进行 USM 锐化；反之，两种颜色的反差小于限制等级时，则不做 USM 锐化，阈值参数的取值范围为 0~255。

（2）进一步锐化

作用：使图像产生比锐化更强的锐化效果。

（3）锐化

作用：通过增强像素之间的对比度，使图像清晰起来，使图像锐化。

（4）锐化边缘

作用：通过分析图像的色彩，仅仅加强图像边缘的对比，整体的图像效果不变。

（5）智能锐化

作用：调节图案边缘细节的对比，并且在边缘产生修正明暗交接线或者创建虚幻的边缘图案。表达的是一个传统的摄影合成技巧，用于修正摄影，扫描所产生的模糊图像。

参数：预设：可以将当前设置的锐化参数保存为一个预设的参数，以后需要使用它来锐化图像时，可以在下拉列表中进行选择；也可单击“默认值”恢复为系统默认参数值；可以载入预设和删除自定义的锐化设置。

数量：用来设置锐化数量，较高的值可增强边缘像素之间的对比度，使图像看起来更加锐利。

半径：用来确定受锐化影响的边缘像素的数量，该值越高，受影响的边缘就越宽，锐化的效果也就越明显。

移去：在该选项下拉列表中可以选择锐化算法。包括高斯模糊、镜头模糊、动感模糊。

更加准确：勾选该项，使锐化的效果更精确，但需要更长的时间来处理文件。

“智能锐化”对话框和“智能锐化”滤镜效果图如图 4.3.59 和图 4.3.60 所示。

图 4.3.59 “智能锐化”对话框

图 4.3.60 智能锐化效果图

5) 像素化

“像素化”滤镜的作用是将图像以其他形状的元素重新再现出来。它并不是真正地改变了图像像素点的形状,只是在图像中表现出某种基础形状的特征,以形成一些类似像素化的形状变化,如图 4.3.61 所示。

(1) 彩块化

作用:提取图像中的颜色特征,并将相近的颜色合并,使这些颜色变化平展一些,生成了手绘效果。

(2) 彩色半调

作用:可以产生一种彩色半色调印刷(加网印刷)图像的放大效果,即将图像中的所有颜色用黄、品红、青和黑四色网点的相互叠加进行再现的效果。

参数:最大半径:确定网格中最大点的半径。

图 4.3.61 不同的“像素化”滤镜产生的效果

网角:灰度模式只使用1通道,RGB使用1、2、3通道,CMYK使用四个通道,每个格为网格中颗粒点阵的角度,每个通道代表每种颜色。

(3)点状化

作用:通过将一个图像分割为随机的点,产生斑点化的效果。

参数:单元格大小:斑点的大小。

(4)晶格化

作用:使图像产生像结晶一样的效果,结晶后的每一个小面的色彩由原图像位置中主要的色彩代替。

(5)马赛克

作用:通过将一个单元内所有的图像像素统一颜色,从而产生一种模糊化的马赛克效果。

参数:同上

(6)碎片

作用:模拟摄像对镜头晃动,通过四次拷贝图像像素,快速形成一个聚焦背景,产生了一个模糊重叠的效果。

(7)铜版雕刻

作用:通过使用点线,笔画重新生成图像,产生一种凹版面的效果。将图像转换为黑白或一些全饱和色的随机图案,并由这些图案的变化重新构置整幅图像。

参数:选择凹版面的效果类型。

6)渲染

“渲染”滤镜能对图像产生照明、云彩以及特殊的纹理效果。各种效果如图4.3.62所示。

(1)分层云彩

作用:可将工具箱中的前景色与背景色混合,形成云彩的纹理,并和底图以“差值”方式合成。“差值”模式用于比较原图像和生成的云彩之间的像素值,用较亮的像素点的像素值减去较暗的像素点的像素值,差值作为最终色的像素值。如果和黑色进行混合,则混合色无变化;

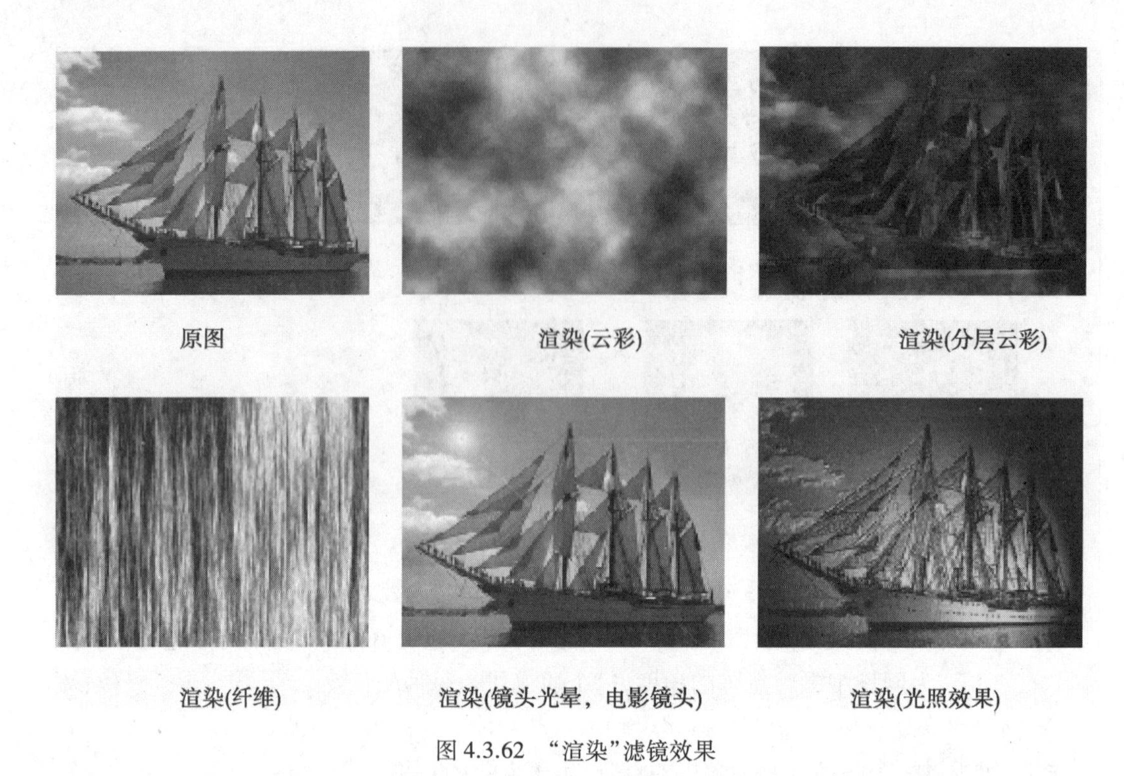

原图　渲染(云彩)　渲染(分层云彩)

渲染(纤维)　渲染(镜头光晕，电影镜头)　渲染(光照效果)

图 4.3.62　“渲染”滤镜效果

如果和白色混合,则混合色是原来颜色的反相(黑色的像素值是 0,白色的像素值是 255)。

(2)云彩

作用:根据设定的前景色和背景色之间的随机像素值将图像置换成柔和的云彩效果,而将原稿内容全部覆盖。通常使用“云彩”滤镜生成一些背景纹路。

(3)纤维

作用:使用前景色和背景色创建编织纤维的外观,当应用“纤维”滤镜时,当前使用的图层上的图像数据会替换为纤维。

参数:差异:控制颜色的变换方式(较小的值会产生的较长的颜色条纹,而较大的值会产生非常短且颜色分布变化更多的纤维)。

强度:滑块控制每根纤维的外观,低设置会产生展开的纤维,而高设置会产生短的绳状纤维。

随机化:更改图案的外观,可多次单击该按钮,直到看到满意的图案。

(4)镜头光晕

作用:模拟亮光照在相机镜头所产生的光晕效果。

参数:亮度:控制光线的亮度。

光晕中心:选项区域中可用十字光标显示光晕中心的位置,用鼠标拖动可改变其位置。镜头类型:选项区域用于指明光晕镜头的类型。

(5)光照效果

作用:在图像上制作各种光照效果,只能用于 RGB 模式的图像。可以创造出许多奇妙的灯光纹理效果。

参数:控制参数可分为4大类,“光照效果”面板如图4.3.63所示。

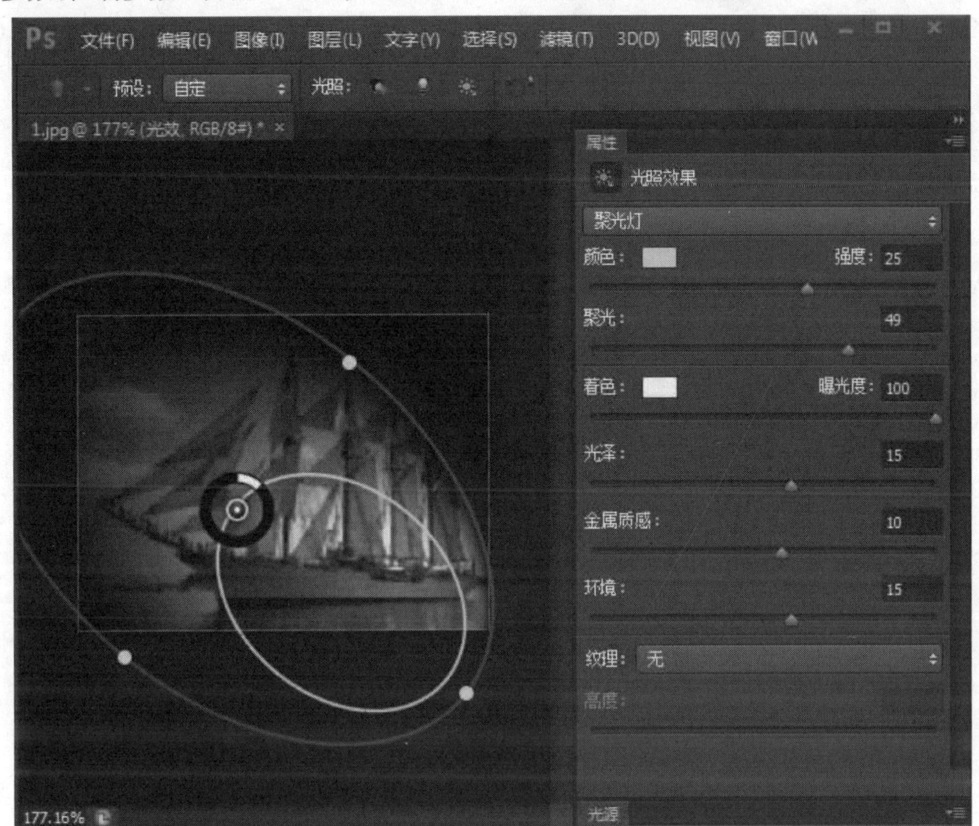

图4.3.63　“光照效果”面板

样式:在该选项中可以使用多达17种不同的光照样式,Photoshop要求光照效果中至少有一个光源,而且只能分开调节每个光源的各自参数,但最后的效果却是在图中设置的所有光源的共同效果。

光照类型:无线光、聚光灯和点光。

属性:a 颜色:表示光源的颜色及强度。

b 聚光:该项只有选择“点光”时才有效,用它来控制椭圆内光线的范围。

c 曝光度:曝光度使设置好颜色光线变亮,作用效果明显。

d 光泽:确定图像的反光程度,可以从粗糙变化到光滑。

e 金属质感:决定反射光的颜色是光源色还是物体色。

f 环境:控制光线与图像中的环境光混合的效果。

纹理通道:可以使用灰度纹理来控制光线如何从图像反射。

7)杂色

应用“杂色”滤镜为图像增加或减少噪点。增加噪点可以消除图像在混合时出现的色带。应用杂色滤镜可将图像的某一部分更好地融合于其周围的背景中;通过“杂色”滤镜来修复图像中的一些缺陷,减少图像中不必要的杂色以提高图像的质量。杂色滤镜组包括“减少杂色”“中间值”“去斑”“添加杂色”“蒙尘与划痕”。

(1)减少杂色

“减少杂色”滤镜可以消除杂色来去除图片中的噪点。“减少杂色”对话框如图 4.3.64 所示。“减少杂色”滤镜的效果对比图如图 4.3.65 所示。

图 4.3.64 “减少杂色”对话框

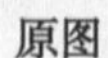

原图

“减少杂色”滤镜效果图

图 4.3.65 “减少杂色”滤镜效果对比图

(2)中间值

作用:调整图像模糊变化程度,去除图像中的杂点和划痕。

参数:半径,值越大图像就越模糊,中间值对话框如图 4.3.66 所示。

运用“中间值”滤镜的效果如图 4.3.67 所示。

图 4.3.66　中间值对话框

图 4.3.67　运用“中间值”滤镜的效果

(3)去斑

作用:可去除图像中一些有规律的杂色或噪点,但去除的同时会使图像的清晰度受到损失。

(4)添加杂色

作用:能在图像上应用随机像素,动画使图像看起来有一些沙石的质感。可以用来色带或使过度修饰的荡然无存看起来更加真实。选择“添加杂色”可打开如图 4.3.68 所示的对话框。

参数:数量,控制噪点的数量。

分布:a 平均分布,随机产生的噪点。

b 高斯分布,根据高斯钟摆曲线产生噪点,其效果要比前者明显。

(3)蒙尘与划痕

作用:去除图像中没有规律的杂点或划痕。

参数:半径,用于控制所要清除尘污或划痕的区域范围,只要杂点的“半径” 在给定的数值范围内,并且与周围像素的颜色差别大于给定的“阈值”,便可将杂点或划痕去掉,该值越大图像就越模糊。

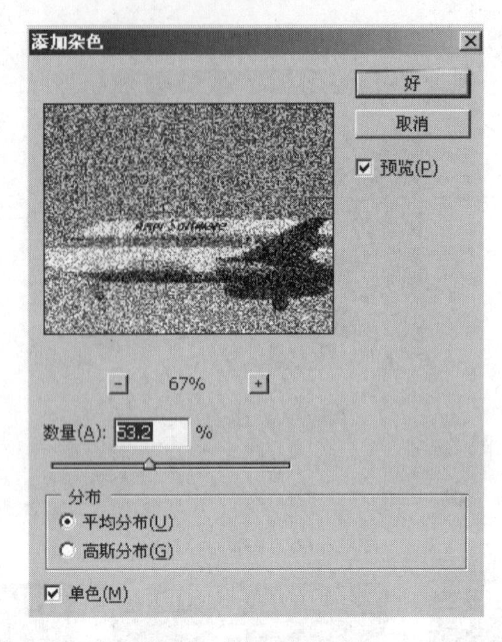

图 4.3.68 添加杂色

阈值,作为一种判断条件,可确定图像达到一定的清晰效果和隐藏图缺陷之间的平衡点。其取值范围在 0~128。该命令的对话框如图 4.3.69 所示。

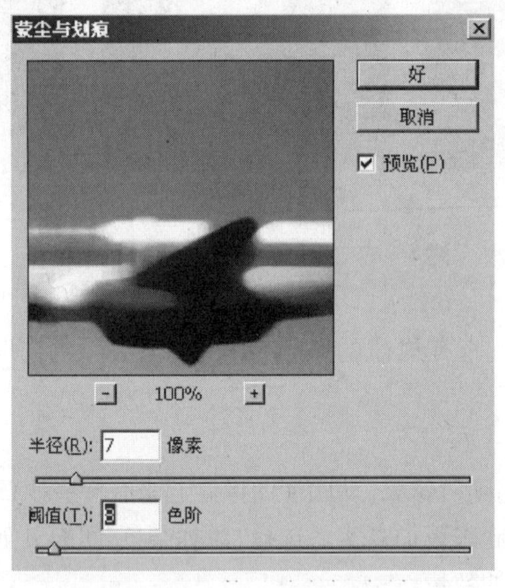

图 4.3.69 蒙尘划痕滤镜

8)其他

“其他”子菜单中的滤镜允许创建自己的滤镜,允许使用滤镜修改蒙版,还允许在图像中使选区发生位移以及快速调整颜色。

(1)位移

作用:常用于选区通道的操作当中,移动通道中的白色区域,位置选区通道的位置变化后,即可进一步使用各种通道运算命令来制作新的选区通道。

参数:水平:设定水平方向的偏移量。

垂直:设定垂直方向的偏移量。

未定义区域:a 设置为背景:透明用于选择用背景色填充。

b 重复边缘像素:选择按一定方向重复边缘像素。

c 折回:选择用对边的内容填充空白区域。

"位移"对话框如图 4.3.70 所示。

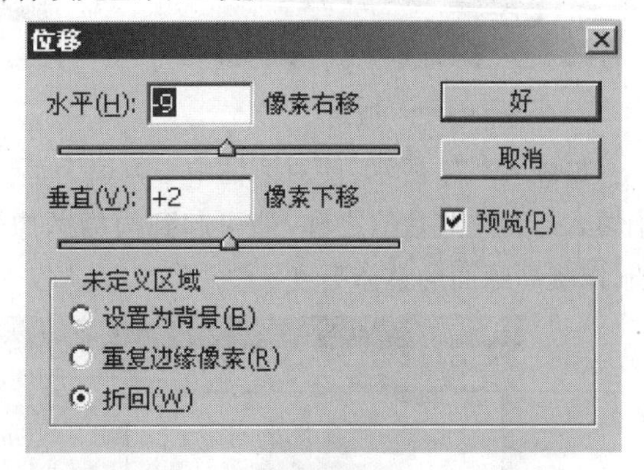

图 4.3.70　位移

(2)最大值与最小值

作用:"最大值"命令能够强调图像中较亮的像素,还可用于在通道中扩大白色区域。"最小值"命令能够强调图像中较暗的像素,还可用于在通道中缩小白色区域。

参数:半径:数值代表选区边缘向外扩张或收缩的像素点数目,应用最大值和最小值后的效果如图 4.3.71 所示。

原图

其他(最大值，8)

其他(最小值，8)

图 4.3.71　最大值和最小值后的效果

(3)自定

作用:允许通过设置对话框中的数值,以数学算法来改变图像中各像素点的亮度值(自定义滤镜只对各像素点的亮度值起作用,而不改变像素点的色相与饱和度),制作属于自己的新滤镜。

①选择正中间的文本框,它代表要进行计算的像素,应输入要与该像素的亮度值相乘的值,范围为-999~999。

②选择代表相邻像素的文本框,输入要与该位置的像素相乘的值,例如,将紧邻当前像素右侧的像素亮度值乘 2,在紧邻中间文本框右侧的文本框中输入 2。

③对所有要进行计算的像素重复步骤①和②。不必在所有文本框中都输入值。

④对于"缩放",输入一个值,用该值去除计算中包含像素的亮度的总和。对于"位移输入要与缩放计算结果相加的值。

⑤单击"好"按钮,自定滤镜随即逐个应用到图像中的每一个像素。图 4.3.72 所示的是原始图像,如果使对话框中心数值为正,而其周围的空格全部填入负值,并使它们与中心点的数值能够达到平衡,如图 4.3.73 所示效果,即可增大相邻像素的反差,生成一个清晰化滤镜。

图 4.3.72　原图

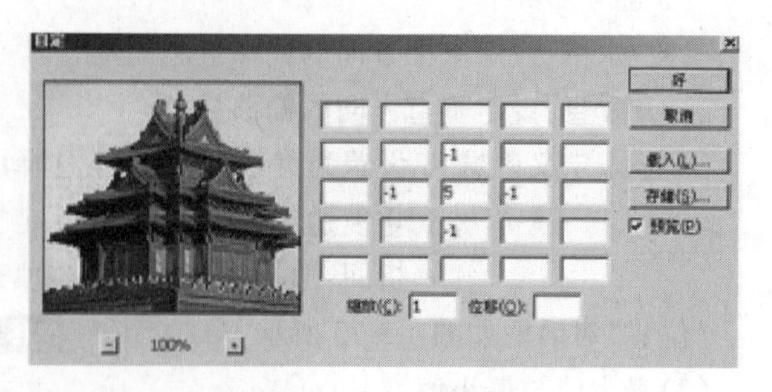

图 4.3.73　自定对话框

如图 4.3.74 所示,使对话框中心数值为正,其周围的空格也全部填入正数,并在“缩放”格中填入所有这些数值之和,即可起到模糊图像的效果,当然,也可在“位移”格中填入一定数值,以提高画面的整体亮度。

图 4.3.74　自定对话框

如图 4.3.75 所示,当对话框中心点周围空格内数值正负平衡时,即可生成一个浮雕效果的滤镜,正负值的位置可决定光线照射方向。

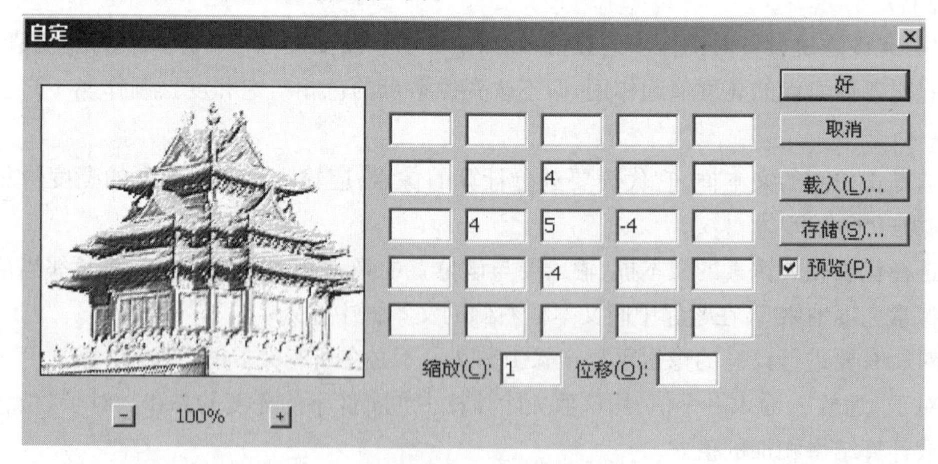

图 4.3.75　自定对话框

(4)高反差保留

作用:将图像中变化较缓的颜色区域删掉,而只保留色彩变化最大的部分,即颜色变化的边缘,即滤掉了图像中的低频变化,如图 4.3.76 所示。

参数:半径:数值表示变化后所保留颜色边缘的宽度。

图 4.3.76　“高反差保留”对话框

9)滤镜库

(1)风格化——照亮边缘

作用:通过查找图像中的颜色边缘并用强化其过渡对比的方法使其产生发光的效果。

参数:边缘宽度:控制发光边缘的宽度。

边缘亮度:用于控制边缘发光的亮度。

平滑度:用来控制边缘的平滑程度。

“照亮边缘”对话框如图 4.3.77 所示。

(2)画笔描边

画笔描边滤镜提供了产生各种绘画效果的另一种方法,通过为图像增加颗粒、画斑、杂色、边缘细节或纹理,使图像产生各种各样的绘画效果。画笔描边滤镜组包括:“喷溅”“喷色描边”“墨水轮廓”“强化的边缘”“成角的线条”“深色线条”“烟灰墨”和“阴影线”8 种不同的滤镜。画笔描边中“成角的线条”对话框如图 4.3.78 所示。

①喷溅

作用:模仿喷枪的效果。

参数:喷色半径:控制喷枪的喷射口径,该值越小,喷枪的效果越明显,图像变形越大。

平滑度:控制图像的边缘光滑程度,该值越小,喷枪的效果越接近颗粒效果。

②喷色描边

作用:按照一定角度喷颜料,重绘图像。

参数:描边长度:控制线条长度。

喷色半径:文本框用于控制喷射颜料的剧烈程度。

描边方向:下拉列表框控制线条的喷射方向。

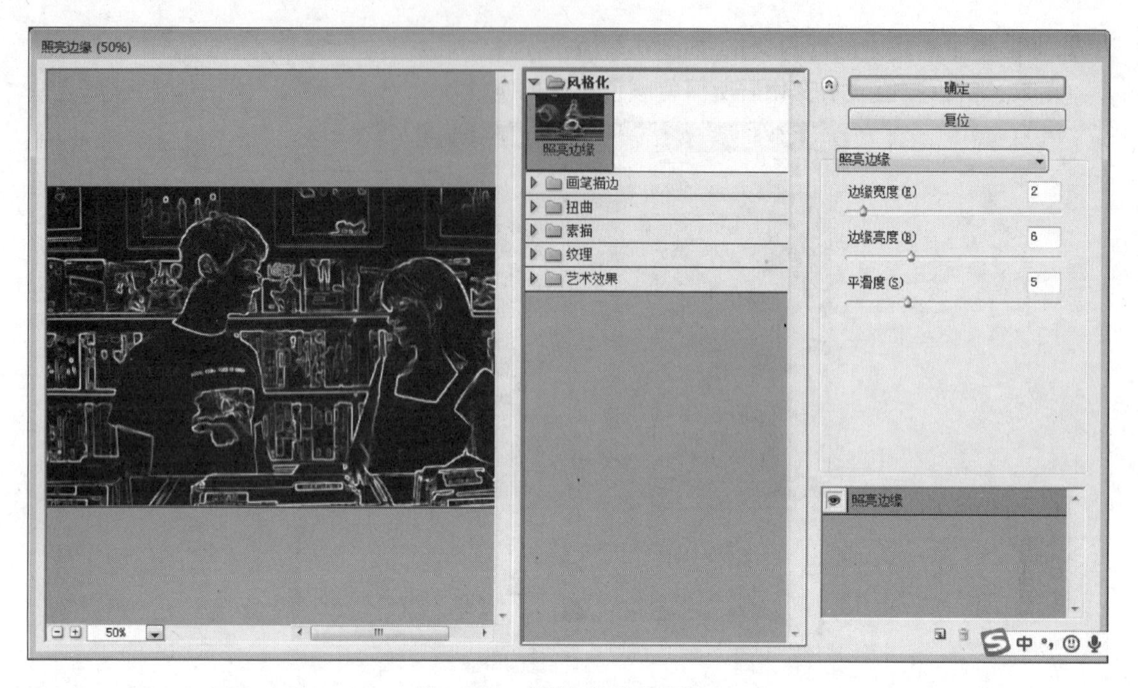

图 4.3.77 “照亮边缘”对话框

图 4.3.78 “成角的线条”对话框

③水墨轮廓

作用:用圆滑的细线重新描绘图像的细节,使图像产生钢笔油墨化的效果。

参数:描边长度:控制线条长度。

深色强度:控制阴暗区域的强度,该值越大图像越暗,线条越明显。

光照强度:控制明亮区域的强度,该值越大图像越亮,线条越不明显。

④强化的边缘

作用:对图像中明显的边界产生强调作用。

参数:边缘宽度:控制边缘深浅的宽度。

边缘亮度:控制边缘亮度。

平滑度:控制图像的边缘的平滑程度,数值越小图像越清晰,否则越模糊。

⑤成角的线条

作用:以对角线方向的线条描绘图像。图像中的光亮区域与图像中的阴影区域分别用方向相反的两种线条描绘。

参数:方向平衡:控制倾斜方向,该值为 0 时的线条角度方向与该值为 100 时完全相反,且为单一对角线方向,当该值为 50 时,两对角方向的线条参半。

描边长度:设置画笔线条的长度。

锐化程度:控制线条的清晰程度。

⑥深色线条

作用:用短而密的线条绘制图像中的深色区域,并用长的白色线条描绘图像的浅色区域。

参数:平衡:控制笔触的方向,当该值为 0 或 10 时,笔触方向均为单一对角方向,且两者方向完全相反;当该值处于中间数值时,两个对角方向的线条都会出现。

黑色强度:控制黑线的长度。

白色强度:控制白线的强度。

⑦烟灰墨

作用:绘制水墨画效果的图像,模拟用包含黑色的墨水的画笔在宣纸上绘画的效果。

参数:描边宽度:控制线条的宽度。

描边压力:控制笔触压力。

对比度:控制图像的对比度。

⑧阴影线

作用:在保持图像细节和特点的前提下,将图像中颜色边界加以强化和纹理化,并且模拟铅笔交叉线的效果。

参数:描边长度:控制线条长度。

锐化程度:控制交叉线的清晰程度。

强化:控制交叉线的强度和数量。

各种效果如图 4.3.79 所示。

(3)扭曲

①玻璃

作用:可以创建出一系列纹理,模拟透过玻璃观看图像的效果。

参数:扭曲度:设置图像的扭曲程度。值越大,图像的扭曲越明显。取值范围为 0~20。

图 4.3.79 “画笔描边”效果

平滑度:设置图像的平滑程度。值越大,图像越平滑。取值范围为 1~15。

纹理:设置图像的扭曲纹理,包括块状、画布、磨砂和小镜头。

缩放:用来设置纹理的缩放程度。

反相:勾选该项,可以反转纹理的凹、凸方向。

②海洋波纹

作用:可以将随机分隔的波纹添加到图像表面,模拟海洋表面的波纹效果。

参数:波纹大小:设置生成波纹的大小。值越大,生成的波纹就越大。取值范围为 1~15。

波纹幅度:设置生成波纹的幅度大小。值越大,波纹的幅度就越大。取值范围为 0~20。

③扩散亮光

作用:添加透明的白杂色,并从选区的中心向外渐隐亮光。将图像渲染成像是透过一个柔和的扩散滤镜来观看的。

参数:粒度:图像中的粒度所呈现出来的密度,粒度的数值和密度成正比。

发光量:该值和图像中白光的亮度有关,和白光的亮度成正比。

清除数量:清除图像中能够影响图像的背景色的作用的范围,当这个值很大时,背景色的影响范围就会变小,相反地,就会扩大背景色影响的作用范围。

"扭曲"滤镜各种效果如图 4.3.80 所示。

原图

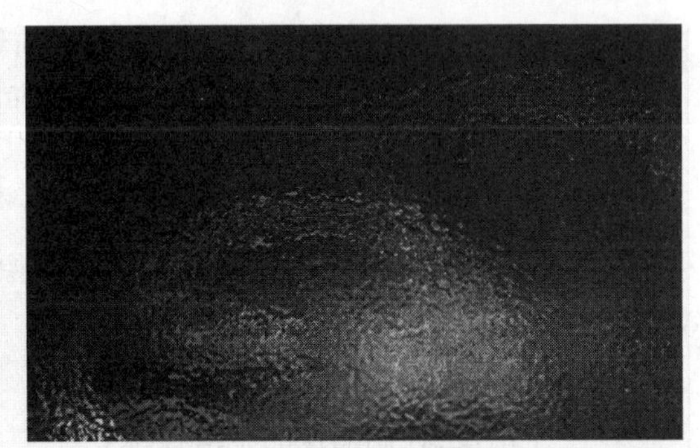

扭曲(玻璃

扭曲(海洋波纹)

扭曲(扩散亮光)

图 4.3.80 滤镜库"扭曲"效果

(4)素描

"素描"滤镜通常用来为图像制作一些质感的变化,也可以用它来创建精美的艺术或手绘图像。与"艺术效果"或"画笔描边"命令不同的是,它通常使用当前前景色与背景色的变化来渲染图像效果,最终得到的图像往往是一幅单色画面。

①便条纸

作用:模仿由两种颜色不同的粗糙的手工制作的纸张相互粘贴的效果,两种颜色由前景色和背景色确定。

参数:图像平衡:调节前景色和背景色之间的平衡,该值越小背景色占的份额越大,该值越大前景色占的份额越大。

粒度:控制图像颗粒化程度。

凸现:控制图像的凸凹程度。

②半调图案

作用:模拟半调网的效果,并将图像置换成由前景色和背景色组成的图像。

参数:大小:控制网纹大小,该值越大越不清晰。

对比度:控制前景色和背景色之间的对比度,该值越大前景色和背景色之间的过渡越不明显。

图案类型:选择一种网纹类型。

③图章

作用:使图像模拟印章效果,印章部分为前景色,其余部分为背景色。

参数:明/暗平衡:控制前景色和背景色之间的平衡。

平滑度:控制图像的平滑程度。

④基底凸现

作用:图像较暗的区域用前景色填充,图像较亮的区域用背景色填充,产生凸起的浮雕效果。

参数:细节:控制滤镜作用的细腻程度。

平滑度:控制图像的平滑程度。

光照:选择光线位置,有 8 个选项。

⑤影印

作用:以前景色和背景模拟影印图像的效果。

参数:细节:调节图像效果的细节。

暗度:控制前景色的强度。

⑥撕边

作用:用粗糙的颜色边缘模拟碎纸片的效果图像,只包括前景色和背景色。

参数:图像平衡:调节前景色和背景色之间的平衡。

平滑度:控制图像的平滑程度。

对比度:控制前景色与背景色之间对比度。

⑦水彩画纸

作用:模仿在潮湿的纤维作画的效果,颜色将溢出和混合。

参数:纤维长度:设置模拟纸张的纤维长度,控制扩散程度。

亮度:控制图像亮度。

对比度:控制图像的对比度。

⑧炭笔

作用:使用前景色在背景色上重绘图像,图像的主要边缘用粗线绘制,图像的中间色调用细线条描绘。

参数:炭笔粗细:控制炭笔涂抹的厚度。

细节:控制绘画的细腻程度。

明/暗平衡:调节图像前景色和背景色之间的平衡。

⑨炭精笔

作用:相当于用一支与前景色相同的粉笔绘制图像中较暗的区域,用一支与背景色相同的粉笔绘制图像中较亮的区域。

参数:前景色阶:控制前景色的强度。

背景色阶:控制背景色的强度。

纹理:设置画布纹理类型。

放缩:控制纹理缩放比例。

凸现:控制纹理凸现程度。

光照:控制光线照射方向。

反相:设定反向效果指定线方向。

⑩粉笔和炭笔

作用:用粗糙的炭笔前景色和粉笔背景色重绘图像的高亮和中间色调。

参数:炭笔区:控制炭笔的区域面积。

粉笔区:控制粉笔的区域面积。

描边压力:控制线条的压力。

⑪绘图笔

作用:用精细地对角方向的油墨线条前景色在背景色上重绘图像。

参数:描边长度:控制线型的长度。

明/暗平衡:调节前景色和背景色之间的平衡。

描边方向:控制线条方向。

⑫网状

作用:透过网格向背景色上扩散固体的颜料色,即把图像处理成用前景色和背景色组成的有网格图案的图像作品。

参数:浓度:控制网眼的密度。

前景色阶:控制前景色的强度。

背景色阶:控制背景色的强度。

⑬铬黄

作用:产生磨光的金属表面的效果,其金属表面的明暗情况与原图的明暗分布基本对应。该滤镜不受前景色和背景色的控制。

参数:细节:维持原图细节的程度。

平滑度:控制图像的光滑程度。

"素描"滤镜各种效果如图 4.3.81 所示。

(5)纹理

使用"纹理"滤镜来生成一些纹路的变化,或者说产生一种将图像制作在某种材质上的质感变化。纹理的大小及高低变化可通过对话框中的选项进行自由控制。

①拼缀图

作用:将图像分为若干小方块,将每个方块用该区域最亮的颜色填充,并为方块之间增加深色的缝隙,可模拟建筑拼贴瓷砖的效果。

参数:方形大小:控制方块的大小。

凸现:控制凸现高度。

②染色玻璃

作用:模拟杂色玻璃的效果,图像中许多细节将丢失,相邻单元格之间空间用前景色填充。

图 4.3.81 “素描”滤镜效果图

参数:单元格大小:控制每一个单元格的大小比例。
边框粗细:控制边界宽度。
光照强度:控制光照强度。

③纹理化

作用:在图像的表面上应用纹理效果。

参数:纹理:选择画布纹理类型。
缩放:设置纹理缩放比例。
凸现:控制纹理凸现程度。
光照:控制光线照射方向。
反相:开关光源被选中设定反向效果,指光线方向。

④颗粒

作用:通过模仿颗粒效果为图像增加纹理。

参数:强度:控制颗粒的密度。
对比度:控制图像的对比度。
颗粒类型:设定颗粒的类型,可以选择常规、软化、喷洒、结块、强对比、扩大、点刻、水平、垂直和斑点等类型。

⑤马赛克拼贴

作用:将图像分割成若干形状随机的小块,并在小块之间增加深色的缝隙。

参数:拼贴大小:控制马赛克的大小。
缝隙宽度:控制马赛克缝隙宽度。
加亮缝隙:控制马赛克缝隙的亮度,起到在视觉上改变缝隙深度的效果。

⑥龟裂缝

作用:模仿在粗糙的石膏表面绘画的效果,图像上形成许多纹理。此滤镜为图像创建了另一种浮雕效果。

参数:裂缝间距:控制裂纹的尺寸。
裂缝深度:控制裂纹的深度。
裂缝亮度:控制裂纹的亮度。

“纹理”滤镜各种效果见图 4.3.82 所示。

(6)艺术效果

“艺术效果”滤镜主要用来表现不同的绘画效果,通过模拟绘画时使用的不同技法,以得到各种精美艺术品的特殊效果。有 15 种不同的滤镜,介绍如下:

①塑料包装

作用:给图像添加塑料包装的效果,强调表面细节。

参数:高光强度:控制塑料包装高亮反光区的亮度。
细节:控制塑料包装边缘细节。
平滑度:控制塑料包装边缘的平滑程度。

原图

纹理(拼缀图)

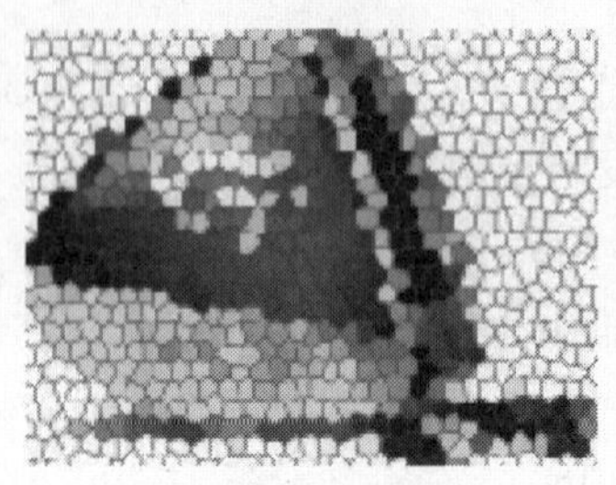

纹理(染色玻璃)

纹理(纹理化，沙岩)

纹理(颗粒，垂直)

纹理(马赛克拼图)

纹理(龟裂缝)

图 4.3.82 “纹理”滤镜效果图

②壁画

作用:使相近的颜色以单一的颜色替代,并加上边缘,产生粗糙的壁画效果。

参数:画笔大小:控制画笔尺寸大小。

画笔细节:控制画笔的细腻程度。

纹理:控制在过渡区域产生纹理的清晰程度。

③干画笔

作用:以减少图像的颜色来简单化图像的细节,使图像呈现出介于油画和水彩画之间的效果。

参数:画笔大小:控制画笔尺寸大小。

画笔细节:控制画笔的细腻程度。

纹理:控制颜色过渡区域纹理的清晰程度。

④底纹效果

作用:将当前图像作为背景的一种手法,使图像产生一些纹理覆盖的效果。

参数:画笔大小:控制画笔宽度。

纹理覆盖:控制纹理扩张范围。

纹理:选择画布纹理类型。

缩放:控制纹理缩放比例。

光照方向:控制光线照射方向。

反相:设定方向效果即光线方向。

⑤彩色铅笔

“彩色铅笔”滤镜产生一种使用各种颜色的铅笔在单一颜色的背景上沿某一特定的方向勾画图像的效果,重要的边缘使用粗糙的画笔勾勒,单一颜色区域将被背景色代替。其“铅笔宽度”文本框用于控制铅笔的尺寸;“描边压力”文本框用于控制描绘时的用笔压力;“纸张亮度”文本框用于控制画纸的亮度。画纸的颜色是工具箱中设置的背景色。亮度设置的越大,画纸越接近背景色。

⑥木刻

作用:减少了图像原有的颜色,类似的颜色使用同一颜色代替,使图像看起来像由粗糙的几层颜色组成。对于人物应用该滤镜会产生类似卡通人物的效果。

参数:色阶数:控制颜色层次,该值越大,颜色层次越丰富。

边简单化度:控制各种颜色边界的简单化程度,该值越小,图像越接近原图。

边逼真度:控制图像轮廓的逼真程度。

⑦水彩

作用:产生水彩风格的图像,简化图像的细节,改变图像边界的色调,饱和图像的颜色。

参数:画笔细节:控制绘画笔时的细腻程度。

最单调深度:控制阴影区的表现强度。

纹理:控制不同颜色交界处的过渡情况。

⑧海报边缘

作用:减少图像的颜色,查找图像的边缘并在上面加上黑色的轮廓。

参数:边缘厚度:控制描边的宽度。

边缘强度:控制描边的强度。

海报化:控制图像海报化的渲染程度。

⑨海绵

作用:模拟用海绵做画笔,在画布上吸收多余水分的绘画效果。

参数:画笔大小:控制画笔大小。

清晰度:控制画笔的粗细程度。

平滑度:控制颜料散开的平滑程度。

⑩涂抹棒

作用:将较暗的区域用短而密的黑线涂抹。

参数:描边长度:控制画笔的线条长度。

高光区域:控制高亮区域的涂抹强度。

强度:控制涂抹强度。

⑪粗糙蜡笔

作用:模拟彩色蜡笔在布满纹理的背景上描绘。

参数:描边长度:控制画笔的线条长度。

描边细节:控制线条细腻程度。

纹理:选择画布纹理类型。

缩放:控制纹理缩放比例。

凸现:控制纹理凸现程度。

光照:用于控制光线照射方向。

反相:设定反向效果。

⑫绘画涂抹

作用:在画布上进行涂抹,使图像产生模糊的效果。

参数:画笔大小:控制画笔尺寸大小。

锐化程度:控制图像边界的锐化程度。

画笔类型:选择涂抹工具的类型,包括"简单""不处理光照""不处理深色""宽锐化""宽模糊"和"火花"等。

⑬胶片颗粒

作用:产生使胶片颗粒在图像的暗色调和中间色调均匀显示的效果,使图像更饱和更平衡。

参数:颗粒:控制颗粒的大小。

高光区域:控制高亮区域的范围。

强度:控制图像的明暗强度。

⑭调色刀

作用:模仿用刀子刮去图像细节的画布效果。

参数:描边大小:控制图像相互混合的程度,数值越大,图像越模糊。

描边细节:控制互相混合的颜色的近似程度,该值越大,颜色相近的范围越大,颜色混合得越明显。

软化度:控制不同颜色边界线的柔和程度。

⑮霓虹灯光

作用:为图像添加类似霓虹灯一样的发光效果,可以使图像色彩减弱,产生较强的神秘感。

参数:发光大小:控制光照在物体周围的照射范围,可调整光晕的大小。

发光:控制发光的颜色。

"艺术效果"滤镜各种效果如图 4.3.83 所示。

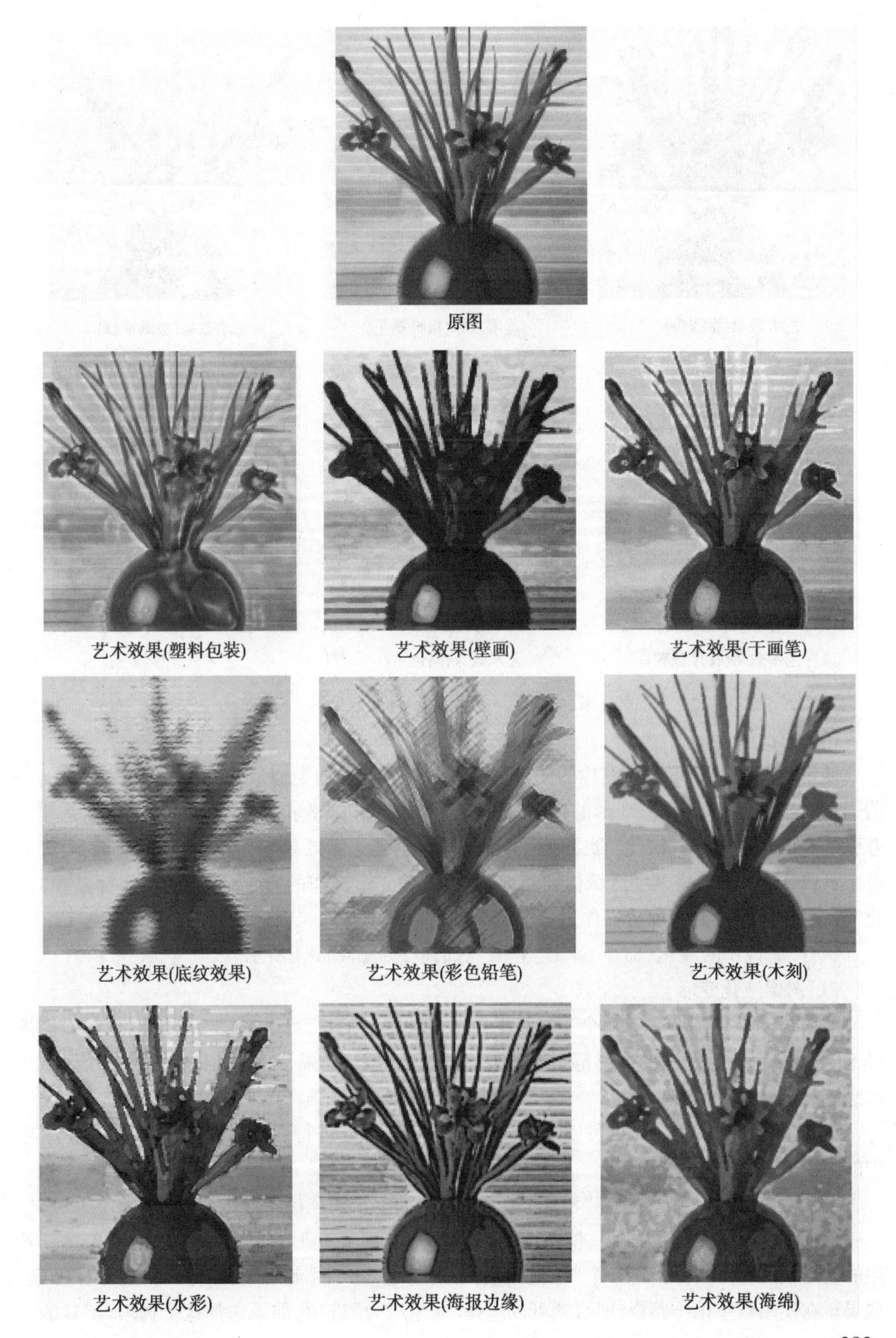

原图

艺术效果(塑料包装)　艺术效果(壁画)　艺术效果(干画笔)

艺术效果(底纹效果)　艺术效果(彩色铅笔)　艺术效果(木刻)

艺术效果(水彩)　艺术效果(海报边缘)　艺术效果(海绵)

图 4.3.83 “艺术效果”滤镜效果图

10)液化

使用“液化”命令可以对图像的任何区域进行各种各样的类似液化效果的变形，如旋转扭曲、收缩、膨胀以及映射等，变形的程度可以随意控制，可以是轻微的变形效果，也可以是非常夸张的变形效果，因而“液化”命令成为修饰图像和创建艺术效果的有效途径；另外，还可以通过工具或 Alpha 通道将某些区域保护起来，不受各种变形操作的影响，所有的操作都是在“液化”对话框中实现的，可以边操作边预视结果。

执行“滤镜中的液化”命令，弹出“液化”对话框，如图 4.3.84 所示。

(1)图像液化变形

“液化”对话框的左侧有一个工具箱提供了多种变形工具，可以在“液化”对话框的右侧选择不同的画笔大小，所有的变形都集中在画笔区域的中心，如果一直按住鼠标或在一个区域多次绘制，可强化变形效果。

① 选择想变形的图层(也可以选择当前图层的一部分进行变形)，然后执行“滤镜”菜单中的“液化”命令。

②在使用工具以前，需要在“液化”对话框右侧的工具选项栏中设定 如下选项：

“画笔大小”和“画笔压力”，使用较小的画笔压力，可使变形的过程慢一些，有利于达到希望的变形程度时停止。指定一个“湍流抖动”数据来控制 “湍流”工具如何严格地涂抹像素。如果正在使用数字化压感板，那么就可以选择“光笔压力”选项，如果选择这个选项，工具的画

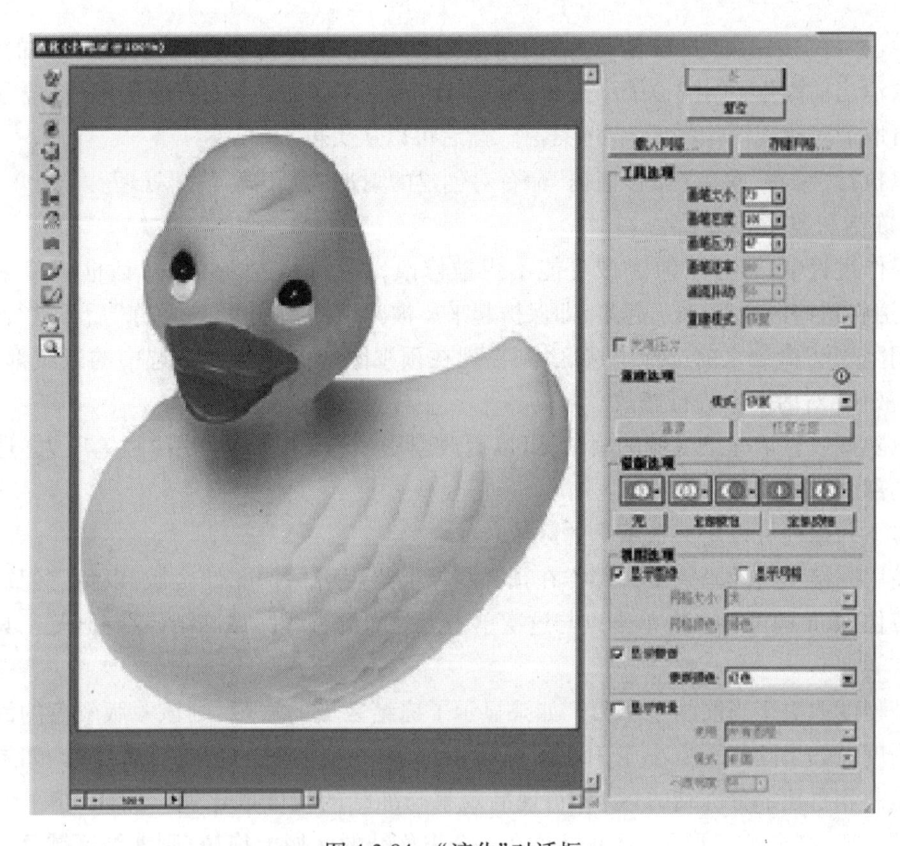

图 4.3.84　“液化”对话框

笔压力是“画笔压力”数值和压感板数值的乘积。

③使用下列任何一个工具对工具进行液化变形。

• 向前变形工具:当拖拽鼠标时,此工具向前推动像素。

• 湍流工具:用于平滑地涂抹像素,对于创建火苗、云彩和波纹等类似的效果非常有帮助。

• 顺时针旋转扭曲工具:用于顺时针旋转像素。

• 褶皱:将像素向画笔区域的中心移动。

• 膨胀工具:将像素向远离画笔区域中心的方向移动。

• 左推工具:将像素垂直移向绘制方向, 拖拽鼠标将像素移向右侧,按住 Alt 键拖拽鼠标可将像素移向左侧。

• 镜像工具:将像素拷贝到画笔区域,拖拽鼠标以垂直于笔触的方向(笔触的左侧)映射区域,按住 Alt 键拖拉鼠标在笔触的反方向映射区域(例如,在一个向下的笔触的上方区域)。通常情况下,当有冻结的区域需要映射的时候,按住 Alt 键拖拽鼠标会有较好的结果,使用重叠的笔触可创建类似水中映射的效果。

使用“向前变形工具、左推工具、镜像工具时,先单击一次,然后按住 Shift 键再单击,可在两个单击点之间创建一个直线的变形效果。

④在对图像进行变形后,可以使用“重建工具”或其他的控制项对变形进行全部或局部的修复,然后对图像进行其他新的变形操作。

⑤单击“好”按钮关闭“液化”对话框,所设定的变形操作就被实施到当前选中的图层上。如果想取消当前操作,单击“关闭”按钮,按住 Alt 键后,原来的“关闭”键变为“复位”键,单击此键即可取消对预视图像的所有变形操作,然后可以从头再来。

可以执行“编辑”菜单在的“消褪”命令对创建的附加效果进行消褪处理。

(2)冻结和解冻

在操作过程中,有些图像区域可能不想被修改,则可以在“液化”对话框中使用工具或 Alpha 通道将这些区域“冻结”起来,即保护起来。被冻结的区域可以“解冻”后再进行修改,如果在使用“液化”命令之前选择了选区,则出现在预视图像中的所有未选中的区域都已冻结,无法在“液化”对话框中进行修改。

可以隐藏或显示冻结区域的蒙版,可以更改蒙版颜色,也可以使用“画笔压力”选项来设定图像的部分冻结或部分解冻。

通过下列途径可以定义被编辑的区域。

①使用冻结工具像画笔工具那样在预视图像上绘制可保护图像区域,以免它们被进一步编辑。按住 Shift 键可将上次单击点与这次单击点之间的直线区域冻结(这与画笔工具绘制直线的方式类似)。

冻结程度取决于当前画笔压力。如果显示了冻结区域的蒙版,则该蒙版颜色的深浅表示冻结的程度。如果画笔压力小于 100%,可以通过多次拖拽鼠标完全冻结区域。如果使用其他工具扭曲和重建部分冻结的区域,实现的效果与冻结的程度成比例。例如,在一个 50%冻结的区域上拖拽“向前变形”工具并继续在一个未冻结的区域上拖拉,则冻结区域显示的扭曲程度是未冻结区域的一半。

②使用 Alpha 通道定义冻结区域,在“冻结区域”栏中的“通道”弹出菜单中选择原来制作好的 Alpha 通道。

选择解冻工具,在被冻结的区域上拖拽鼠标就可将冻结区域解冻。按住 Shift 键可将上次单击点与这次单击点之间的直线区域解冻。“画笔压力”在解冻工具和冻结工具上的使用是一样的。

单击“冻结区域”栏中的“全部解冻”可将所有冻结的区域解冻。

单击“冻结区域”栏中的“反相”按钮,可解冻所有的冻结区域并冻结剩余的区域;如果使用 Alpha 通道定义冻结区域,单击 “反相”按钮后,“通道”后面的 Alpha 通道名称变为“自定”。

在“视图选项”栏中选择或取消选择“冻结区域”可从隐藏冻结区域。

在“视图选项”栏中的“冻结颜色”的弹出菜单中可选择冻结区域表示的颜色。

③重建扭曲

预视图像变形扭曲以后,可以利用一系列的重建模式将这些变形恢复到原始的图像状态,然后用新的方式重新进行变形操作。

若要将一个或多个未冻结区域恢复到打开“液化”对话框时的状态,则在对话框中的“重新构建”栏中的“模式”弹出菜单中选择“恢复”命令。然后选择重建工具,单击鼠标或在区域上拖拉鼠标就可以了。也可以多次单击“重建”按钮或单击“恢复全部”按钮,将图像恢复到以前的状态。

11) **油画**

作用:能快速让作品呈现为油画效果,还可以控制画笔的样式以及光线的方向和亮度,以产生出色的效果。

作用:样式化:用来调整笔触样式。

清洁度:用来设置纹理的柔化程度。

缩放:用来对纹理进行缩放。

硬毛刷细节:用来设置画笔细节的丰富程度,该值越高,毛刷纹理越清晰。

角方向:用来设置光线的照射角度。

闪亮:可以提高纹理的清晰度,产生锐化效果。

“油画”对话框和“油画”滤镜效果对比图如图 4.3.85 和图 4.3.86 所示。

图 4.3.85 “油画”对话框

原图 **“油画”滤镜效果图**

图 4.3.86 “油画”滤镜效果对比

4.3.2 实战演练——手提袋设计

1) 手提袋设计要点

①构图合理;

②纸张大小尺寸;

③配色协调美观;

④文字信息清晰。

2) 房地产手提袋设计案例

房地产手提袋设计效果如图 4.3.87 所示。

效果图

手提袋设计

图 4.3.87 房地产手提袋设计效果图

操作步骤:

①新建文件,宽度为 1 000 px,高度为 600 px,白色背景。

②新建图层 1。选择矩形选框工具,在属性栏上设置为固定大小,宽度为 275 px,高度为 362 px;在新建图层上建立选区,将前景色设置为#fdf6d9,然后填充,并将背景图层隐藏,如图 4.3.88所示。

③打开房地产手提袋素材文件,选中矩形选框工具,将属性设置为正常,然后建立选区,如图 4.3.89 所示。

④将建立的选区内容复制过来并形成单独的图层。利用多边形套索工具、橡皮工具将该层的蓝天背景去除,如图 4.3.90 所示。

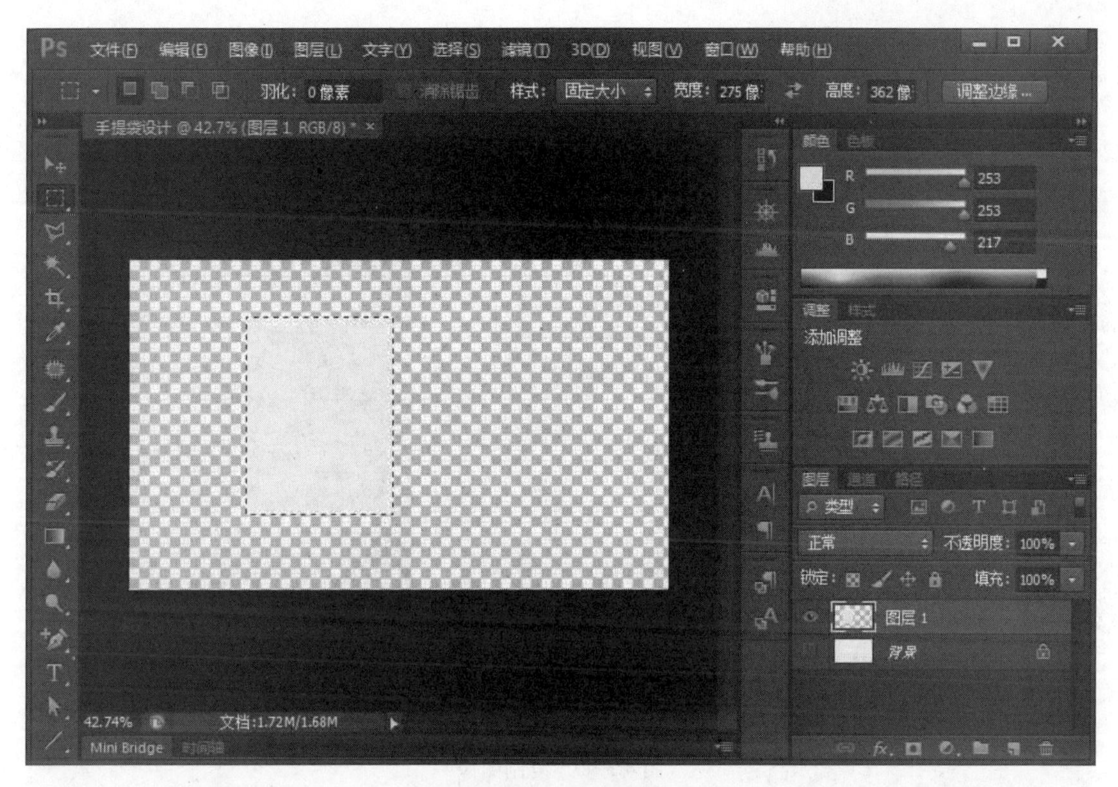

图 4.3.88　填充矩形

图 4.3.89　选择素材文件

图 4.3.90　复制图像

⑤打开房地产 Logo 素材图，将其全选后复制，然后调整大小，放到合适位置，如图 4.3.91 所示。

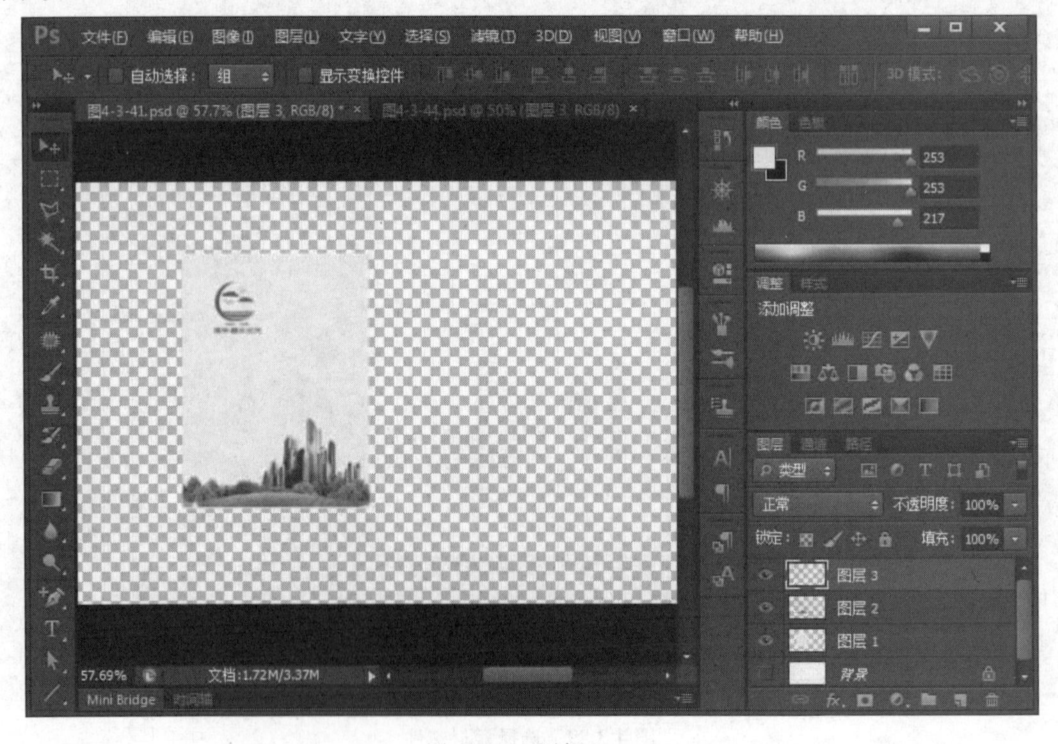

图 4.3.91　添加 Logo

⑥选择 Logo 所在图层，执行“图像”→“调整”→“色相/饱和度”命令，调整颜色，如图 4.3.92所示。

图 4.3.92　调整颜色

⑦选择文字工具，设置参数，字体为黑体，字号为 18 号，颜色为#442523，加粗，添加文字“城市中心·低密度·宜居住宅”，并用移动工具调整位置，如图 4.3.93 所示。

图 4.3.93　输入文字

⑧新建一个图层，用直线工具绘制一根直线，然后用橡皮擦工具将中间部分擦除，继续选中文字工具，设置字体为宋体，字号为 11 号，输入文字“开启宜居生活传奇”，如图 4.3.94 所示。

⑨继续输入文字“宜居热线：38697830　38697831”（宋体，6 号，加粗），“地址：广东省广州市黄埔区石化路 14 号　开发商：广东南华房地产有限公司 ”（黑体，9 号，垂直缩放 160%，加粗），如图 4.3.95 所示。

图 4.3.94　输入文字

图 4.3.95　输入文字

⑩将除了背景图层的其他图层合并为一层，命名为正面。

⑪选择矩形选框工具，在属性栏上样式设置为固定大小，宽度为 56 px，高度为 362 px。新建一个图层并命名为侧面，在该层上单击建立选区，然后选择渐变填充工具，设置渐变颜色为#644340到#2c0e0c 渐变，然后在选区内径向填充，如图 4.3.96 所示。

图 4.3.96　径向填充

⑫选择文字工具，设置字体为宋体，字号为 9 号，颜色为#fdf6d9，输入电话地址等信息，然后将文字图层转换成普通图层；执行“图像”→“变换”→“逆时针旋转 90 度”，将文字所在的图层旋转处理，然后调整大小，移到合适位置，如图 4.3.97 所示。

⑬选择直排文字工具，设置字体为黑体，字号为 18 点，输入文字“专业　品质　信誉”，如图 4.3.98 所示。

⑭将侧面的图层和相关文字图层合并为一层，然后将正面图层和侧面图层分别建立副本，用移动工具移到合适位置，如图 4.3.99 所示。

⑮在图层面板上按下“Ctrl”键，单击图层，将除背景以外的图层全部选中，然后单击图层面板上的链接图层按钮，将四个图层链在一起，用移动工具将它们移到合适位置处，如图 4.3.100所示。

⑯在图层面板上将正面图层和侧面图层拖拽到“新建”按钮上，建立副本。将其更名为“效果图正面”和“效果图侧面”，并将两个图层链接，如图 4.3.101 所示。

⑰选中效果图正面图层，然后按下“Ctrl+T”键调整其大小，如图 4.3.102 所示。

⑱在图层面板上选中效果图侧面图层，然后单击图层面板下方的链接图层按钮，将链接关系解除。

图 4.3.97　输入文字

图 4.3.98　输入文字

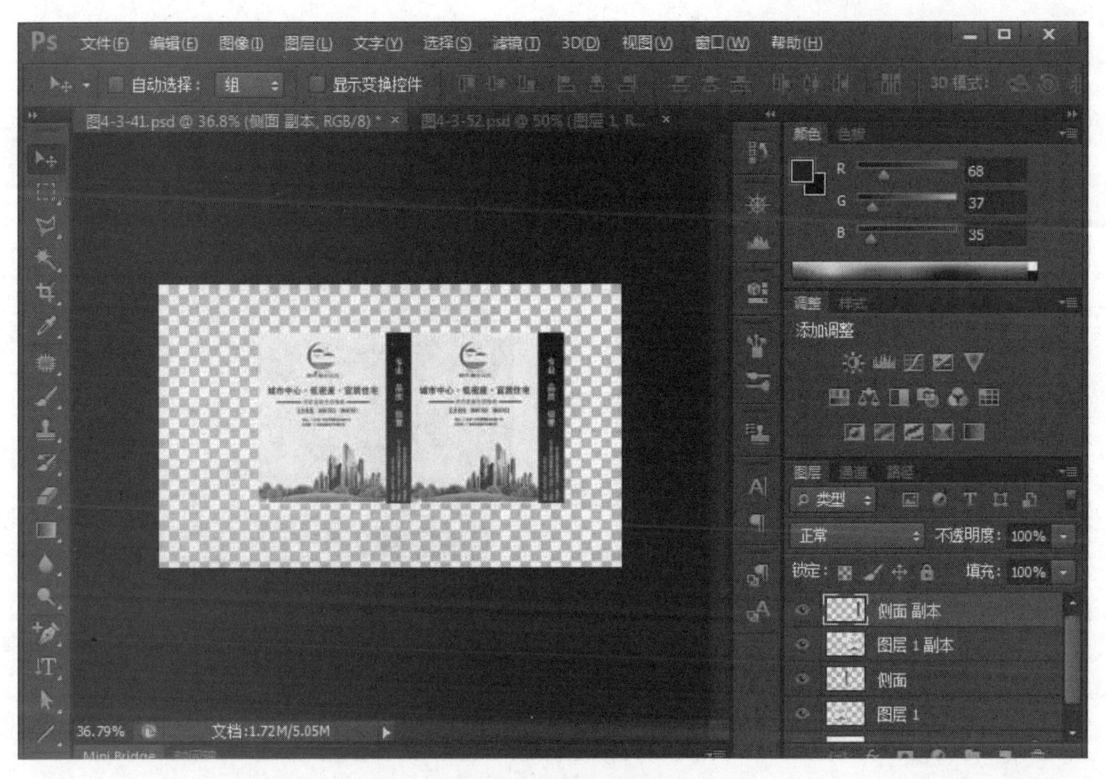

图 4.3.99　复制图层

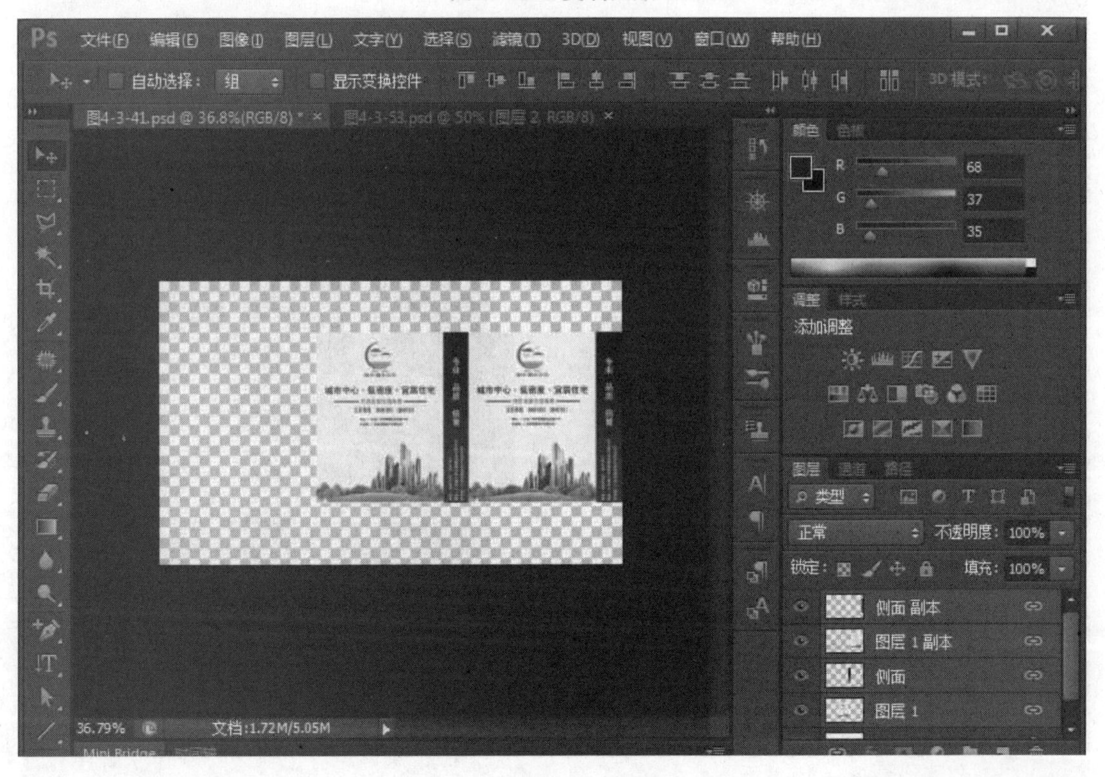

图 4.3.100　移动图层

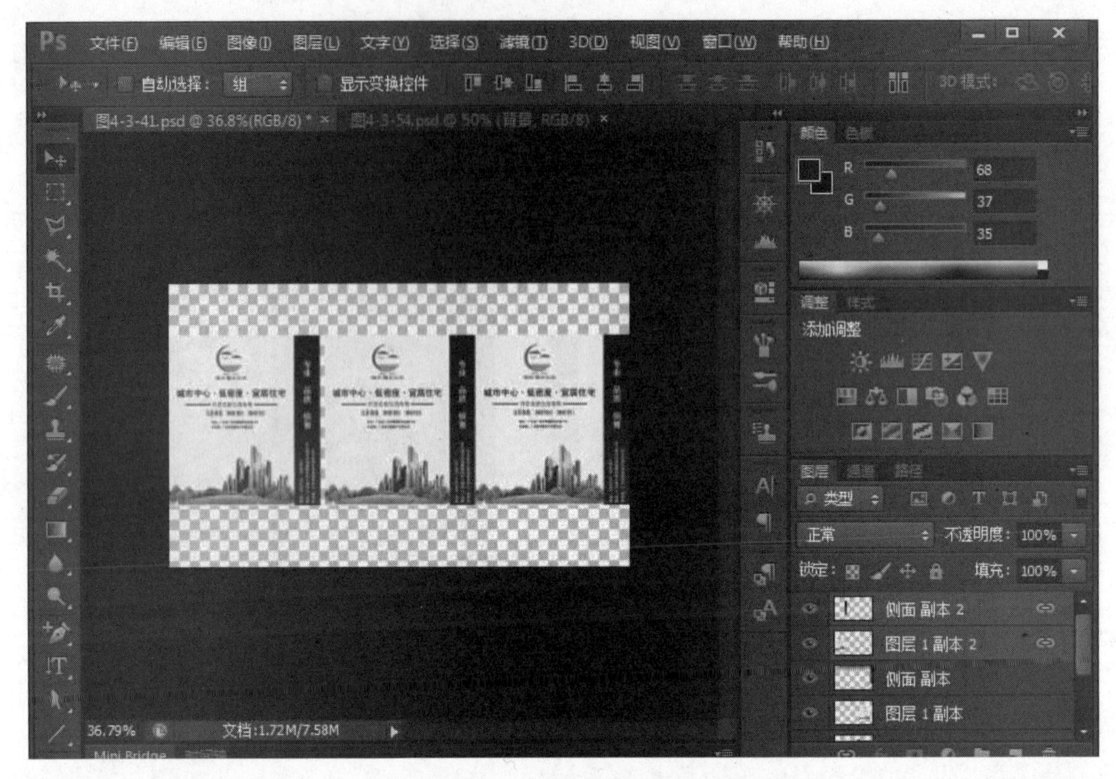

图 4.3.101　建立图层副本

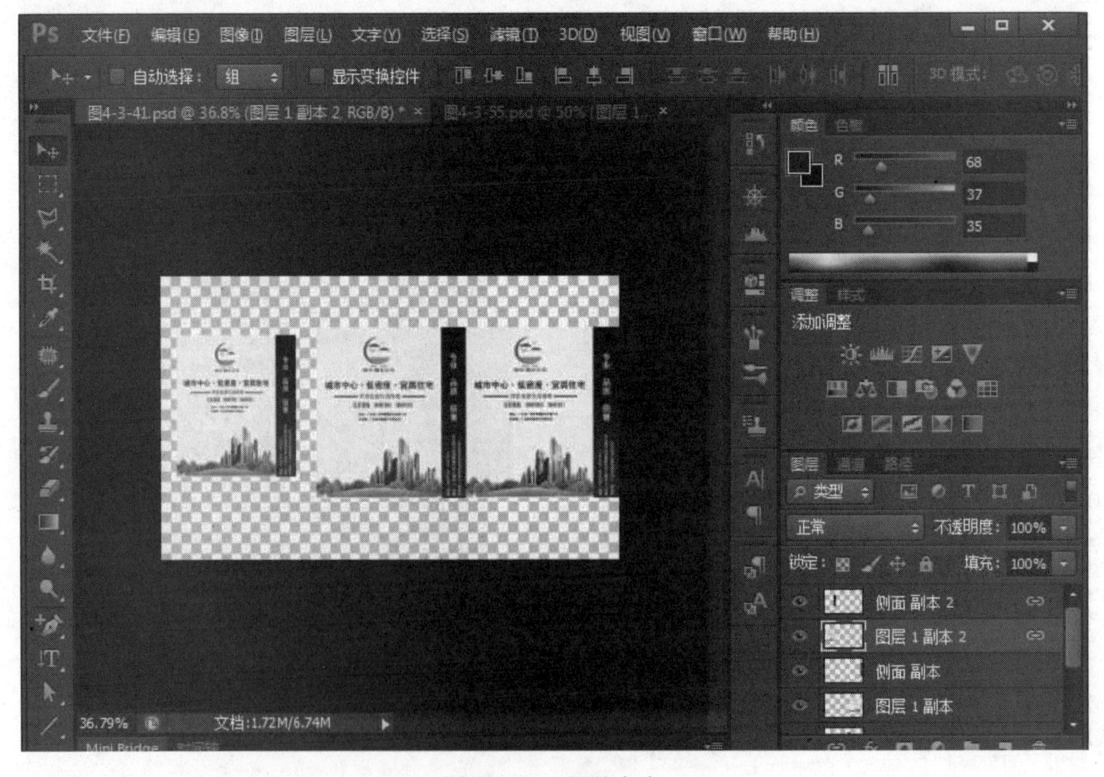

图 4.3.102　调整大小

⑲选中效果图侧面图层，然后执行“图像”→“变换”→“透视”命令，将效果图正面图层进行变形，如图 4.3.103 所示。

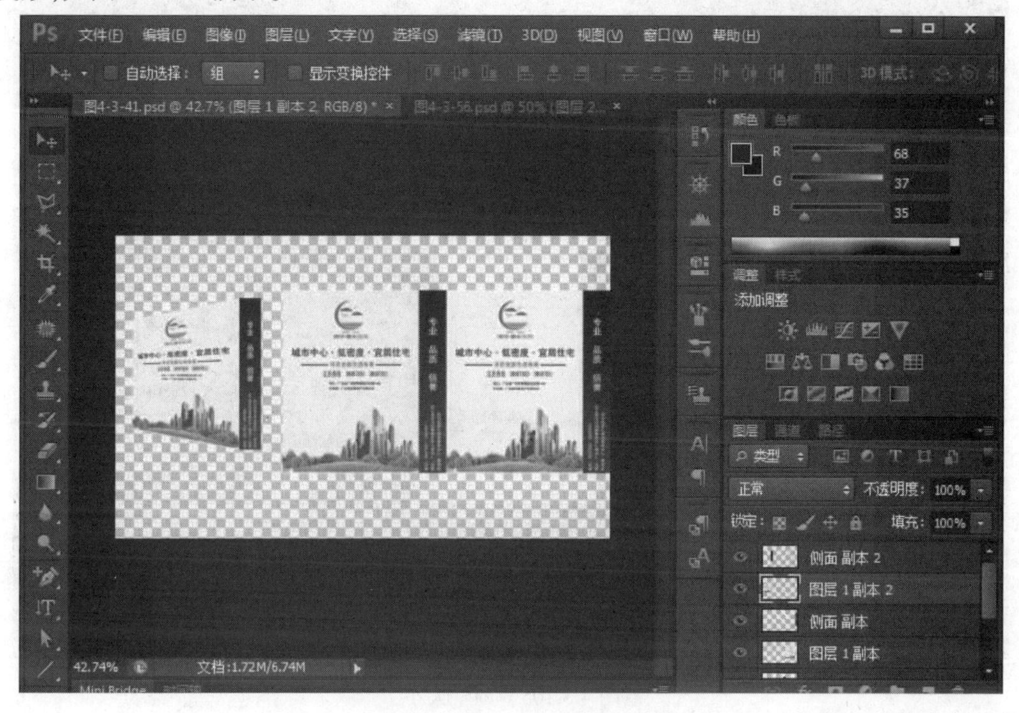

图 4.3.103　变形图像

⑳同样将效果图侧面图层的图像也做出透视效果，如图 4.3.104 所示。

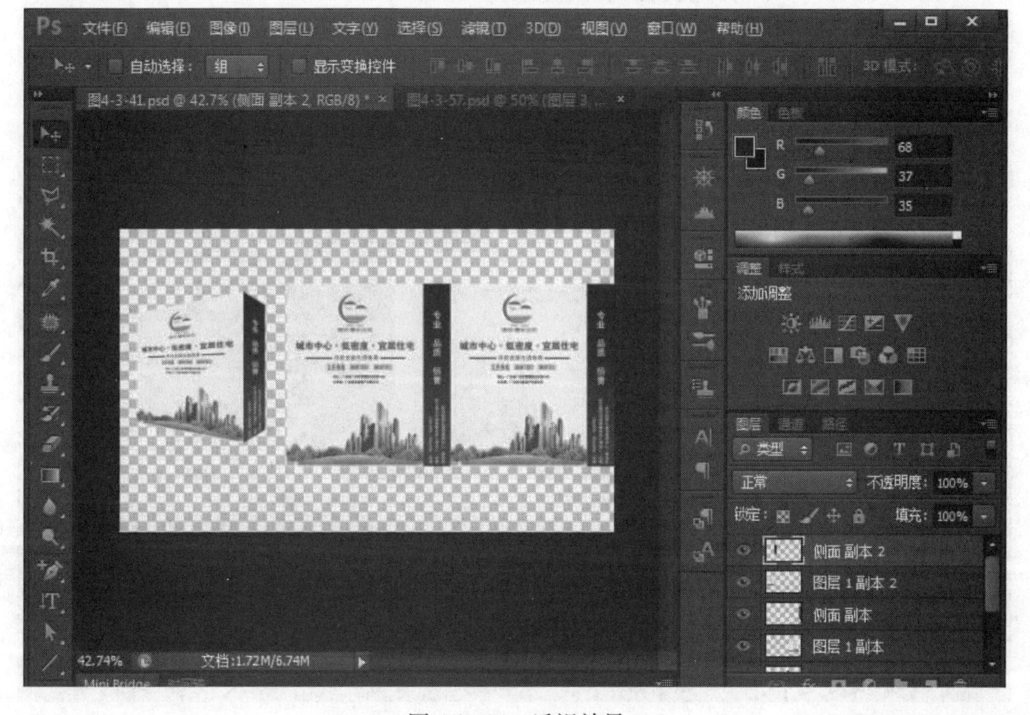

图 4.3.104　透视效果

㉑将效果图正面图层和效果图侧面图层调整到合适大小,如图 4.3.105 所示。

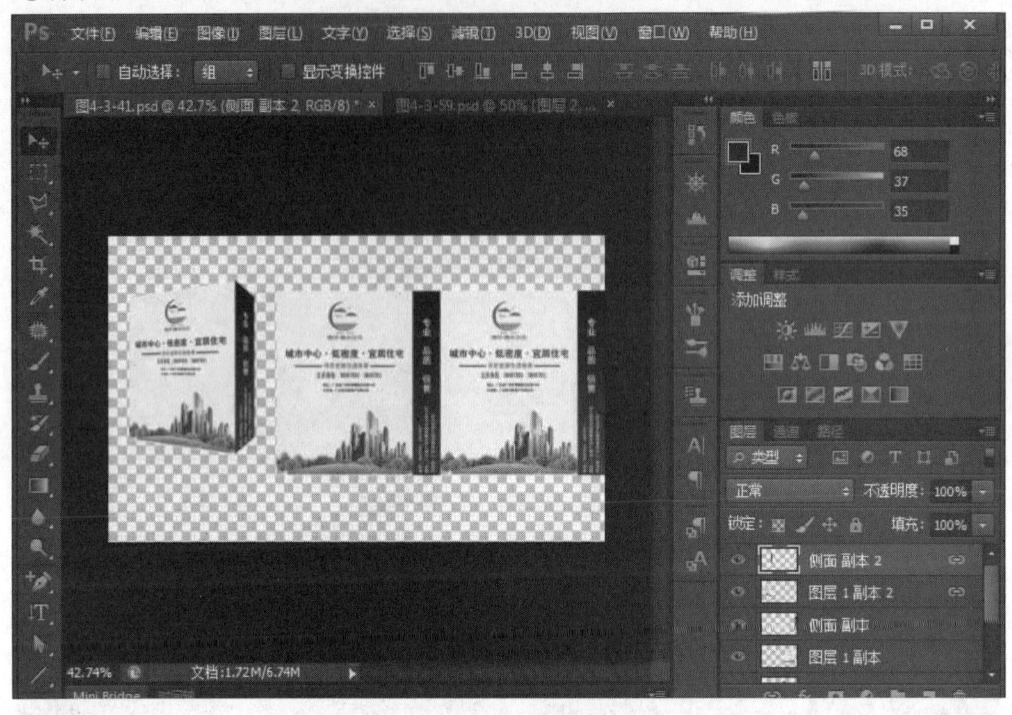

图 4.3.105　调整大小

㉒在效果图侧面图层上,用多边形套索工具在底部建立三角选区,然后执行"图像"→"调整"→"亮度/对比度"命令,将亮度值调低,如图 4.3.106 所示。

图 4.3.106　亮度调整

㉓建立选区，将亮度值调高，如图 4.3.107 所示。

图 4.3.107　调整亮度

㉔新建图层 1，选择钢笔工具，设置属性为路径，然后在合适位置勾出路径，如图 4.3.108 所示。

㉕切换到路径面板，设置前景色为黑色，粗细为 3 px，然后单击路径面板下面的描边路径按钮，将路径进行描边，如图 4.3.109 所示。

㉖将效果图正面、效果图侧面和图层 1 合并为一层，命名为效果图。

㉗最后将背景图层设置为显示。利用文字工具输入“效果图”“手提袋设计”等字样，如图 4.3.110 所示。

㉘房地产手提袋设计完成。保存文件“房地产手提袋设计.psd”。

[能力拓展]　设计制作手提袋效果图

1.制作手提袋效果图，如图 4.3.111 所示。

2.根据资料要求，设计制作房地产公司手提袋效果图。

- 房地产公司手提袋效果图设计说明：

  公司名称：华夏房产有限公司。

  地址：陕西省西安市碑林区兴庆路 69 号。

  邮编：710049。

  电话：(029) 82391836。

  传真：(029) 82391079。

- 房地产公司手提袋设计要求：

  图形的创意，符号的识别，文字的说明及印刷色彩的刺激，都要引起消费者的注意。

图 4.3.108　绘制路径

图 4.3.109　为路径描边

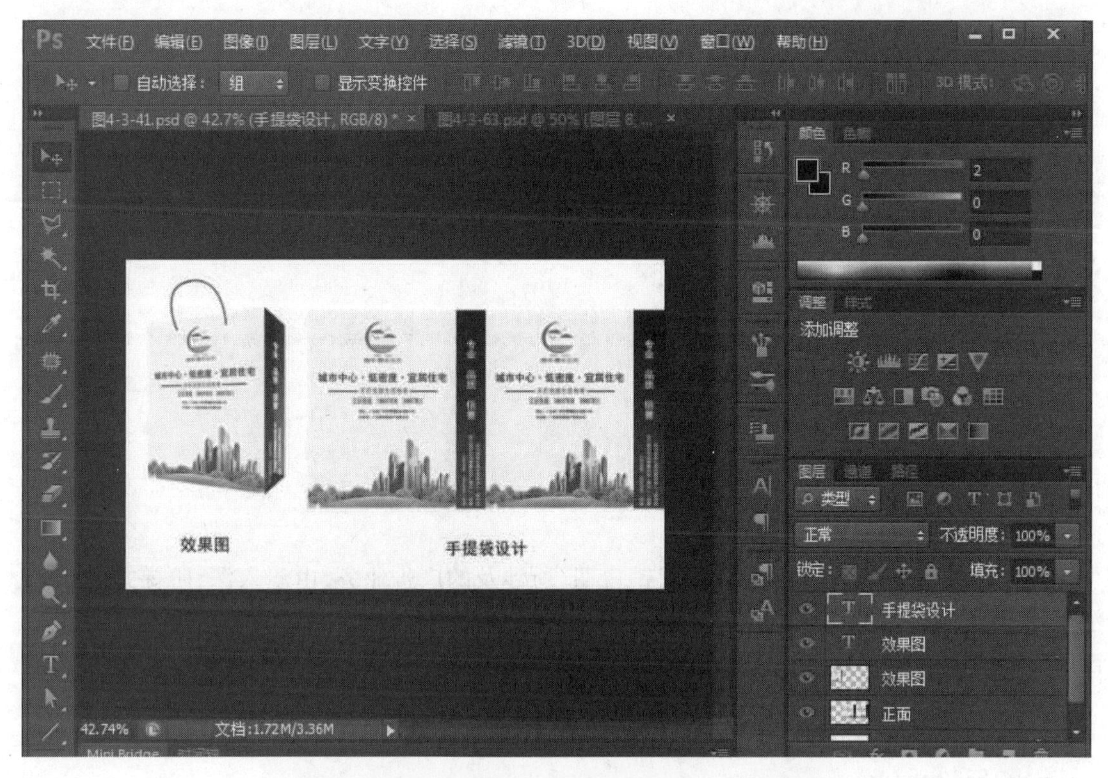

图 4.3.110　输入文字

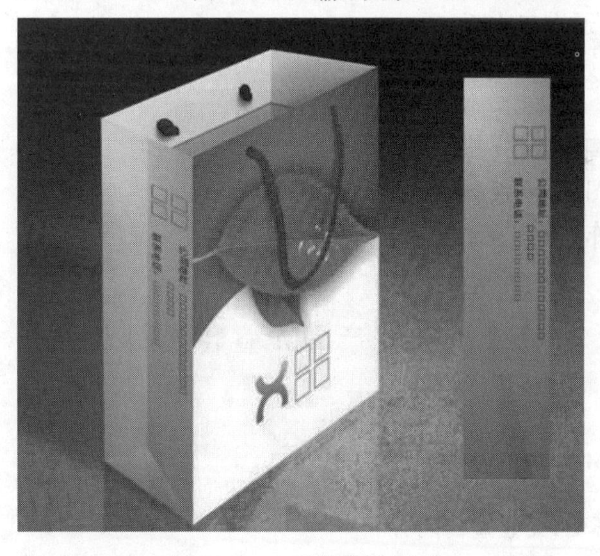

图 4.3.111　手提袋效果图

第五单元
演绎形象内涵

课前导读：

本单元以房地产开发项目的“持续销售期”所涉及的广告业务，由浅入深，阶梯式展开，灵活运用 Photoshop CS6 处理图像的方法和技巧完成较难的设计任务。通过本单元的学习，学员能够提高 Photoshop CS6 综合应用能力。

知识目标：

1.熟练掌握色彩和色调的高级应用；

2.熟练运用图层；

3.熟练运用路径、通道与蒙版；

4.熟练运用滤镜。

能力目标：

1.能熟练完成色调的调整；

2.能够灵活运用图层，蒙版、通道；

3.能运用滤镜制作特效。

5.1 房地产 DM 宣传页设计

5.1.1 房地产 DM 宣传页设计要点

尺寸、形式灵活多变，突显宣传内容。

5.1.2 房地产 DM 宣传页设计案例

房地产 DM 宣传页设计效果如图 5.1.1 所示。

操作步骤：

①新建文件，宽度为 900 px，高度为 645 px，白色背景。

②将背景图层填充成黑色。

③新建一个图层 1，在图层 1 上建立矩形选区，然后用白色填充。

图 5.1.1　房地产 DM 宣传页设计效果图

④打开“素材 1”文件，将其中一部分图像复制过来，调整大小并放到合适位置，如图 5.1.2 所示。

图 5.1.2　复制素材文件

⑤将图层 2 的蓝天背景用多边形套索工具选择后清除，然后用橡皮擦擦除背景部分，再执行“图像”→“调整”→“照片滤镜”命令，如图 5.1.3 所示。

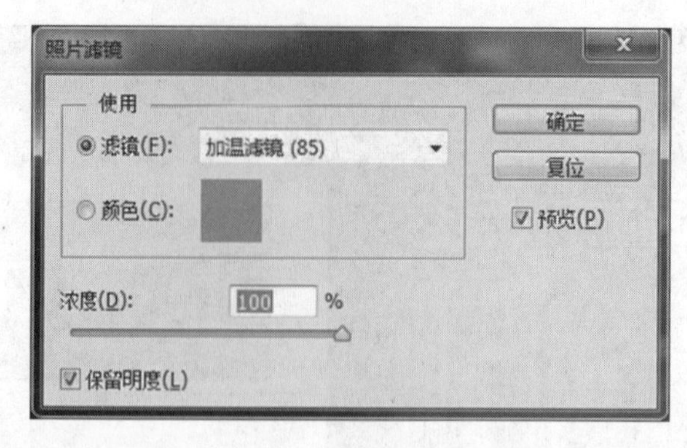

图 5.1.3　照片滤镜

⑥将图像调整成黄色色调,如图 5.1.4 所示。

图 5.1.4　调整图像色彩

⑦打开“素材 2”文件,选择蓝天白云图像,如图 5.1.5 所示。

图 5.1.5　选择素材文件

⑧将选中的图像复制过来，然后调整大小并放到合适位置，调整图层顺序，将蓝天白云所在的图层 2 放到高楼图像所在图层 3 的下面，如图 5.1.6 所示。

图 5.1.6　复制图像并调整大小

⑨选择图层 3，然后执行“图像”→“调整→“照片滤镜”命令，设置为“加温滤镜(85)”，浓度 100%；将图层 3 调整成金属色的基调，如图 5.1.7 所示。

图 5.1.7　添加照片滤镜

⑩选择图层3，执行“滤镜”→“渲染”→“光照效果”命令，设置光照类型为“全光源”，如图5.1.8所示。

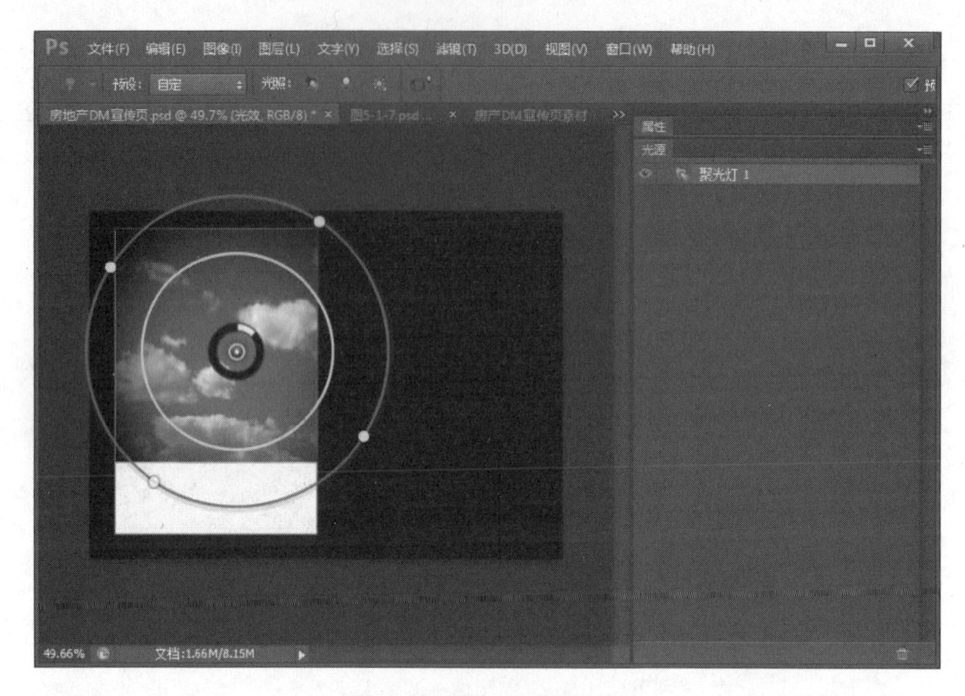

图 5.1.8　添加光照效果滤镜

⑪为图层3添加光照效果，如图5.1.9所示。

图 5.1.9　添加光照效果

⑫按下“Ctrl+F”键 3 次，可以重复使用刚才的滤镜 3 次，得到效果如图 5.1.10 所示。

图 5.1.10　重复滤镜

⑬打开“素材 3”文件，建立矩形选区，如图 5.1.11 所示。

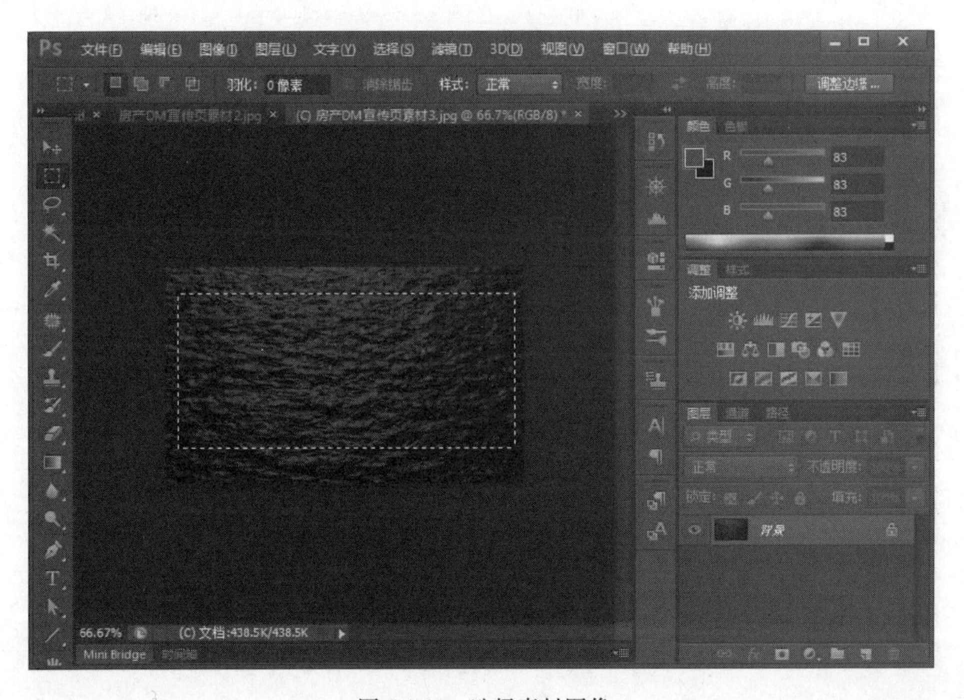

图 5.1.11　选择素材图像

⑭将选中的图像复制粘贴，形成新的图层 4；将图层 4 调整到图层 1 上面，如图 5.1.12 所示。

图 5.1.12 复制图像

⑮将图层 2 和图层 3 合并成一层,然后为其添加图层蒙版。在图层蒙版上,用黑色到白色的渐变色进行线性渐变填充,如图 5.1.13 所示。

图 5.1.13 添加图层蒙版

⑯选中水波纹图像所在的图层 4,执行“图像”→“调整”→“照片滤镜”命令,设置为“加温滤镜(85)”,浓度 100%,如图 5.1.14 所示。

图 5.1.14　添加照片滤镜

⑰选择移动工具，选中图层 1，用方向键移到合适位置，如图 5.1.15 所示。

图 5.1.15　移动图层

⑱在图层面板上将水波纹图像所在的图层 4 复制两个后，用移动工具移到合适位置上，如图 5.1.16 所示。

图 5.1.16　复制图像

⑲将复制的两个图层合并到图层 5。新建图层 6,将前景色设置成浅黄色(#ffefc3);选择画笔工具,调整笔尖形状为“粉笔 23 像素”,调整笔尖大小为 136 像素,然后在新建的图层 6 上涂抹,如图 5.1.17 所示。

图 5.1.17　画笔绘制

⑳在图层面板上按下“Ctrl”键单击图层 1 的缩略图，将图像载入选区；反选后，选择图层 6，按下“Delete”键清除多余部分，如图 5.1.18 所示。

图 5.1.18　清除多余图像

㉑打开“素材 4”文件，建立矩形选区，如图 5.1.19 所示。

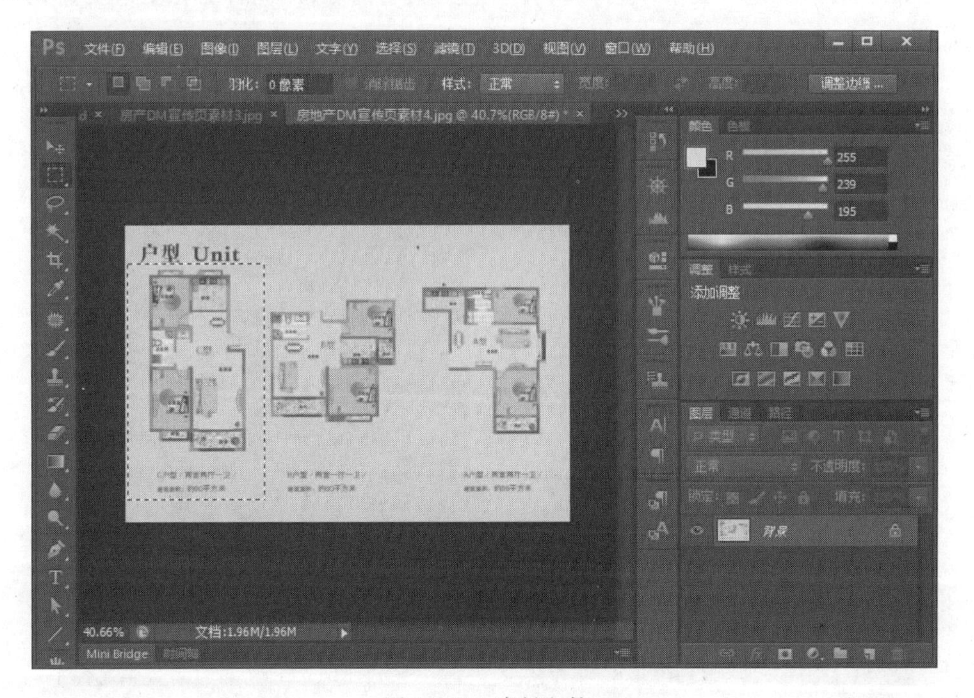

图 5.1.19　素材文件

㉒将素材文件的三个户型图选择后复制到宣传海报文件中，分别生成 3 个图层，如图 5.1.20所示。

图 5.1.20　复制图像

㉓先设置前景色为黑色，用文字工具输入户型对应信息；用魔术棒工具和选框工具选中户型图所在图层的背景（包括文字信息），将背景色和文字清除；用同样方法处理另外两个户型图层，如图 5.1.21 所示。

图 5.1.21　清除图像

㉔将文字和户型所在的几个图层合并到一层。

㉕新建一个图层，然后将前景色设置成水波纹图像同样的颜色（#1b0908），然后选择直线工具，粗细为 1 像素，在合适位置绘制一条直线，如图 5.1.22 所示。

图 5.1.22　绘制直线

㉖为左侧的水波纹所在图层加上光照效果的滤镜，设置如图 5.1.23 所示。

图 5.1.23　光照效果

㉗同样为右侧的水波纹所在的图层添加光照效果的滤镜,如图 5.1.24 所示。

图 5.1.24　添加滤镜后效果

㉘将左侧的各图层合并,命名为"正面";再将右侧的各图层合并到一层,命名为"背面"。

㉙打开"素材 5"文件。如图 5.1.25 所示。

图 5.1.25　选择素材文件

㉚全选后，复制到房地产宣传文件中，形成新的图层 1，调整大小后移到合适位置，如图 5.1.26所示。

图 5.1.26　复制图像

㉛给图层 1 添加照片滤镜，设置为“加温滤镜(85)”，浓度 100%，如图 5.1.27 所示。

图 5.1.27　加温滤镜

㉜设置前景色为白色，字号为黑体，字号为 48 号，垂直缩放 156%，输入文字信息“典藏城市繁华”，为该文字图层添加图层样式（投影和斜面浮雕），如图 5.1.28 所示。

图 5.1.28　输入文字

㉝打开房地产 Logo 素材，将素材图像复制粘贴，生成新的图层，调整其大小和位置。

㉞调整该图层的色调，如图 5.1.29 所示。

图 5.1.29　调整图层色调

㉟将房地产 Logo 图标调成黄色，如图 5.1.30 所示。

图 5.1.30　调整图像颜色

㊱设置前景色(#f9d7a3)，字号为华文行楷，字号为 24 号，水平缩放 127%，输入文字信息"南华地产"；再次调整房地产 Logo 图层的颜色，如图 5.1.31 所示。

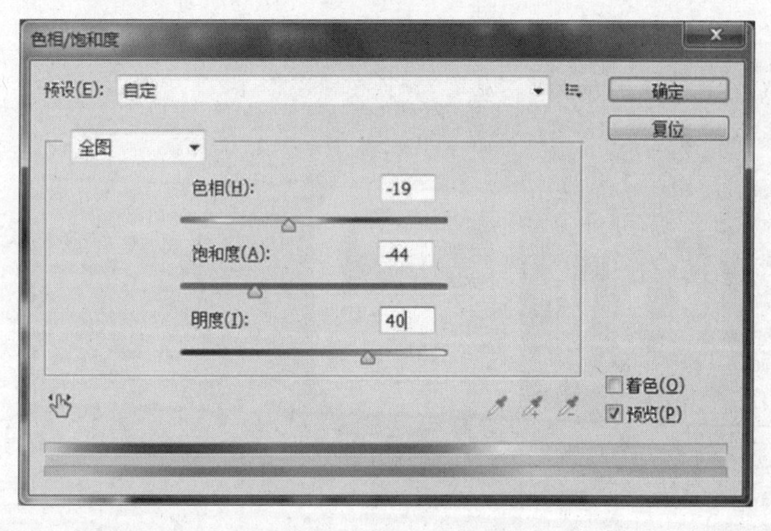

图 5.1.31　调整色相饱和度

㊲将房地产 Logo 和“南华地产”所在图层复制，放到合适位置，如图 5.1.32 所示。

图 5.1.32　复制图层

㊳调整字体和字号，输入地址电话信息，并将右侧的 Logo 图标和“南华地产”调整成白色，如图 5.1.33 所示。

图 5.1.33　输入文字

㊴利用图章工具将右侧的背景图层上直线的中间部分去除,然后用文字工具输入“户型鉴赏图”,如图 5.1.34 所示。

图 5.1.34　输入文字

㊵保存文件“房地产 DM 宣传页设计.psd”。

[能力拓展]　设计制作房地产公司 DM 宣传页效果图

根据资料要求,设计制作房地产公司房地产 DM 宣传页效果图。

- 房地产 DM 宣传页设计设计说明:

  公司名称:华夏房产有限公司。

  地址:陕西省西安市碑林区兴庆路 69 号。

  邮编: 710049。

  电话:(029) 82391836。

  传真:(029) 82391079。

- 房地产 DM 宣传页设计要求:

  内容包括项目设计标准、建筑效果图、户型图示例、公司的 Logo,要求作品引人注目。

5.2　房地产网站首页效果图设计

5.2.1　网页设计版面要点

①主次分明,中心突出;

②大小搭配,相互呼应;

③图文并茂，相得益彰；

④色调统一，协调美观。

5.2.2　房地产网站首页效果图设计

房地产网站首页效果图，如图 5.2.1 所示。

图 5.2.1　房地产网站首页效果图

操作步骤：

①新建文件，宽度为 960 px，高度为 1 000 px，白色背景。

②打开房地产网站首页素材 1.jpg 文件，全选，如图 5.2.2 所示。

图 5.2.2　选择素材文件

③将选中的图像复制粘贴，如图 5.2.3 所示。

图 5.2.3　复制粘贴图像

④在图层 1 上,用矩形选框工具选择图像,反选后,清除多余图像,然后调整图像位置,如图 5.2.4 所示。

图 5.2.4 清除多余图像

⑤执行“图像”→“变换”“水平翻转”命令,将图层 1 上的图像进行翻转并调整大小,移动到合适位置,如图 5.2.5 所示。

图 5.2.5 水平翻转图像

⑥打开房地产 Logo 文件，将 Logo 图形复制粘贴并放到合适位置处；执行“图像”→“调整”→“色彩平衡”命令，将其颜色调整为湖蓝色，如图 5.2.6 所示。

图 5.2.6　调整色彩

⑦选择文字工具，调整字体为“华文行楷”，字号为 24 号，颜色为湖蓝色（#37678a），输入文字“广东南华房地产有限公司”，如图 5.2.7 所示。

图 5.2.7　输入文字

⑧新建一个图层,更名为“按钮”,设置前景色为灰蓝色(#8fb6c5)。

⑨选择圆角矩形工具,属性栏上设置成填充像素,然后在该层上绘制一个圆角矩形;建立一个矩形选框,将圆角矩形的下边缘部分框选,然后清除,如图 5.2.8 所示。

图 5.2.8　清除部分图像

⑩在图层面板上将按钮图层建立 5 个副本,用移动工具移到合适位置,然后将这几个图层合并成一层,命名为“按钮”,如图 5.2.9 所示。

图 5.2.9　建立图层副本

⑪选择文字工具,设置字体为宋体,字号为 14 点,加粗,颜色为白色,输入文字“网站首页”“公司简介”“新闻中心”“楼盘简介”“企业文化”和“服务中心”,如图 5.2.10 所示。

图 5.2.10　输入文字

⑫将文字图层和按钮图层合并成一层,名字为“按钮”。

⑬用直线工具绘制分割线;用圆角矩形工具绘制圆角矩形路径并描边;用矩形选框工具在合适位置处建立矩形选区,执行“编辑”→“描边”命令,然后进行描边处理,颜色均为#8fb6c5 粗细均为 2 px,如图 5.2.11 所示。

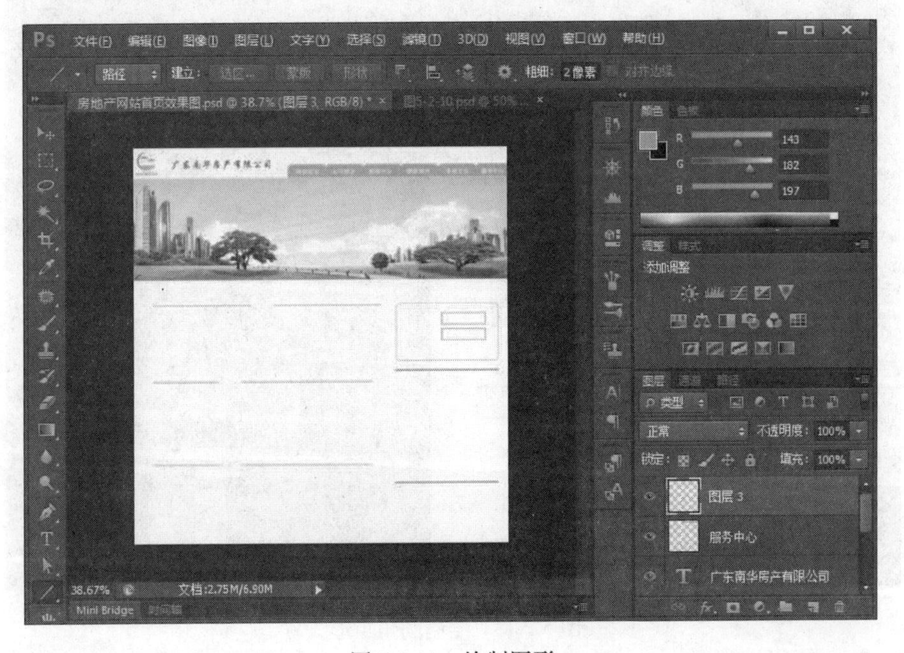

图 5.2.11　绘制图形

⑭设置前景色为红色(#b1081c),用直线工具在分隔线上加上红色的短线,并用橡皮将分割线部分擦除,如图 5.2.12 所示。

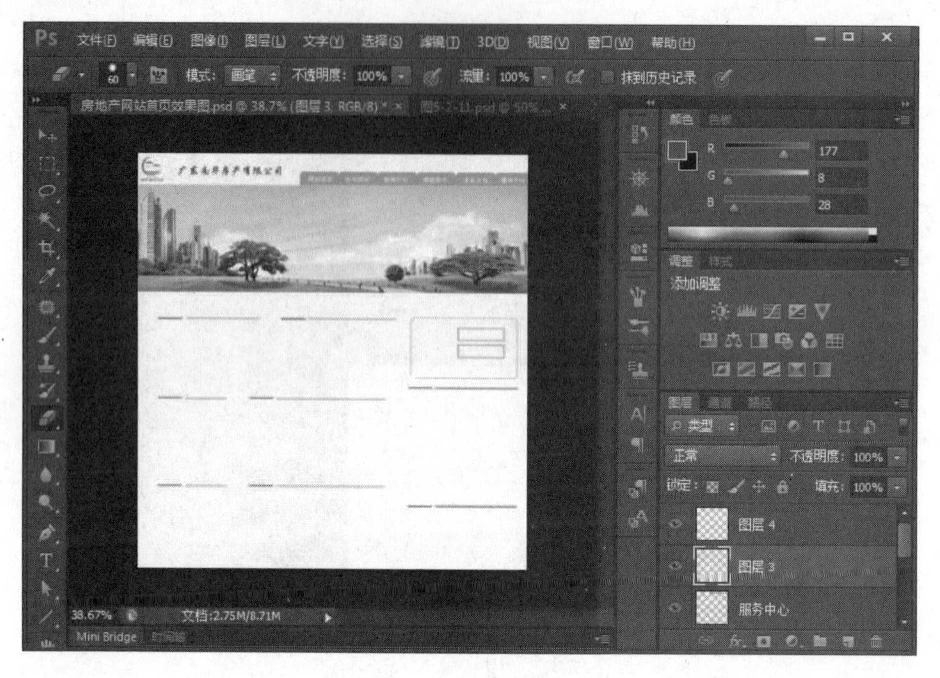

图 5.2.12 绘制红色短线

⑮新建图层,命名为“登录按钮”;选择圆角矩形工具,设置属性为填充像素,在合适位置处绘制一个圆角矩形,如图 5.2.13 所示。

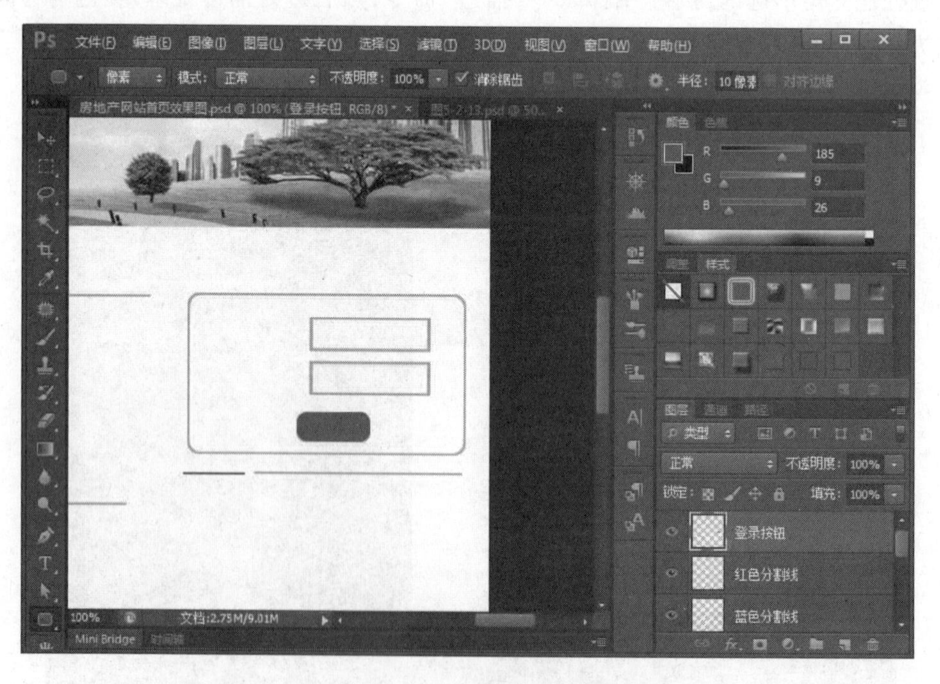

图 5.2.13 绘制圆角矩形

⑯选中“登录按钮”图层，在样式面板上选择“雕刻天空”，为该层添加图层样式，如图 5.2.14 所示。

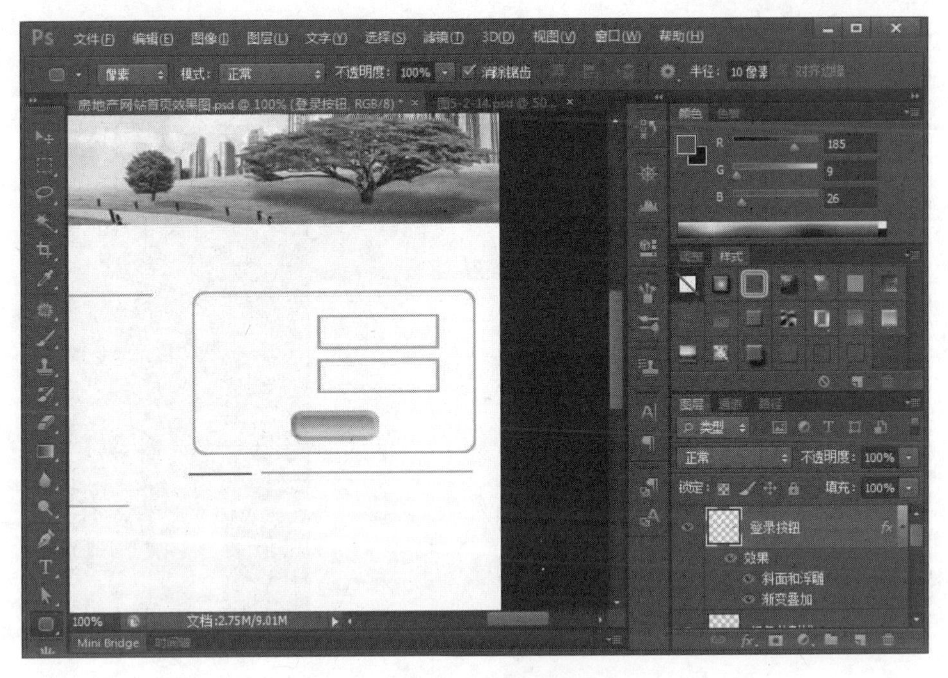

图 5.2.14　为图层添加图层样式

⑰选择文字工具，将前景色设置为黑色，字体为黑体，字号为 12 号，输入文字“公司新闻”“项目动态”“企业邮局”“站内导航”“推荐楼盘”“友情链接”“经典户型”“服务中心”“联系我们”“登录”和“MORE”，如图 5.2.15 所示。

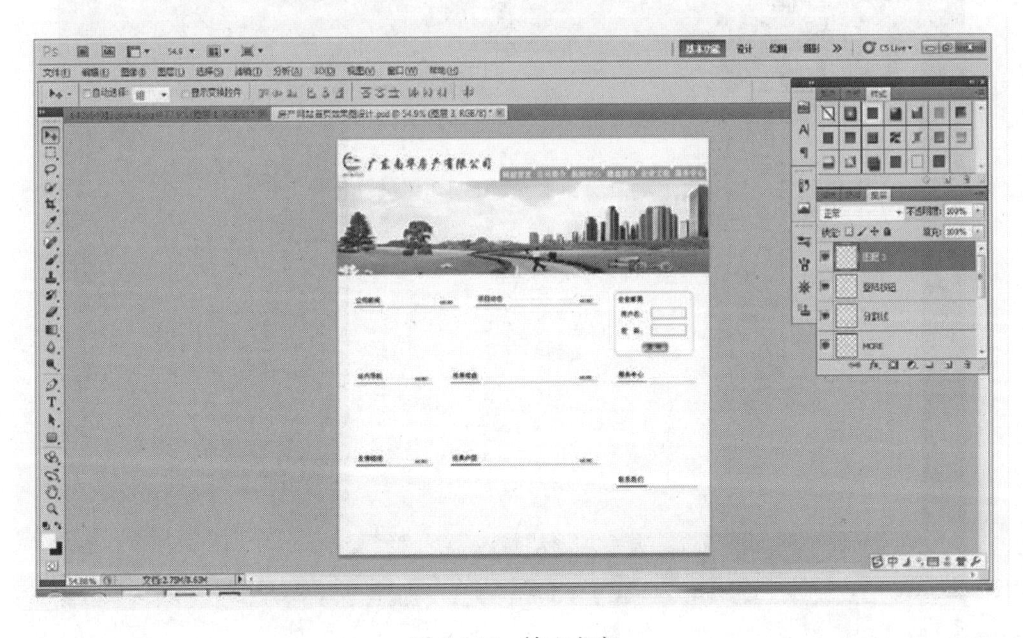

图 5.2.15　输入文字

⑱将各文字图层合并成一层，然后新建一个图层，将前景色设置为红色，用多边形套索工具建立一个小的三角选区，填充后，将其复制多个，放置在文字“MORE”的右侧，如图 5.2.16 所示。

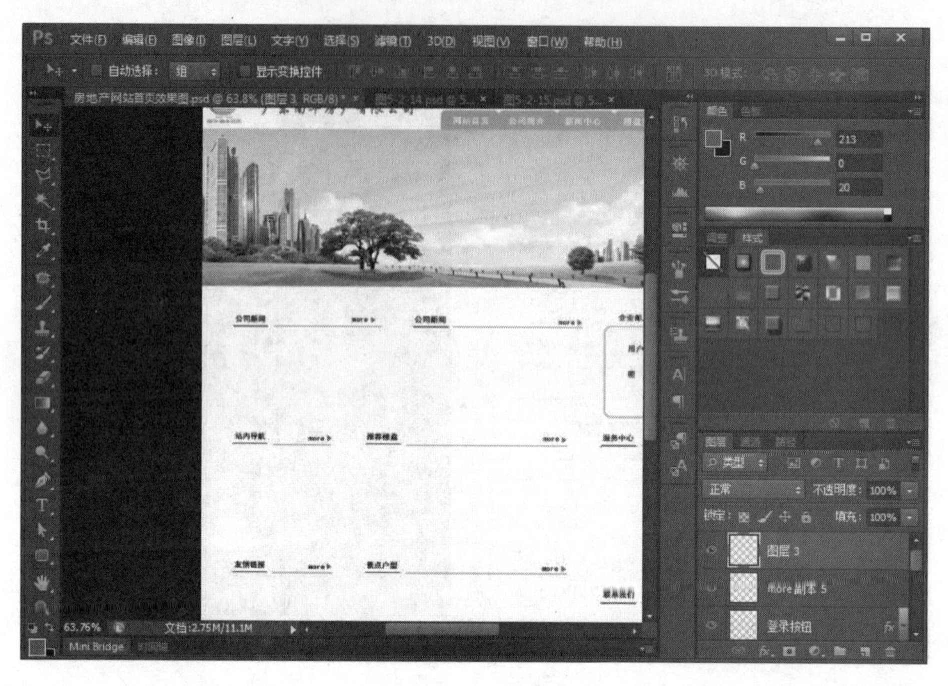

图 5.2.16　绘制三角图像

⑲在相应的板块里输入文字内容，设置字体为宋体，字号为 11 号，字体颜色为黑色，如图 5.2.17 所示。

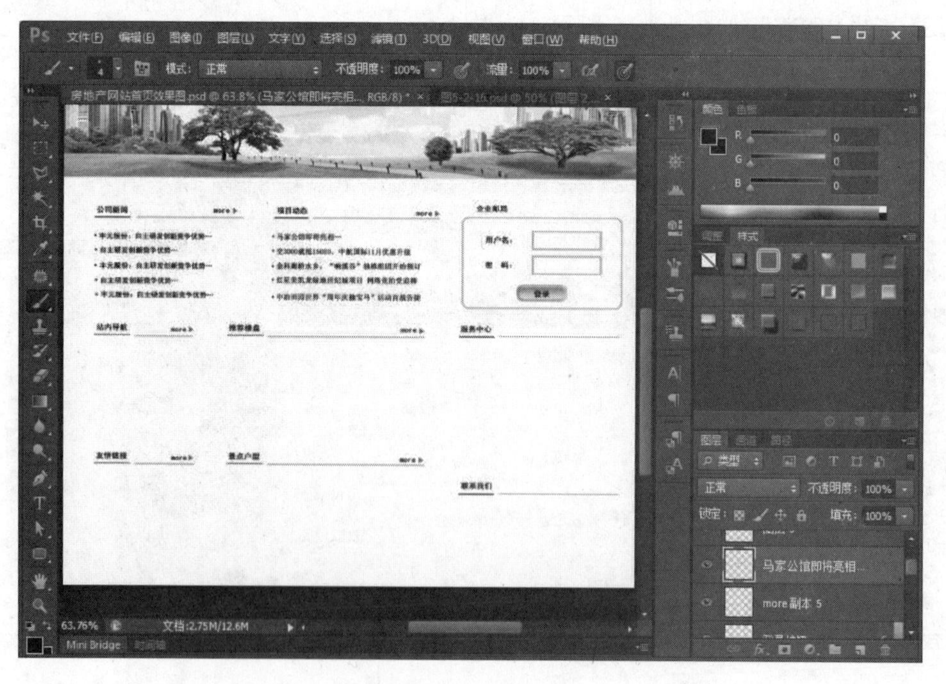

图 5.2.17　输入文字

⑳将若干素材图片打开并复制粘贴，调整其大小和位置，如图 5.2.18 所示。

图 5.2.18　复制图像

㉑打开房地产户型图素材，将其复制粘贴后，将背景抠掉，如图 5.2.19 所示。

图 5.2.19　复制图像并清除背景

㉒打开链接房地产 Logo 素材 1.jpg,链接房地产 Logo 素材 2.jpg 两个文件,将其复制粘贴,调整大小和位置,如图 5.2.20 所示。

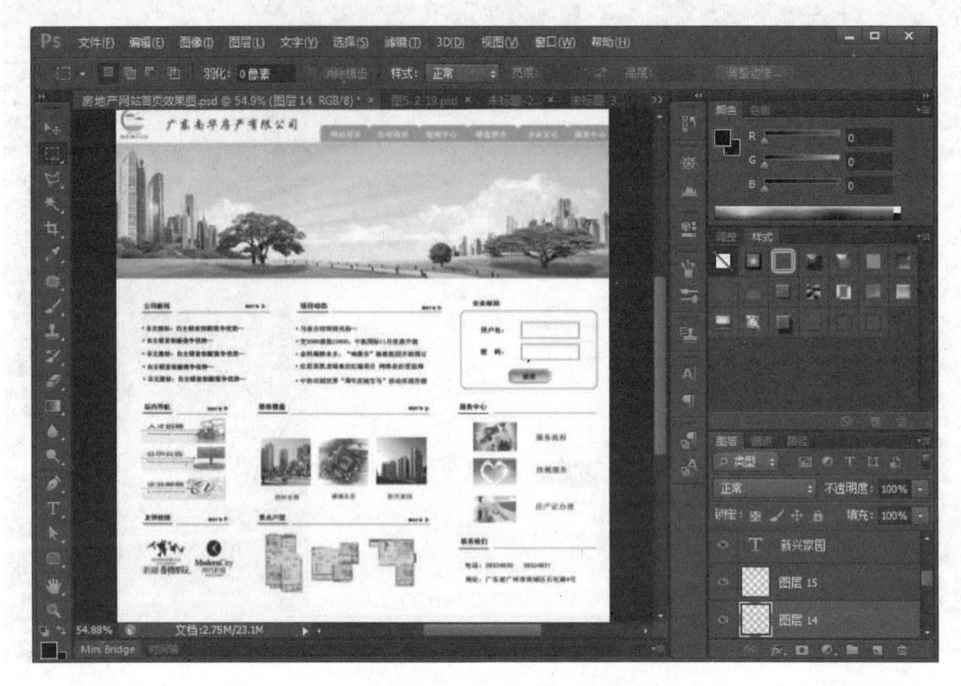

图 5.2.20　复制图像

㉓设置前景色为#8fb6c5,利用直线工具和矩形工具绘制图形并输入文字"##友情链接##",如图 5.2.21 所示。

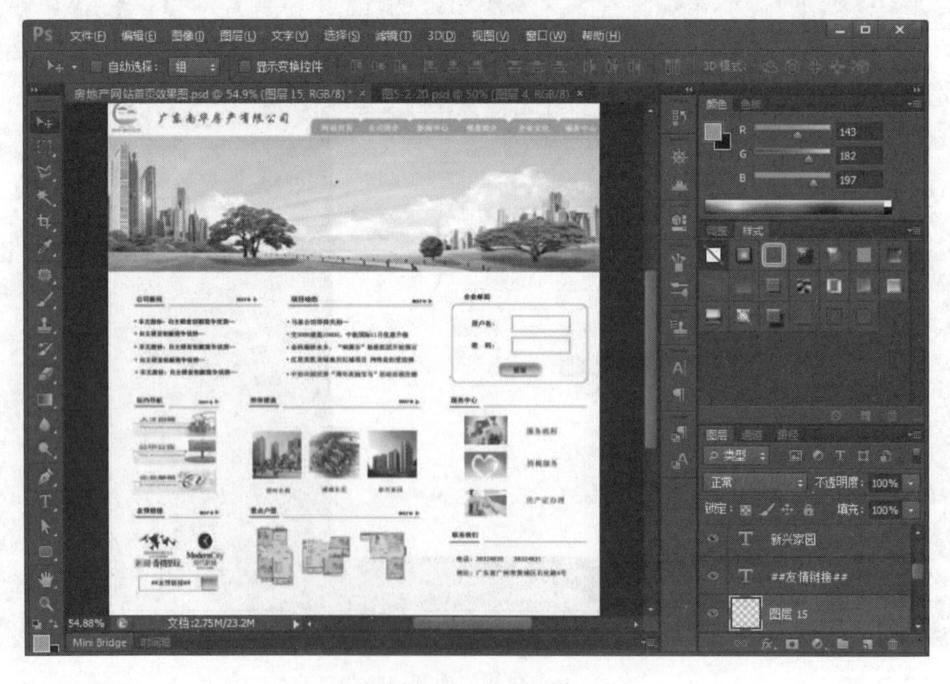

图 5.2.21　绘制图像

㉔设置前景色为#f5f4f4，新建一个图层，在页面下方建立矩形选区，然后用前景色填充。

㉕再次建立一个矩形选区，然后选择渐变工具，设置渐变色为白到浅灰色(#bdcad2)的渐变。在选框中从上到下拖拽一条直线，进行渐变填充，如图 5.2.22 所示。

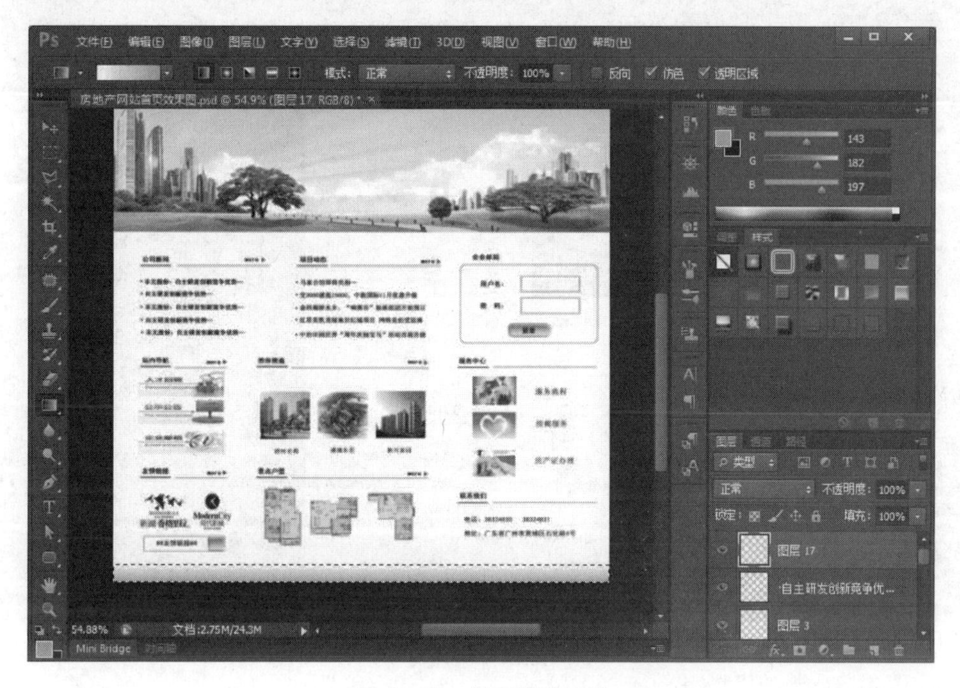

图 5.2.22　渐变填充矩形

㉖设置前景色为#96bbc9，用直线工具绘制短的竖分割线并添加“斜面与浮雕”的图层样式，然后添加文字，如图 5.2.23 所示。

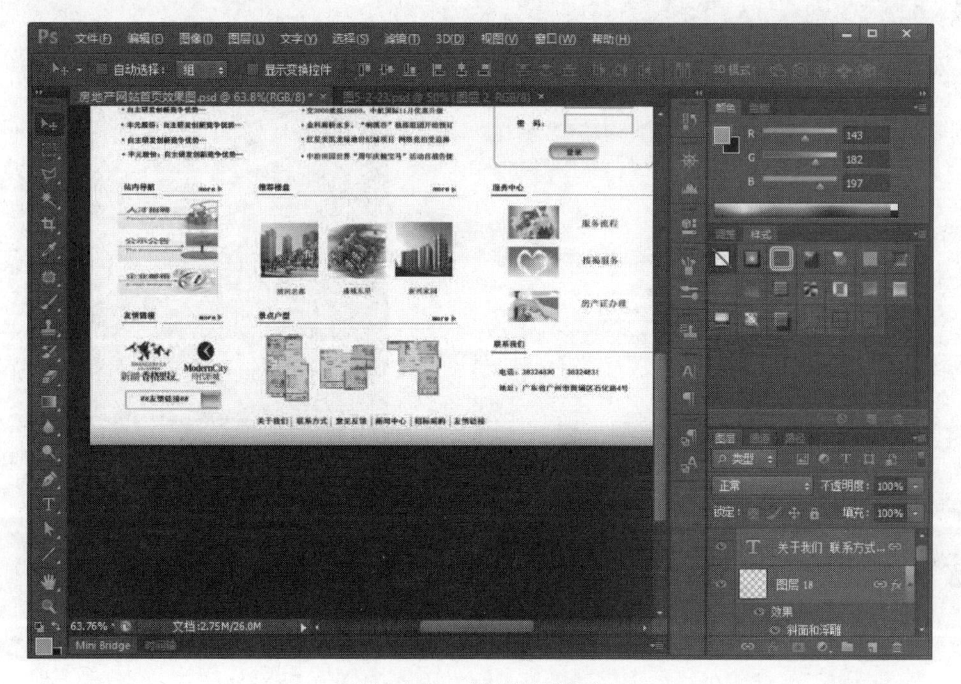

图 5.2.23　添加图层颜色

㉗继续添加文字“版权所有：广东南华房地产有限公司”，如图 5.2.24 所示。

图 5.2.24　添加文字

㉘保存文件“房地产首页设计.psd”。到此，房地产网站首页效果图设计完成，如图5.2.25所示。

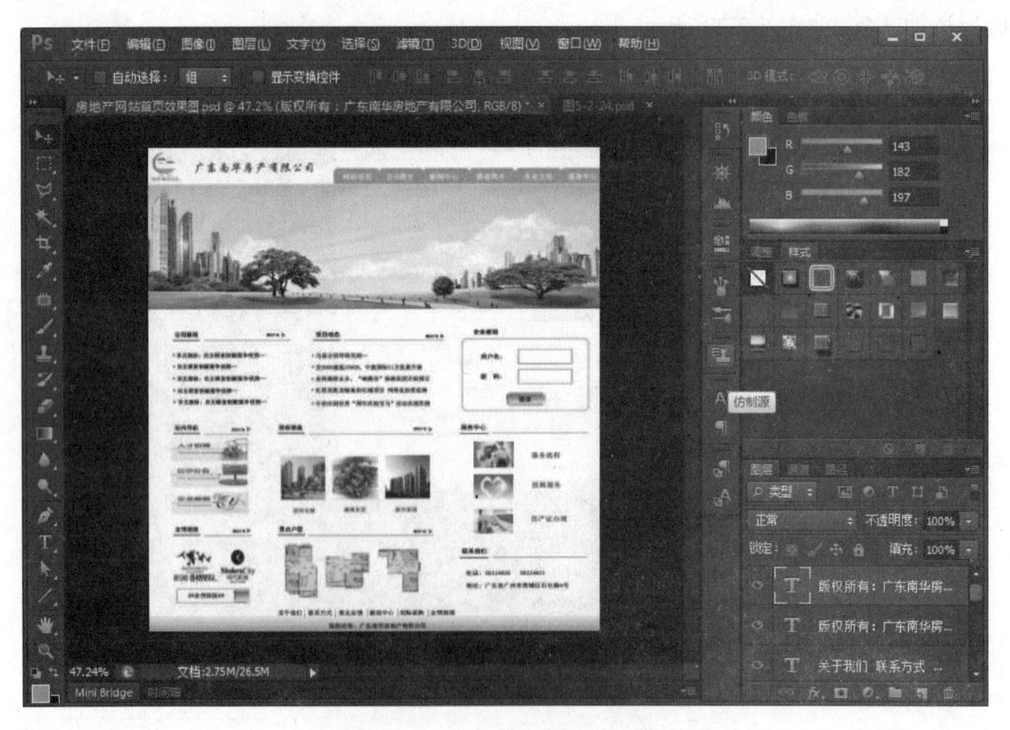

图 5.2.25　房地产首页设计效果图

［能力拓展］　**华夏房地产首页设计**

根据资料要求,设计制作房地产首页设计效果图。

- 房地产首页设计说明:

  公司名称:华夏房产有限公司。

  地址:陕西省西安市碑林区兴庆路69号。

  邮编: 710049。

  电话:(029)82391836。

  传真:(029)82391079。

- 网页设计版面要点

  主次分明,中心突出;图文并茂,相得益彰;色调统一,协调美观。

参考文献

[1] 黄攀.图形图像处理案例教程[M].北京:清华大学出版社,2015.
[2] [美] Adobe 公司.Adobe Photoshop CS6 中文版经典教程[M].张海燕,译.北京:人民邮电出版社,2014.
[3] 亿瑞设计.画卷-Photoshop CS6 从入门到精通(实例版)[M].北京;清华大学出版社,2013.
[4] 神龙影像.Photoshop CS6 中文版从入门到精通[M].北京:人民邮电出版社,2013.
[5] 李琴.PhotoShop CS5 图形图像处理案例教程[M].2 版.北京:北京大学出版社,2014.